U0009062

5種心態×15個習慣，
從邊緣人變成最有價值的關鍵人物

影響力習慣

Impact Players

How to Take the Lead,
Play Bigger,
and Multiply Your Impact

Liz Wiseman
莉茲・懷斯曼 著

吳國卿 譯

獻給在那艱困的一年裡，

帶來歡樂、讓工作變輕鬆的喬許三人組（Joshes）。

佳評如潮

如果你正嘗試探索新工作世界，本書就是你的全球衛星定位系統（GPS）。懷斯曼以紮實的研究和絕妙的例子展示學校未曾教導我們的工作方式——處理隱晦不清的問題、跨越意料之外的障礙、達成變動的目標、超越你職務的邊界，以做出真實的貢獻。

品克（Daniel H. Pink），《紐約時報》暢銷書《什麼時候是好時候》（*When*）、《動機，單純的力量》（*Drive*）和《未來在等待的銷售人才》（*To Sell is Human*）作者

《影響力習慣》是一座金礦！它充滿強而有力的洞見和指引行動的建議，它教導我們不只是做一個能幹的員工，而要成為真正有影響力的團隊合作者。每個想要有所貢獻的個人和領導人都應該閱讀本書。

希莉格（Tina Seelig），史丹佛大學教授兼奈特—漢尼斯學者獎學金（Knight-Hennessy Scholars）執行總監

儘管我們已逐漸度過全球瘟疫的挑戰，卻無法宣告勝利並回到過去的常態。我們必須往前看以面對史無前例的困境和機會。我們需要更多具備正確心態和技巧的領導人來因應我們最大和最重要的挑戰——像是氣候危機，或是就業、工作、產業和體制的破壞式創新。世界需要更少人接受現狀，和更多影響力成員積極地創造他們認為可能達成的未來。本書是一本教戰手冊，可以協助個人提升工作實力，激勵團隊完成更高成就，讓組織得以創造一種促進成長且具備高影響力的文化。

奈爾（Rob Nail），奇點大學（Singularity University）聯合創辦人和前執行長

每一個同事、團隊隊友和貢獻者都想成為卓越、高績效、高貢獻的成員。有人可能稱之為不可或缺的條件。沒錯，現在你已經擁有達成這些目標所需要的務實心態、策略和工具。達成這些並不難，難的是領導人和同事要有能力應用簡單的技巧，發掘出就在表層之下等待被開發的額外才智。莉茲．懷斯曼是一位大師，每一位人力資源主管都應該讀這本書。如果你正準備帶領你的組織和優秀同事到更高層次的貢獻，這就是能協助你引領他們的指南！

赫契森（Eric Hutcherson），環球音樂集團（Universal Music Group）人力與共融總監

如果你想在你的生涯及早脫穎而出，本書就是必讀的指南。莉茲・懷斯曼強調的務實且往往出人意料的習慣，將協助你發揮潛力和出人頭地。

——格蘭特（Adam Grant），《紐約時報》冠軍暢銷書《逆思維》（*Think Again*）作者、TED Podcast 節目《WorkLife》主持人

莉茲・懷斯曼又一精彩作品。《影響力習慣》是一本引人入勝且實際可行的指南，使任何人都可以在工作上更有效率。在一個極度強調領導的領域中，懷斯曼獨樹一格地深入探究人如何提升自己的價值，以及在何時、何處發揮最大影響力的重要問題。

——艾德蒙森（Amy C. Edmondson），哈佛商學院教授，《心理安全感的力量》（*The Fearless Organization*）作者

《影響力習慣》將教導你如何對你的老闆有同理心，而無需曲意奉承；如何勇於挺身領導，即使你沒有正式的權責；以及什麼時候該退下來跟隨，以便成就你的團隊和職涯的大事。

——史考特（Kim Scott），《徹底坦率》（*Radical Candor*）和《只是工作》（*Just Work*）作者

想要忙碌？容易。想發揮影響力並有所貢獻？這不容易，真的很難。莉茲·懷斯曼以她典型的聰慧、胸襟和一絲不苟的方法，證明任何人都可以改變自己，成為一名影響力成員。本書在每一方面都和《乘數領導人》（*Multipliers*）一樣重要和精彩，而《乘數領導人》是一本可以改變職場的書。

——史戴尼爾（Michael Bungay Stanier），《你是來帶人，不是幫部屬做事》（*The Coaching Habit*）作者

在建立創新的矽谷公司和執行美國經濟外交策略時，我發現影響力成員就是建立轉型組織不可或缺的成分。而莉茲·懷斯曼的書給你的是配方。《影響力習慣》將協助你成為世界迫切需要的大膽、有原則、轉型的新世代成員，以因應我們的挑戰並確保明日世界是一個讓所有人都更美好的世界。

——柯拉克（Keith Krach），前美國國務次卿，DocuSign 和 Ariba 公司董事長兼執行長

目次

PART 01 影響力習慣

PART 02

運用影響力

前言

有些人在最艱難的情況下反而能有最好的表現；他們在正確的時刻採取正確的行動，並獲致能造成影響的結果。這些人總被託付重任，特別是在關鍵時刻。

你可能已在運動賽事中看到這種展現：它們發生在重大賽事的關鍵時刻，而且展現在所有人眼前。教練必須決定讓誰上場比賽。隊伍裡有幾個強壯幹練的運動員，但教練派出特定的選手——他們未必是最強或最快的，卻是在關鍵時刻最能有所表現的人。他們是能了解當下的重要性，而且能奮起把事情做好的人。他們是能委以重責大任的人。

這種情況也發生在每日的職場中。舉個例子：愛德華茲（Jamaal Edwards）是一家大型連鎖零售商的地區經理，他得知執行長即將來店裡巡視。不幸的是，這位經理當天因為已規劃好的度假而無法在場。他需要有人負責接待這位高層主管的巡訪。這個任務的困難之處是，如何展現這家商店的成就，同時以坦率的方式提出商店的問題？他需要一個能幹且自信的人，但不會利用這個機會來自我推銷。他選中了露薏絲（Joya Lewis），一個向來能一如預期地達成卓絕表現的人。對愛德華茲和整體團隊來說，他們要打一場勝仗。對露薏絲來說，代表整個團隊是責無旁貸的事。她說：「當我站在店門口等候迎接執行長時，我的心跳加快，但試圖保持冷靜，因為這件事攸關我所代表的團隊和展現我最好的能力。」

有些人似乎知道如何讓自己變得有價值。他們很專注。他們尋找最能做出貢獻的地方來發揮自己的能力。他們讓事情順利運行，並且把工作做好，即使在工作變得困難時也一樣。他們不但達成績效，而且在整個團隊和組織上下產生積極的影響力。每當面臨重大的情況，經理人信任他們，並仰賴他們的表現。他們似乎找到脫穎而出和發揮影響力的方法，而其他人則只是照章行事而已。

在我職涯的前半段，我經營一所企業大學並領導甲骨文公司（Oracle）的人才發展。在當時，企業訓練界大體上根據「多就是好」的假設運作，意思是一旦有疑慮，就開課訓練，並希望情況改善。所以我們開了許多課程。我們寄報告給各部門主管，說明我們進行多少種訓練。這些報告大多被忽視，而訓練師則對主管不願更投入而感到挫折。訓練課程不斷增加，每個人持續忙碌，但不是每個人或每門課程都能發揮影響力。

我所管理團隊的訓練師之一普特曼（Ben Putterman）採用一套不同的方法。公司正加緊準備推出一項新產品，普特曼和他的同事正準備向主管團隊簡報對現場員工進行產品訓練的情況。他們知道過去的訓練報告沒有引起主管多少反應，所以退一步問：主管真正關心的是什麼？當普特曼設身處地進入部門主管的思維後，他發現他們不會關心有多少人參加訓練，他們會關心有誰認識他們的產品，以及直接面對顧客銷售和支援新產品的人是否已準備好。

他重新調整他的整套方法，轉而幫助員工做準備，而非訓練。他和他的團隊引進認證測驗，並鼓勵員工自我學習、自行測驗訓練是否加速了進步。他們針對認證和準備度提出報告，而非針對訓練出席狀況。主管們開始注意這些報告，並指出哪些數據不完整，與他們合作以確保正確。高層主管現在開始積極參與，因為普特曼和他的團隊讓主管更容易完成他們的工作：做正確的投資、提供好服務，以及對組織和對自己負責。

這套方法在今日雖已很普及，但當時還很新奇，而且它改變了這個行業。在其他人繼續忙碌之際，普特曼發揮了影響力。

這可不是一次性的靈光閃現。普特曼接受挫敗，並把問題視為扭轉大局和創造價值的機會。把最有挑戰性和重大的工作交給他是理所當然的事。普特曼在我的團隊工作了十年，還為我取了幾個綽號：其中之一是簡單的「老闆」，另一個是「忙碌莉茲」（Busy Lizzy），一個恰如其分的描述。這經常讓我尋思：我只是做我例行的工作，或者我真正發揮了影響力？也許你想知道，為什麼有時候你在工作上能發揮影響力，有時候你的努力卻未獲得其他人注意；也許你未能擢升到一個領導職位，並且心裡納悶為什麼同事卻獲得重用。

雖然所有人都把能力和智慧應用在工作上，但就像牌局一樣，有些人似乎牌打得比其他人好。他們在組織中建立起影響力成員的口碑。經理人知道哪些人是頂級成員，而且了解他們的價值。領導人逐漸仰賴他們，並不斷給他們重要的任務和新機會。他們的同事也知道他們的能耐。每個人似乎都了解他們的貢獻，而且可以看出他們的工作帶來的良好影響。這些人似乎在職涯的每個階段都能發揮影響力，並一路邁向他們的目標。

我在擔任企業主管期間有幸與許多這種超級明星共事，而且目睹他們對團隊和整個組織帶來的正面影響。我也看到他們在工作上的影響力如何為他們創造更有意義和更滿足的工作經驗。但我也注意到有些聰明、有能力的人未發揮他們的潛力。看到優秀的人站在場邊是一件令人難過的事，因為你知道他們有能力打出全壘打並贏得冠軍。

大多數人都見過這種情況——兩個能力相當的個人，都有才幹和動力，在工作上發揮的影響力卻差距很大——但不是每個人都了解這種差距的原因。你甚至可能發現自己也處於這類狀況，並且很想知道是什麼樣的心態和行為，讓才能相同的人有不同的表現。

企業領導人察覺到這種差異，但往往說不清楚。他通常知道誰是超級明星，並希望有更多這種人，但無法解釋他們與眾不同的原因。一般經理人可以說出他們績效最好和較差員工之間較明顯的差異，不過談到他們最有影響力、頂尖中的頂尖員工時，他們只知道這種員工有一種說不出來的特質。這種員工採用某種難以言喻的工作方法，像是某種形式的藝術。

企業的人資和人才發展專家嘗試以各種工具捕捉、了解和傳達這種差異——例如績效管理系統依照績效來歸類員工，並提供回饋意見以協助員工改善；以能力模型來定義成功所需要的關鍵技能；以企業價值說明來描述價值行為。但大多數企業價值說明太過抽象，以至於無法捕捉企業文化上可接受的行為和真正的影響力行為之間的細微差別。另一方面，能力模型通常過於繁瑣；畢竟，很少人能記住數十項關鍵技能和行為，更別說在它們過時前發展那些技能。這些努力在正確的問題周邊打轉，卻錯失了尚可的貢獻和真正重大貢獻間的細微差別。此外，這些工具往往忽視行為背後的強大信念。

另一方面，專業工作者都渴望做出有影響的貢獻。當然，大多數人想要一個好工作，但他們也想做出有意義的貢獻；他們希望自己的工作是重要的，且能對世界產生影響力。他們想參與，並因為他們的貢獻受到尊敬。由於沒有清楚的指引，太多人囫圇吞棗地消化社群媒體端出的職涯建議和畢業演講錄音。這些訊息可能聽起來很吸引人，但它們往往提供的是專業建議的「垃圾食物版」：預先包裝、過度處理和缺乏營養價值。

我也曾尋找這個問題的答案：為什麼有些人能淋漓盡致地發揮潛力，而其他人卻未能善用才能？過去十年來，我始終認為領導人就是問題的來源和解決之道。我很清楚領導人的行為可以提高或削弱部屬貢獻的能力——這是我在《乘數領導人》（*Multipliers*）書中探討的主題：最好的領導人如何讓每個人變得更聰明。領導人經常忽視在他們眼前的人才和智慧。不過，雖然領導是一項不可或缺的因素——也是一項值得進一步探究的因素——但它不是唯一的因素。領導人當然肩負創造包容環境和提供正確指引與教導的責任，但貢獻者工作的方法也很重要。正如一位經理人對我描述的：「零乘以任何倍數還是零。」他不是輕視個人的能力；他指的是不具備正確心態和正確執行工作的人是很難被領導的。他說得對，而且數學也如此證明：經理人可能是乘數，但貢獻者也是等式中的變數；他們工作的方法決定他們貢獻、影響和最終成就的水準。

在職場變得愈來愈去階層化和日益複雜之際，包括我在內的無數研究者已經詳細描述各種新領導模型，但有誰研究過貢獻者的新模型？有幾千本書討論如何成為卓越的領導人，但個人要如何變成頂尖的貢獻者？有許多還沒有答案的問題：組織中的個人如何發揮影響力？哪些心態和工作習慣造就最有影響力成員和其他團隊成員的差別？貢獻者如何在沒有職位權威下影響他們的領導人，並贏得組織對他們的創意和倡議的支持？這些技能是可以學習的嗎？

該是我們改變思維，檢視最佳貢獻者怎麼做的時候了：他們如何創造超乎尋常的價值，以及這些價值如何放大他們的聲量、增進他們在這個世界的影響力。

為了找到答案，我們必須了解是什麼原因促使個人發揮影響力和創造價值，特別是透過他們的利害關係人的眼睛。當我想研究最佳領導人時，我不會問經理人他們個人的領導哲學；我會問為他們工作的人。他們知道哪些領導人激發出他們最好的工作表現，以及那些領導人有什麼不同。同樣地，要制定最有影響力的專業工作者之教戰手冊，我們必須從聆聽領導人怎麼說開始——目睹那些行為的經理人，和從結果獲益的利害關係人。我們必須了解貢獻者的細微差別，並發掘那些無形的價值，以了解行為的小差異如何產生巨大的影響。

我組織了一個研究團隊，由我在懷斯曼集團（The Wiseman Group）的兩位同事帶領：研究主任韋爾哈姆（Karina Wilhelms）和行為經濟學家兼資料科學家漢考克（Lauren Hancock）。我們共同先後與一百七十位領導人談話，他們來自一些備受讚譽的公司，包括Adobe、Google、LinkedIn、美國太空總署（NASA）、Salesforce、思愛普（SAP）、Splunk、史丹佛醫療中心和目標百貨（Target）等。這些經理人的工作地點遍及十個不同的國家。我們要求每個經理人舉出一位他們團隊中展現出特殊價值的人，然後要求經理人描述那個人的行為和心態：他們如何看待工作？他們對自己所扮演的角色有什麼看法？他們會做什麼？他們不會做什麼？為什麼他們的工作這麼有價值？

我們不只探究頂尖的貢獻者；我們也要求經理人舉出他們共事的某個貢獻水準一般的人，和另一個貢獻低於他們能力水準的人，然後提出相同的問題。這三個由經理人舉出的人，都屬於經理人認為聰明和有能力的人。這讓我們得以掌握區別最佳貢獻者與其他人的基本因素和深度表現，以及阻礙聰明、能幹的人貢獻出全部潛力的心態。

在問卷中，我們更進一步要求經理人告訴我們，整體而言員工最喜歡做什麼事，以及哪些事最讓他們感到挫折。他們的回答相當類似，而且有時候相當熱烈而激動。透過這個研究，我逐漸了解到經理人最需要從他們領導的人得到什麼，為什麼他們傾向於委派重要任務給特定的人，以及為什麼他們猶豫要不要支持其他人的努力。

在這些訪調中，我深入了解到經理人在不確定的環境中領導部屬所面對的挑戰，不管他們是護理督導或是銷售主管。我曾見過經理人的團隊成員變成他的負擔，也看過成員幫他分憂解勞。當我傾聽充滿感激的經理人訴說的數百則故事，我了解到與充分發揮能力的人才共事的滿足感；但另一方面，則是眼見原本聰明能幹的人表現不及格、貢獻遠不及其潛力的挫折感。

為了完成整幅拼圖，我與貢獻者談話。從我們研究中的二十五位頂尖貢獻者開始，以了解他們的想法，和他們做了哪些其他人認為有價值和有影響力的事。然後再加上數百個人的觀點，他們都是努力工作卻看不到影響力，以及嘗試做有意義的貢獻卻因為各種理由而未被看見、聽見或未受重視的人。我愈來愈了解到，職場中充滿想發揮全力做出貢獻的人。這種對高度參與和發揮影響力的渴望不只是企業領導人的雄心抱負；它是所有人內心深處的需求。每個人都想以有意義的方式做出貢獻，並發揮影響力。但不是每個人都知道如何做。

透過經理人和渴望領導的人之分享，我得以了解最有影響力的成員與其他人的不同，以及我們思維和行動的微小、看似不重要的差別如何造成巨大的影響。本書探討的就是這些差別。當你能了解這種差別，你也將學到這種高貢獻、高報酬的工作方法，然後你將能加入影響力成員的行列，並從你的工作中找到更深的意義和滿足感。

成為影響力成員不見得是件容易的事。你不需要特別的天分或能力，但你必須了解區別影響力成員和其他貢獻者的心態和行為。你可以學習這些心態和工作方法。本書的章節將說明並稍加教導，為什麼任何想提升自我以做出最高水準貢獻的人都能學會這種心態。

本書是為有企圖心的領導人和奮發向上的專業工作者而寫，他們都想要在工作上更成功，想增進他們的影響力，使他們的影響力倍增。對一些人來說，領導就是讓更多人聽到他們的聲音，和在世界上發揮影響力。對另一些人來說，領導是基於管理人角色的形式，你的職位讓你得以帶領其他人。在工作中抱持影響力成員心態，將使你變成這類角色的天生好手。你將自然而然地被視為領導人，你透過影響力領導，並以能讓共事者能力倍增而非削弱的方式與他人協作。

這也是一本為今日的領導人寫的書，他們都想要在自己的團隊培養更多這種心態。經理人將從中找到一套讓你的組織更上層樓的工作方法。你也會發現這些方法將協助你增進你自己的影響力。因此，我鼓勵所有階層的團隊領導人和企業經理人通篇閱讀本書兩個截然不同的篇章。第一部是從第二章到第六章，將協助你改善個人的有效性，和提高你所扮演角色的貢獻；畢竟，即使是執行長或創業家都還是有「老闆」，例如董事會、一連串的客戶，或你服務的其他人。在閱讀時，你可能發現自己回想起作為貢獻者的時代。你可能發現當時你為什麼有效率，為什麼你能升遷，和你如何攀升到領導人的角色。第二部，從第七章到第八章，將協助你成為更傑出的領導人，並提供招募更多這類人才、培養團隊成員具備這種心態，和提高整個組織的貢獻水準之策略。簡單來說，領導人可以自行運用這些方法，但別忘了身為領導人的最重要任務：讓你整個團隊的貢獻和影響力最大化。別只是渴望成為影響力成員，要渴望領導一個高影響力團隊。

本書也是一本組織手冊，供組織培養專業工作者、內部人才的培訓者，以及必須在企業各階層發展能力的組織文化管理者。書中的工具將協助你培養所有階層的領導人、增進員工的參與，和教育能支持迫切需要的文化價值，如問責（accountability）、協作（collaboration）、包容性、主動性（initiative）、創新和學習的心態。它也是導師們——父母、教師和職場顧問——的指南，供他們協助學生與所愛之人在這個變動的世界，發展出成功職涯所需的寶貴心態。

現在就讓我們開始探究，那些能展現超高水準、同時提升團隊水準的明星專業工作者之成功祕訣。

PART 01

影響力習慣

IMPACT PLAYERS

第1章

影響力成員

才能處處可見，贏家的態度則非如此。

——明星摔角手蓋博（Dan Gable）

佩德曼（Monica Padman）帶著兩個學位離開大學，一個是戲劇學士、另一個是公關學士，取得後者是為了安撫她的父母。她搬到好萊塢以追求她成為演員和喜劇諧星的夢想——帶給人們歡笑和激發人們的情感。和大多數力爭上游的演員一樣，她在試鏡和演出小角色間做了各式各樣的兼職工作。

佩德曼爭取到 Showtime 電視網《謊言堂》（*House of Lies*）的一個小角色，在戲裡扮演女明星克莉絲汀．貝爾（Kristen Bell）的助理。這讓她們變成朋友。當佩德曼知道貝爾有一個小女兒時，她提到自己曾做過保姆。貝爾和她的演員丈夫戴克斯・薛普（Dax Shepard）接受了她的提議。在成為這個家庭被信任的一分子後，她看到貝爾疲於應付許多演出和製作的計畫，於是又提議協助貝爾安排時間表。雖然志向遠大的佩德曼曾經想過要求這位好萊塢巨星幫她安排演出角色，但她還是在需要她的地方安分工作——諷刺的是，是擔任貝爾戲外的助理。

當貝爾和薛普要求她全職為他們工作時，不難理解的是佩德曼有點不情願——她怎麼會有時間參加試鏡？這份工作可能阻礙她的目標，但她決定接受。時間一久，她不再只是被信任的員工，更變成貝爾和薛普的朋友和創意夥伴。只要她認為需要她的地方，她就充滿幹勁地做事，很快地她就開始審閱劇本和協作計畫。「她做每件事都達成一一〇%，」貝爾談到佩德曼，「但她不是一個炫耀她做到一一〇%的人。她不會裝腔作勢。」不久後，佩德曼已變得如此不可或缺，讓貝爾不禁想：「要是沒有佩德曼，我可能做得到現在做的任何一件事嗎？」[1]

在為貝爾一家人工作的同時，佩德曼花許多時間坐在門廊與以唱反調聞名的薛普辯論。他們的辯論既好笑，有時候還很激烈，所以當薛普提議把他們戲謔的談話製作成 Podcast 時，她覺得這是個好主意。《扶手椅專家》（*Armchair Expert*）就是這樣誕生的，由薛普和佩德曼共同主持，與專家和名人來賓探討作為人類的個種糗事。這個機智、有趣、戲謔和刺激思考的 Podcast 成為二〇一八年下載次數最多的新節目，而且此後受歡迎程度還持續攀升。

在兩年間製作約兩百集後，佩德曼回憶道：「特別是在娛樂產業的職涯追求中，人非常、非常容易視野變偏狹。我想這對任何工作來說也是如此。你把視野聚焦在某件事上，只注意到這個目標。但根據我的經驗，最好是放鬆些。」[2]

佩德曼原本可能在追求自己的熱情時，走一條直接的路徑，但她全心全意地投入自己最能發揮能力的工作。藉由積極地扮演她最被需要的角色，她找到一個更大的機會，和可能是她真正的使命。

影響力成員

像佩德曼這類專業工作者和其他行業許多類似她的人，是職場中最傑出的明星，他們把最高水準的績效帶到他們所到之處和所做的每件事。他們是可以放在十幾種不同角色都能成功的人。對他們工作的組織來說，他們是不可或缺的專業工作者，並且在經濟艱困和動盪的時期能讓組織繁榮興盛。他們懷著使命感和熱情工作，但他們的熱情是有方向的，專注在對組織最重要的事務和我們時代的問題。這些專業者往往變成影響世界的聲音，他們不僅因為具備獨特的能力而聞名，也因為他們能發揮廣泛的影響力。

他們是**影響力成員**：做出重大貢獻的個人，同時也對整個團隊產生正面效應。就像運動比賽中的影響力成員，職場裡的超級明星都有各自的「賽局」。他們聰明、有才幹，而且遵循嚴謹的工作倫理；但與運動界的影響力成員一樣，造就他們的因素不只是才幹和工作倫理，還關乎他們的心理賽局：他們如何看待自己扮演的角色、與他們的經理人共事，以及如何處理困境和曖昧不明的情況，和他們多願意改進。

在本章，我將分享我們對影響力成員的研究心得，並解說讓他們的工作發揮影響力、使他們有別於其他辛勤貢獻者的工作方法與心態。首先讓我們先了解一些定義。在研究中，我的團隊和我研究了三種不同類別的貢獻者：

高影響力貢獻者：在工作上展現超群價值和影響力的人

一般貢獻者：聰明、有能力，工作表現不錯（但不是特別好）的人

低貢獻者：聰明、有能力，但表現低於他們的能力水準的人

本書主要將專注於前兩類貢獻者，以探討造成影響力明顯差異的心態，細微、且往往違背直覺的不同之處。在本書的各章節，我將稱呼這兩群人為「影響力成員」和「一般貢獻者」。你可以在 impactplayersbook.com 上找到研究方法，包括我們訪問十個國家九家公司的一百七十位經理人，和調查廣泛產業的三百五十位經理人，以及對二十五位高影響力貢獻者的深度訪談。

了解影響力成員

那麼，我們發現了什麼？首先，我們在各式各樣的工作、各階層和每一種產業都發現了影響力成員。其中有一些擔任高知名度的角色，如佩德曼；或者備受大眾讚揚，例如醫學研究人員李普莉（Beth Ripley）博士，她曾以在 3D 列印方面的先驅研究，獲得公共服務夥伴關係組織（Partnership for Public Service）頒發的二〇二〇年服務美國獎章。[3]

其他人，如聖塔克拉拉矽谷醫學中心的手術技術員米拉多（Arnold "Jojo" Mirador）則擔任較不為人知的角色。與他共事的外科醫師都同意：只要走進米拉多的手術房，一切程序都會順利進行。米拉多為手術做準備時，他不只是擺好所有正確的工具；他會按照使用的順序擺放。當外科住院醫師要求一種工具時，米拉多不只是遞給這位培訓中的外科醫師他要求的東西，還會提供他們應該要求的工具——米拉多知道他們真正需要什麼，並客氣地提出建議。

很明顯的另一點是：那些被視為一般的貢獻者並不是偷懶的人。他們是有能力、聰明、努力工作的專業工作者。他們會把工作做好、遵從指示、自動自發、專心一志，並貢獻他們的績效。從許多方面看，他們是經理人希望團隊擁有的員工。

不過，在分析高影響力成員和其他賣力工作的貢獻者間的差別時，我發現他們的思維和工作方法有四個關鍵性的不同。我們將從他們如何看待日常挑戰上的基本差別談起。

影響力成員戴著機會眼鏡

影響力成員採用的方法不只有略微的差異，而是大幅度的差異——而且它深入到這些專業工作者如何處理他們無法掌控的情況。一般貢獻者在平時的情況下表現超群，但他們在不確定情況下會倉惶失措，在情況曖昧時則進退失據。當其他人可能不知所措或躺平的時候，影響力成員馬上投入亂局，正如老練的大海泳將潛入迎面而來的巨浪，而非驚惶地遭到波浪吞噬。

幾乎所有專業工作者都得處理許多曖昧不明的情況，不管他們從事什麼工作。這些挑戰通常是每個人看得到、但沒有人能控制的問題：有許多參與者、但沒有指定領導人的會議，新領域中前所未見的障礙，接近目

日常挑戰

影響力成員以不同方式因應工作中持續存在的壓力和挫折：

1	棘手的問題	超越工作範圍的複雜、跨類別問題
2	角色不明確	由誰負責沒有明確的界定
3	意料之外的障礙	前所未見的挑戰和未預見的問題
4	變動的目標	需求或情況的改變導致目前的做法失效或不恰當
5	無盡的需求	工作要求增加比能力增加快

標時發生的目標改變，以及工作要求增加比個人能力成長快的情況。這些過去被認為不尋常的挑戰，已變成現代職場的日常、持續不斷的現實，而影響力成員看待和因應這些外部因素的方法，正是讓他們特別有價值的核心特質。

面對想逃避的問題

如果你在一個複雜的組織或變動的環境工作，你知道無可避免地會有許多挑戰。儘管如此，許多人會竭盡所能避開它們。但當我們規避這些問題時會怎麼樣？前國家美式足球聯盟（NFL）外接員博萊斯（Eric Boles）回憶起他還是個菜鳥時，在紐約巨人隊的一個軟弱時刻。

作為外接員，他的職責是跑、接球和傳球，然後繼續跑。所以他身為球員的心態是避免衝撞。但除了擔任外接員外，他在特別組也擔任阻跑員。在開球時，他的工作是衝刺過球場，奔向對方球員以突破稱作「楔子」的防衛陣型——由大塊頭阻擋員組成的一堵人牆、跑在他們的開球回攻手前以防止他遭到擒抱。在博萊斯第一季的一場比賽中，當他面對這堵準備摧毀任何阻擋者的人牆時，避免被撞擊的本能不由自主地被激發。他沒有迎面衝撞楔子陣型，反而向左閃躲並繞過它。然後他成功地從後面擒倒，但是在四十五碼線而非二十碼。那二十五碼的推進最終讓巨人隊輸掉比賽，之後更喪失進入季後賽的機會。正如博萊斯所說：「恐懼的代價很昂貴。」[4]

我們的研究顯示，一般專業工作者面對這種困難情況，有時會把挑戰視為討厭的事，因而降低生產力，難以把工作做好。他們把挑戰視為要繞過和避免的問題，而非直接處理它。此外，低貢獻者不但把挑戰視為生產力的威脅，更視為可能危及職位或組織地位的個人威脅。在其他人可能看到一隻蜜蜂而畏懼整個蜂群時，影響力成員會設法建造一個蜂房並採收蜂蜜。

增添價值的機會

我們研究中的影響力成員把日常的挑戰視為機會。對他們來說，方向不明確和優先順序改變是增添價值的機會。讓其他人感到洩氣或挫折的複雜難題，反而讓他們充滿幹勁。不明確不會讓他們癱瘓，反而能刺激他們。改變引發他們的興趣，而非害怕。也許最根本的是，他們不把問題視為讓他們分心的事，而是問題本身就是工作——不只是他們的工作，而是每個人的工作。

舉例來說，當瓊斯（Jethro Jones）面試阿拉斯加州費爾班克斯（Fairbanks）塔納納中學校長的職務時，他得知這所學校因為註冊率不斷下降而可能被關閉。未來一、兩年內，這所學校還會繼續運作，但如果情況沒有好轉，學生沒有增加，關閉將成定局。不難想見的是，教職員感到前途茫茫，對學校的未來相當悲觀。

但瓊斯接受這份工作，認為是一個為學生創新的機會。在第一次教職員會議中，他承認需面對許多挑戰，但他告訴教職員：「我們處在有利的位置。所有人都預測學校會關閉，我們沒有什麼可損失的，所以我們有冒險採用不同方法的大好機會。」[5] 教職員願意給這位新校長機會，他們開始思考可以讓每個學生擁有個人化學習經驗的教學方法，而瓊斯則承諾提供教職員訓練和其他資源。教職員不再感覺受到學校可能關閉的威脅，並開始精力充沛地讓學生也參與其中。在教師的協作下，學生興建曲棍球溜冰場、修理家具和布置避難室。他們成立課程計畫和社團；他們很快就有了舞蹈隊、一個服務組織，和教導手語、提高預防自殺意識及避免霸凌的課程。

威脅透鏡 vs. 機會透鏡

影響力成員傾向於看到機會，而其他人看到的卻是威脅。

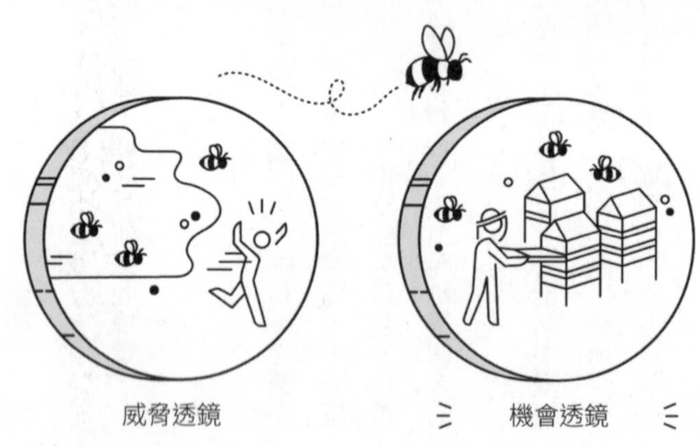

威脅透鏡　　　　機會透鏡

藉由把威脅視為創新的機會，塔納納中學的團隊改變了學校的發展。不知不覺中，他們在這個過程中為個人化學習樹立了典範，並在該地區各處被複製。塔納納中學今日仍然開著，且在新管理團隊下欣欣向榮。雖然關閉學校的威脅已經消失，但這種機會心態仍持續存在。瓊斯的接班者說：「當新冠疫情爆發時，我們的教師沒有鬆懈下來。地基已經打好，而且他們已培養出新心態。新冠疫情和虛擬學習只是等著我們克服的新障礙。」

總之，影響力成員透過機會透鏡看待日常的挑戰，而其他人則是透過威脅透鏡。這個對前景見解的差異區別了影響力成員和其他人。

影響力成員對不確定性有不同的反應

由於影響力成員視不確定性和曖昧性為增添價值的機會，他們的反應也從根本上不同。在其他人不知所措時，影響力成員卻致力於研究混亂的情勢。他們對事情的看法，就像讓美洲大陸分水嶺發揮作用的分界線，也就是沿著洛磯山脈與安地斯山脈的主要山峰高點所連成的線，將河流分成了兩個體系。在分水嶺西邊，水流向太平洋；在東邊，水則流向大西洋。同樣地，在區隔線的一邊，行為流向尋常的貢獻；而另一邊則流向傑出貢獻和高影響力。

以下的工作方法，是我們在影響力成員與他們的同事間發現的五項關鍵差異。每項都是源自從曖昧性和挑戰中發現機會，從而展現的一系列行為。

1. **做需要做的事。**當處理複雜的難題時，影響力成員處理的是組織的需要；他們大膽地超越指派的工作職責，以處理真正需要做好的事。影響力成員的目標是服務；這個方向促使他們設身處為利害關係人著想，尋找未被滿足的需求，並專注於他們最能彈性發揮效用之處。他們的做法因此可以增進組織的反應性，創造一種臨機應變和服務至上的文化，並建立起在多樣角色都能發揮價值的信譽。對照之下，較一般的成員懷著職責導向的心態，對自己的角色抱著狹隘的觀點，看自己的職位做事。**其他人做自己的事，而影響力成員則做需要做的事。**

2. **站出來，退回去。**當已經知道必須解決某些問題、但不確定由誰負責時，影響力成員會站出來領導。他們不會等候有人提出要求；他們會動起來，號召其他人參與，即使他們並非正式的負責人。他們根據流動的領導模式做事——因應需要而領導，而非因應命令。他們根據情況採取行動，在需要出現時站出來，一旦他們完成領導任務後，他們就退回去，以同樣的自在跟隨其他人。他們能領導也能跟隨的心態，在組織中創造出一種勇敢、主動和靈活的文化。對照之下，當角色模糊時，大多數成員會袖手旁觀。他們假設其他人會負責，並告訴他們何時需要他們和該做什麼。**在其他人等候指示時，影響力成員會站出來領導。**

3. **堅持到底。**影響力成員往往有把事情做完的習性；他們堅持要完成整件事，即使任務變困難、遭遇許多意料之外的障礙。他們帶著強烈的自主感和對自身力量的信念工作，這促使他們承擔責任、解決問題，並在無人監督下完成任務。但他們不只是排除路障——他們隨機應變，允許自己權衡變通，找到更好的工作方法。而在他們克服挫折並交付成果時，他們強化了一種問責的文化，並建立起能迎頭趕上的關鍵時刻成員的名聲。對照之下，較一般的玩家根據逃避的心態運作。他們會採取負責的行動，但當情況變困難時，他們把問題轉給管理鏈的上層，而不是自己承擔責任；在最糟的情況下，他們會分心或氣餒，直到完全陷於停頓。**當其他人把問題推給上層時，影響力成員向前挺進，直到終點線，並在一路上變得更強大。**

4. 尋求回饋意見並調整。影響力成員往往比其他同事更快順應變化的情況，因為他們把新規則和新目標看成學習和成長的機會。他們當然喜歡肯定和正面的回饋意見，但他們也主動尋求矯正的回饋意見和相反的觀點，並利用這些資訊重新調整和聚焦他們的努力。在這個過程中，他們強化了學習和創新的文化，協助組織保持卓越，並建立自己是可教導、努力上進且為所有團隊成員提升標竿的個人信譽。對照之下，大多數專業工作者視改變為干擾、不公平或穩定工作環境的威脅。在動盪的情況中，他們往往堅持他們最了解的方法，並繼續按照他們目前擅長的規則做事。**在其他人設法讓改變最小化時，影響力成員會學習並順應改變。**

5. 讓工作變輕鬆。當團隊面臨升高的壓力和無盡的需求時，影響力成員會讓困難的工作變容易。他們提供助力，不是靠承擔其他人的工作，而是透過讓共事更容易。他們帶來輕快和鎮定的感覺，以減少紛爭、辦公室政治和壓力，並增加工作的喜悅。藉由為所有人創造一個積極和有建設性的工作環境，他們強化了協作和包容的文化，並建立起高績效、低維護成本成員的信譽——那種人人都想與之共事的類型。相形之下，當壓力升高和工作負擔達到高峰時，較一般的玩家往往尋求協助而非提供協助。由於這是他們標準的反應方式，他們在艱困時期為原已超過負荷的團隊增添了額外的負擔，而且可能為上司和同事添麻煩。**在其他人增添負擔時，影響力成員讓沉重的**

影響力成員的五個工作方法

區別影響力成員與一般貢獻者的信念和行為：

	一般貢獻者		影響力成員	
	解讀	行為	解讀	行為
棘手的問題	讓工作分心的事	做他們的工作	發揮效用的機會	做需要做的事
角色不明確	求助上司的藉口	等待指示	提供領導的機會	站出來然後退回去
意料之外的障礙	額外的麻煩	上報問題	改用更好方法的機會	做完後更強大
變動的目標	偏離他們的強項	堅持他們擅長的方法	培養新能力的理由	求教並調整
無盡的需求	要求協助的理由	增添負擔	需要協力的工作	讓工作變輕鬆

要求感覺輕鬆些。

這五個工作方法，加上驅動它們的展望，構成了「影響力成員心態」，一種高價值貢獻的框架。

我們可以從 Adobe 公司資料分析與見解部總監索尼（Maninder Sawhney）如何處理幾個「日常挑戰」，來了解影響力成員的不同。

這是一個幾乎每家大型組織都很熟悉的問題：彼此不交流的獨立資訊系統形成的數據孤島（data island）。Adobe 想解決這個問題，嘗試建立客戶經由不同行銷管道和產品經驗，與 Adobe 來往的全面觀點。過去他們試過各種方法以解決這個問題，但沒有一項措施真的讓公司朝向這個目標邁進。在此同時，Adobe 執行長納拉延（Shantanu Narayen）繼續強調，必須以一套流線的方法，來正確評估整個端對端的顧客流程營業績效。以資深主管為主的二十五個人，因此聚集在公司董事會會議室，參與為時一整天的每季業務評估。

索尼是與會者之一，他將做兩項報告：一項是提出顧客流失的管理方法，另一項是彙整銷售、行銷、產品、財務和其他資料集的觀點。自稱是「資料人」的索尼是會議室中最資淺的，但他向來能以宏大的觀點看待業務。他出了名地擅長將複雜的大問題，拆解得淺顯易懂，經常在白板上用簡單的描述，抓住一群人爭論幾個小時的問題癥結。

與會者曾討論過無數種改善顧客留存率和顧客終身價值的方法。一些人主張建立更多儀表板以監看業務的多個組合；其他人則提出了幾個也許能立即改善的修正。但沒有人能對解決問題達成一致的看法；事實上，他們甚至無法達成問題是什麼的共識。不過每個人都了解一件事，就是必須立即擬出解決方案。

該是索尼做第一項報告的時候了。主題是顧客流失的衡量方法。他說明目前的資料結構，然後提出他認為公司對衡量和分析顧客流失應採用的新方法。

圍繞會議桌的主管們進一步討論他的想法，想了解他的理由和策略，以及潛在的結果。這個索尼冷靜面對這個挑戰，他解釋說，光靠儀表板無法解決問題，以及為什麼根據孤立的資料下結論可能導致不良的決策。到了中午休息時，索尼得到一個更大的工作，在執行長的要求下，他將開始管理更多顧客資料——他將領導擬定顧客留存的策略。

休息過後，索尼開始第二項報告，描述完整的行銷與銷售資料架構。報告進行幾分鐘後，他發現原本準備的資料偏離了目標。被邀請參加會議讓他更清楚了解執行長對營運模式的願景。索尼準備的報告是他被要求做的——對特定程序的技術性簡報——但那不是執行長此時需要的。索尼停止報告，並詢問他能不能兩週後再回來，提出一套計畫解決執行長想解決的問題。

這是個大膽的舉動——放棄他的報告，自告奮勇處理一個更大的問題。會議室裡負責一部分解決方案的資深領導人可能會質疑索尼的膽量，但他深得同事的信任，而且他是那種領導人喜歡的部屬。根據他的同事，他在工作中沒有私心，而且從不要權謀或與人結怨。事實上，他穿的一件 T 恤上寫的正是他的心態：企業階梯就讓別人去爬（**譯註：corporate ladder，即指晉升**）。

兩週後，索尼提出一套彙整了公司上下利害關係人意見的新架構。當一位主管問該由誰來領導這件繁重的任務時，納拉延和其他人都很清楚是誰。索尼被指派領導這個跨部門的計畫，為數位事業建立一個數據導向的營運模式。

不到六個月，這套系統已開始運作，並且從根本上改變了 Adobe 經營業務的方式。這套由 Adobe 各部門群策能力才可能完成的新營運方法，被認為替公司增添了數億美元的營業收入。在領導這套系統的開發後，索尼被擢升為負責公司美洲數位媒體業務的主管（Adobe 最大的事業部門，每年創造數十億美元營收），並且現在負責協助顧客長期營運的事務。

是什麼因素讓索尼從做報告一路升遷到經營 Adobe 的最大事業？

他看到真正需要做的工作，而且他願意站出來領導。他把一個複雜的問題視為一個機會。對影響力成員來說，問題就是服務、尋找解決方案和發揮影響力的機會。

影響力成員敢於採用不成文規則

從這個研究得到的主要發現之一是，影響力成員似乎比其他人了解職場的規則。他們領悟出不成文的潛規則——在特定職位或組織中應該遵循的行為標準。他們了解組織的需求，並覺察對周遭同事來說重要的是什麼；他們發現什麼事情需要被完成，並確立做好它的正確方法。

這些規則是不成文的，不是因為經理人刻意隱瞞，或沒有人花時間寫出來，而是因為這些規則對大多數經理人也是無形的、無意識的。許多經理人都表示，和我們的訪談讓他們學習了很多。回答我們的問題，有助於經理人首度清楚地分辨出，他們團隊中的影響力成員和其他人的微妙差別，以及創造價值與創造摩擦的行為間之不同。許多經理人意識到他們從未與團隊分享這個重要資訊，而且許多經理人誓言會彌補這個缺憾。重點是，這些規則對每個人都是隱晦的——除非有人刻意發掘並分享它們。

那麼，組織領導人最重視的是什麼？經理人希望部屬有助於減輕自己的工作負荷——幫助他們領導團隊，並盡可能自我管理。他們需要可以自己思考並站出來面對挑戰的人。他們重視循規蹈矩的程度不像那些成功指南書要你相信的那麼高，而他們重視協作的程度則超過正式企業價值聲明上所表達的。在現實中，經理人想要的是協助他們找到解決方案和促進團隊合作的人。

當影響力成員領悟出這些潛規則並了解利害關係人重視的價值後，他們就能建立信任度。他們的領導人會很欣慰並樂於支持他們，使他們得以擴大潛在的影響力。想想以下這些經理人如何描述他們部屬中的影響力成員。

- LinkedIn 銷售部領導人法拉西（Scott Faraci）談到剛輕鬆且漂亮地處理完一筆重大銷售的業務經理羅斯特（Amanda Rost）：「我真的是興奮得蹦跳起來。我心想：『這太瘋狂了。我剛僱用的這個超級明星是誰？』如果我能為她立一個雕像，放在我們銷售大廳的中間，作為銷售主管該怎麼做的燈塔，我真會這麼做。」
- 思愛普（SAP）巴西公司開發部經理庫帕力奇（Roberto Kuplich）談論起他團隊中備受敬重的軟體架構師布登班德（Paulo Büttenbender）：「你可以裁員我，但不能裁員布登班德。」
- 資深人力資源主管安娜斯（Julia Anas）描述人力資源事業合夥人莫迪卡（Jonathon Modica）是「第一個舉手回答困難、複雜問題的人」。她還說：「我期待我們一對一的談話，因為我會被他的能量感染。」和這種感覺呈鮮明對比的是另一家公司某位經理人的反應——當他發現他與自己團隊的某個「就是進入不了狀況」的成員開會時：「我的感覺就像咬著牙的表情符號。」

我們研究領導人重視的事，並從中獲得的洞見，散布在本書各章節（你也可以從附錄A「建立在經理人間的信譽」中一窺完整的清單）。利用這些洞見，可以協助你建立信任、建立你與利害關係人間的共識——因為一旦你知道你的組織和領導人最看重的事物，你等於擁有一本成功指南。此外，如果經理人分享這些潛規則，團隊裡所有人的表現都將能更上層樓。

雖然最有影響力的專業工作者了解隱形的規則並不令人意外，但發現有那麼多有才幹的人持續表現不及格卻是令人警醒的事。他們是聰明、有能力和努力工作的人，但他們似乎誤解他們的領導人認為有價值的事物，並對無形的職場規則渾然不覺。一般貢獻者往往表現穩健，但如果人們在接受任務時不閱讀評量規則，或在編排舞蹈時不參考評審的標準，他們的表現將不被注意或無關緊要。

我曾經因為只做被指派的事而非深思我應該做什麼，而表現不及格。舉例來說，一家大公司邀請我在一個領導力工作坊上教課，以解決經理人面對的一系列挑戰。我的客戶列出這些挑戰，接著我們舉辦許多次研討會。然後我擬定一個最能解決這些問題的計畫，所有人都同意這套辦法。一個月後，我按計畫完成整個工作坊，確定我達成這項任務的每個重點。研討會很紮實，但我感覺它沒有發揮作用。在擬定和執行計畫的一個月期間，剛好新冠疫情開始蔓延全世界，幾乎破壞了工作的每個方面。經理人現在面對的是一系列完全不同的挑戰（管理不確定性、暫停營運，和員工在家工作）。我做完了我的工作，但我沒有發現那已不再是客戶所需要的。

和我一樣，達不到標竿的專業工作者都立意良善，但受到誤導。他們做的是看似有價值的事，因為那在過去是重要的事，或因為那是眾人宣稱的未來趨勢。但他們的許多工作方法是仿冒品——一種有價值的幻覺，實際上缺乏實質內涵。我稱它為「價值假餌」（value decoys）——看似有用且受歡迎的專業習慣或信念，但它們帶來的傷害大過價值。它們是閃閃發亮的東西，讓我們分心而無法以有價值的方法提供貢獻。

我們看到一些人絆倒，因為他們照著過時的規則手冊做事。一些人埋頭苦幹，以至於忽視真正該做的事——沒有人正式指派要做、卻是組織最需要的事。職場成規教導員工要勤勉、警覺和鎮定，但當環境改變時，墨守成規可能讓我們誤入歧途。當那些專業工作者落入照章行事的陷阱時，另一些人則誤解現代工作文化的新規則。他們看見遊戲正在改變，職場現在重視創新、靈活變通、參與和包容。然而他們錯失了規則中細微和隱形的東西；例如，他們不了解「實驗並承擔風險」不包括讓生產資料庫當機；或「做自己」不意味讓你個人世界裡發生的事變成同事的負擔。他們錯失重要的訊號，因為他們過度焦慮、過度依賴團隊，和過度投入到令人厭惡的程度。基本上他們是太執迷於工作和過度貢獻（overcontributing）。

這帶我們來到一個核心的見解：我們可能因為過度貢獻而阻礙貢獻。當極度努力工作時，我們可能反而創造不了什麼價值。無論是被新觀念的曖昧性或舊規則的神聖性絆倒，我們最後都可能完成了很棒、但不重要的工作。我們可能用了很大的力氣，但努力的方向卻偏離目標。

影響力成員較容易辨識出仿冒品，因為他們不假設對自己有價值的東西必然對別人有價值。他們的看事情的角度超越個人，以利害關係人的視角定義價值。他們了解對他們的上司、客戶或同事重要的是什麼，而且把它們視為對自己重要的事。**藉由把努力放在最多人受益的目標，影響力成員得以提升他們的效用和影響力**。當其他人忙著經營所謂的個人品牌時，影響力成員在建立容易共事、可以託以重任的信譽。在其他人可能嘗試改變世界時，影響力成員正付諸行動。他們從改變自己著手，持續不斷投入和調整，以確保他們能達到標竿。在影響力成員心態的指引下，他們得以跳脫老舊思維的陷阱、避開新時代思維的歧途。

影響力帶來投資

影響力成員會思考和因應不確定性和曖昧性，這讓他們特別適合面對現代工作世界的挑戰。他們有彈性、迅速、強大、靈活和能協作——是那種在情勢紛亂或出差錯時，你希望你的團隊擁有的人。在其他人推諉問題的責任時，影響力成員將協助你找到解決方案。正如一位經理人的描述，影響力成員是「一個我希望一起困在荒島上的人」，相對於其他員工是「一個我必須協助他生存的人」。當其他人在暴風雨中建造一間避難室以便躲藏，影響力成員會建造一座風車以便發電。在挑戰的環境中，影響力成員是會隨著時間不斷增值的資產。

當我們要求經理人量化影響力成員相較於其他同事的貢獻時，他們估計，平均而言他們團隊中的影響力成員創造之價值是一般貢獻者的三倍。此外，他們表示影響力成員貢獻的價值幾乎是低貢獻者（聰明、有才能的同事，但貢獻低於他們的能力）的十倍。聽到一位美國太空總署（NASA）的資深工程經理人的回答更是令我驚訝，當評估一位前部門副主管相較於同事所貢獻的價值時，他說：「我保守的估計是二十到三十倍。」

影響力成員的價值被認為比一般貢獻者高三倍，意味他們獲得的獎賞也大不相同，包括無形的獎賞如參與重大專案，和具體獎賞如升遷和薪酬。而當談到能力的發展時，這類成員會獲得指導和被指派更高難度的任務。他們提供給其他人的有形價值就像存款般，會帶來報答性的投資並衍生互惠的循環。

建立價值

影響力成員傾向於自我管理，並讓他們的經理人感到放心和安心，相信他們會圓滿達成工作，不必再三交代或提醒。他們不但把工作做完，而且會用正確的方式執行；他們避開辦公室政治，並創造積極的團隊環境。領導人欣賞這種令人讚嘆的價值主張：完成任務，而且團隊的感覺是正向的，領導人也覺得有效率。

當經理人發現他們可以投資一盎司的指導，然後獲得一噸的價值回報時，他們就會在這些成員身上繼續投資——然後再投資。他們通常會託付更多責任和額外的資源給影響力成員。由於他們很有效率，經理人會給予他們最寶貴的資源：經理人的時間和信譽。影響力成員往往是額外指導的受益者，而且往往被委派代表經理人出席更大的內部或外部場合。不過，我們研究中的影響力成員不是憑空獲得信任和資源的；他們是贏來的。最聰明的影響力成員很早就在同事間證明可以百分之百相信他們的能力。藉由提供快速的回報和一致的可靠表現，他們催化了投資的循環。

影響力成員獲得的回報是建立卓越的信譽，和贏得處理更高價值任務的機會所需要的信譽，而這類機會也開始湧向他們。他們現在可以在更高和更廣的層次上貢獻。這個循環從此持續不斷：他們能做得更多，他們的行動也更有影響力。他們能被制訂組織價值的領導人看到，並很快變成組織文化的模範。由於他們是能影響主流態度和塑造職場文化的影響力人物，他們的同事尊敬並效法他們。

連鎖反應

隨著這個循環持續，利害關係人的投資不斷增加，而影響力成員的能力和資源也大幅成長，讓他們能以更卓越的方式貢獻。但這種循環不是他們重複同一種勝利公式的無盡迴路；他們在每個迴路中不斷學習、順應環境，並在轉換利害關係人的資源成為有形價值上愈來愈純熟。這個簡單但強大的循環不斷增長，就像複利不斷滾動，小而持續的評量和修正，隨著時間獲致天壤之別的結果。

透過訪談，我們發現影響力成員明顯持續地比同儕進步更快；他們獲得拔擢的次數更多，也被賦予更多發揮影響力的機會。不過，他們不只想著攀爬職涯階梯，而是不斷在組織中蓄積資本，並以新奇的方法利用它。一些人志向宏大，利用他們漸增的影響力在組織階層迅速爬升。其他人滿足於自己的職位，並運用他們的人脈挑選他們的專案，安排自己的工作時程，或者只是繼續做他們真正喜歡的工作。不管是哪一種，驅動他們的都不是焦慮不安。此外，我們訪談的影響力成員皆表示，他們對工作和生活的滿意度都很高。

被忽視的成員

值得注意的是，我們的研究發現的高影響力貢獻者平

建立價值

影響力成員創造的價值不斷累積並促進再投資。

影響力成員	利害關係人		影響力成員	
行為	獲得	行為	獲得	現在可以做
以正確方式完成正確的事	團隊獲得積極的氛圍，經理人獲得效率	再投資並提供認可和機會	有績效和影響力成員的名聲	處理更高價值任務的機會

均分布在各性別、世代和膚色民族。不過，我也知道這群人都是最優質工作場所的最佳領導人提供的人選。這些企業往往是在招募人才和評估多樣性勞動力上投資最多的組織。你工作的組織可能並非如此，而且這可能無法反映你真實的特定情況，這意味你若要充分和完全地做出貢獻，可能面對許多挑戰。

在嘗試了解一些專業工作者為什麼能在特定的組織或情況發揮超群的影響力時，我們不能忽視無意識的偏見──我們無意識地對特定族群抱持刻板印象的傾向。由於偏見的影響深入人的認知，「同一性」往往有一個高預設值。這可能決定誰的貢獻被視為有價值、有效力和有影響力。它也意味不符合主流期待的個人可能在組織中占比偏低，甚至即便他們占比達標仍被低度利用和不被賞識。

即使在管理良好的組織，仍然會有渴望領導的人和影響力成員被埋沒，他們不被注意或沒有得到應得的回報，也沒有獲得相同水準的投資和再投資。工作世界忽略了太多成員展現的卓越效力和影響力。我希望本書提供一個架構，以協助創造公平的競爭環境，強化人才和管理團隊間的合作，提供貢獻者工具以幫助他們增進影響力，並提供經理人深刻的見解和實例以協助他們創造更包容的職場（參考第八章有關包容式領導的具體方法）。

倍增你的影響力

研究領導讓我學到一個有關貢獻的真理：世界各地所有人上班時都希望貢獻他們完全的能力。不能貢獻全力對他們來說是痛苦的事。他們希望在智慧和才能被最大化、人們能深度參與、快速學習和做出完全貢獻的組織工作。人才的利用不足是可以避免的——需要領導人知人善任，而所有人都有全力以赴的心態。在我的書《乘數領導人》中，我為高參與和人才利用提供領導模式，而本書將探討此一主題的人才面，也就是貢獻者該如何讓他們的影響力最大化，和領導人該如何協助團隊所有人貢獻出所有能力。本書與《乘數領導人》將可互相搭配，因為當貢獻者變成影響力成員後，將能發揮巨大的乘數效應。

教戰手冊

你也能成為影響力成員。本書將給你以資料為基礎的洞見和實際工具，以協助你當領頭羊、做大事和發揮乘數影響力。在第二章到第六章，我們將深入探討影響力成員的五個工作方法和習慣。你將學到他們的成功祕訣。每一章將以一篇教戰手冊作結，裡面包含一套給渴望領導的人的聰明玩法：如何聰明執行工作，為其他人創造真正的價值，和增進自己的影響力。第七章提供一套全面的訓練計畫給那些渴望當領頭羊的人以及指導訓練他們的經理人。第八章專為經理人而寫，提供指南給想建立一個高影響力團隊的領導人和人才開發工作者。

我們將在本書各章節，解決「被忽視的影響力成員」和無形偏見與其他體制性歧視的問題，解說它們如何製造障礙和人為地限制某些人的貢獻、能見度和影響力。我們特別在第七章探討如何運用一些方法讓其他人看到你獨特貢獻的價值，然後在第八章，我們將舉出經理人可以使用哪些方法，以確保各類型的人才能被看到和受重視。

最後，第九章引導你考慮「全力以赴」的可能性——不是讓人耗竭的使盡全力、傾巢而出式的工作，而是發揮最大能力的同時過著最好生活的工作方式，在其中所有成員都受到重視，且能做出有價值的貢獻。

成員

在接下來的一章，你將看到世界各地多樣的專業工作者如何創造卓越的價值。為了清楚說明，我們將專注在他們個人的貢獻，而非呈現所有團隊成員的努力。請了解，幾乎所有本書介紹的影響力成員都對獲得的讚美和同事把成果歸功給他們感到不自在。他們慷慨地讓我把聚光燈照在他們身上。他們來自各式各樣的產業、經驗背景和職位；其中有些是個人貢獻者，有些則是主管。大多數人是透過我們的研究而被發掘。（除非特別提到，所有引述的談話均來自我們的研究訪談。）他們有些是著名人物：頂尖運動員、一位奧斯卡得獎演員，和幾位諾貝爾獎得主。有幾個例子是我處於絕佳狀況時的經歷，有幾個是我的前同事和現在的同事（或他們的配偶）。一個罕見例子是我們研究的某位影響力成員的母親。當這位Google員工告訴我們他的「悍媽」時，我想我非得見見她不可。她是自成一格的非凡領導人，你也會想見見她。整體來看，他們構成一幅值得仿效的卓越畫像。我希望你在他們身上看到你自己，不管是在現實中或在潛質裡。

我們將進入從專案領導人到執行長的數十個經理人之心智——引述自領導人的談話（在每章開頭和散布在全書的小節）都來自我們對經理人的實際訪談。[6] 除了有關影響力成員的內容，你將發現幾個較一般的貢獻者（本書通稱為「一般貢獻者」）和幾個低貢獻者的例子，這些人都是化名。透過他們的故事，我們將揭露和探究阻礙所有人的陷阱，和帶領我們偏離最高貢獻路徑的心態。這些也是我自己曾經誤入的陷阱。我將分享一些自己的經驗——當我的過度自信造成我貢獻低下，或我的個人觀點蒙蔽了真正要務的時候。也許你將發現你自己偶爾也陷於價值的幻覺。我希望這些例子將幫助你突破。

本書觀點澄清

在我們開始前，讓我們清楚表達本書的幾個重要訊息——不只是那些訊息是什麼，也包括它們不是什麼。

1. **影響力成員的概念不限於運動。**雖然影響力成員的概念來自運動，本書探討的不是高績效的運動員或教練。我借用了幾個術語和譬喻，並納入幾個運動界的例子，因為運動員是具備卓越而明確結果的生動例子。不過，任何組織或社群都有影響力成員。
2. **這不是贏家和輸家的比較。**我們的焦點將遠為深入和細微。我們將探討影響力成員心態與一般貢獻者心態的區別，和造就所有這些區別的行動和習慣。
3. **影響力成員和一般貢獻者的區別不是個人的分類，而是工作方法的分類。**如果你把影響力成員和一般貢獻者的心態想成思維的模式——我們想法的傾向——並不時問自己：我現在使用哪一種心態？那麼，本書將帶給你最大的價值。
4. **變成影響力成員不是一場贏者全拿的競賽。**大體來說，本書談到的心態和工作習慣是可以學習和可以教導的，因此適用於所有人。影響力成員是明星，但未必是唯一的明星——就像一座城鎮有多家五星級旅館或餐廳。同樣地，一個領導人可以培養整組具影響力成員心態的團隊。
5. **這不是一個更努力工作的口號。**影響力成員心態不是在你真的想躺平時強迫自己更努力；我們研究的影響力成員工作未必比他們的同事更努力或時間更長，但他們確實在工作時更有意向性（intentionality）和更專注。他們創造一種避免耗竭的能量和影響力。
6. **本書不是一套快速矯正法。**我們研究的影響力成員證明這些工作習慣是真實和貫徹始終的。當影響力成員心態被真心相信和切實執行時，它也適用於你。如果你尋求的是協助你插隊和快速領先的職涯工作法，本書將不適合你。

建立高影響力心態

天體物理學家泰森（Neil deGrasse Tyson）說：「你知道什麼比不上你怎麼想重要。」[7]如果你渴望有更大的影響力，先從「像影響力成員那樣思考」著手。別只是使用教戰手冊；要把影響力成員心態變成你的心態。這是一套思考工作的強大方法，將使你得以做出最有價值的貢獻，得到回報，並協助其他人也這麼做。有些工作方法可能不適用於你的職場或不適用於你；有些方法可能變過時。不過，思考的方法——心態——將超越這些局限，長久適用。

我鼓勵你閱讀本書時，不只把它當作目前現實情況的指南，也視它為未來工作的預告。本書的架構是透過研究那些領導著組織的頂尖貢獻者而發展的，也是透過一些最優秀經理人的觀點建構的。因此，這套架構可以代表現代的趨向。這些理念可能無法反映你目前的現實，但它們可能變成你未來的一部分。對一些人來說，這可能意味尋找一個值得你發揮最高貢獻的新組織或目標。對另一些人來說，你可能發現研究和模仿最受欽羨公司的最佳工作方法，讓你的組織得以進步和跟上腳步。不管哪一種情況，你都可以——借用偉大的冰球運動員格雷茨基（Wayne Gretzky）的教戰手冊上說的——「溜向冰球正在前往的地方」。

能做到這句話的人將獲得獎賞。藉由擁抱影響力成員的心態和工作習慣，你將成為新工作世界的明星之一。藉由認識陷阱，你可以避免低貢獻者的命運。你也可以幫助其他人突破局限，避開讓立意良善的專業工作無法施展的陷阱，並建立每個人都想加入的那種團隊。但最重要的是，當你把你的最高績效帶進你做的所有事，你將體驗到全力貢獻的激勵，並變成每個人都希望團隊裡能有的人。

SUMMARY

第1章 摘要

影響力成員

本章介紹以「影響力成員心態」工作和以「一般貢獻者心態」工作的差別。

影響力成員：在組織各階層貢獻傑出價值和具有高影響力的個人。

影響力成員心態：一種思維模式，當持續採用時可帶來高價值貢獻和高影響力。

一般貢獻者心態：一套心態和工作方法，即把工作做完並做出貢獻，但未發揮全部潛力和高影響力。

發現

1. 影響力成員戴著機會眼鏡。影響力成員以不同於其他人的觀點看待下列日常挑戰：棘手的問題、角色不明確、意料之外的障礙、變動的目標和無盡的需求。當其他人把這些挑戰視為威脅時，影響力成員視它們為增添價值的機會。

2. **影響力成員以不同方式因應不確定性**。他們的五種反應方式不同於他們的同事（見下表）。

3. **影響力成員應用不成文規則**。影響力成員了解在特定工作或組織中應該遵循的行為標準，並為最大化影響力而改寫它。

4. **影響力創造投資**。影響力成員往往被賦予愈來愈多責任和額外的資源。體制性的偏見可能導致許多隱藏的人才未獲注意，或得到低水準的投資和再投資。

一般貢獻者	影響力成員
做他們的工作	做需要做的事
等待指示	站出來，然後退回去
上報問題	完成後變得更強大
只做他們擅長做的事	尋求回饋並調整
增加負擔	讓工作變輕鬆

棘手的問題

領導人怎麼說……

一般貢獻者	影響力成員
「她是多產的實作者，做的事比團隊任何人都多。」	「他看到其他人花太多時間在準備簡報投影片，於是開發一套解決這個問題的工具，並在全球推行。他為我們節省數百小時的工作時間。」
「專注於自己喜愛的專案，但那未必是優先事務。」	「那不是她的工作，但她還是做了。」
「如果這是阿波羅十三號，當危機發生時，工程經理人把一盒零件放在桌上，說：『讓我們想辦法。』他會說：『好，但我十五分鐘後就要下班了。』」	「反覆嘗試，直到專精於需要做的工作。」
「他好像對著完全不同的目標開槍。」	「觀察全局，然後解決每個人面對的問題。」

第2章

讓自己派得上用場

大多數人錯失機會，因為機會穿著工作褲，看起來就像工作。

——愛迪生（Thomas A. Edison）

▲

我在甲骨文（Oracle）公司的職涯始於一個週日晚上，在加州聖馬提歐一家不起眼的旅館。我是六十名興奮地到「八八班」戰鬥營報到的新人之一，我們將接受三週的密集訓練計畫以學習甲骨文的技術，以及在這家年輕且快速成長的軟體公司勝任工作所需的基本技能。課程將從第二天早上開始；今天晚上只是讓大家認識和彼此介紹。參加者全都剛從一系列知名大學畢業，主要科系是電腦科學和工程學。只有少數人像我這樣上過企管學院，或來自人文科學系。

戰鬥營領導人向我們簡報嚴格訓練的日程表，壓軸戲是競爭激烈的團隊計畫提案：每個團隊都要使用甲骨文軟體設計並提出一套應用程式。課程領導人強調平衡的技能對每個團隊很重要，然後突然宣布：「好，科技人（techies）站到房間這邊，迷糊人（fuzzies）另一邊。」有人笑了起來，占大多數的程式設計師和工程師也紛紛往房間左邊移動，而我們其他人——現在明白自己是「迷糊人」——走向右邊。這其中的假設是，我們迷糊人要靠自己了解科技會有困難，所以要分散到各團隊。正式的訓練還沒開始，但我已學到重要的一課：有一套甲骨文很重視的技能，但那是我沒有的。

我把這個想法暫時藏起來，並在戰鬥營開始後擔任諮詢小隊的教育協調員。一年後我的部門因為組織調整而解散，所以我必須在公司內部找新工作。我把目標放在負責戰鬥營的新人訓練部門。我希望這個部門的章程能擴大到包含領導發展這個我很感興趣的領域。我和部門經理人面談，然後再與她的上司、主管行政的副總裁夏佛（Bob Shaver）面談。在回答過他的問題後，我提出一個課題：我看到一些年輕專業工作者未經訓練就被指派到管理部門，我也目睹他們嚴重拖累自己的團隊。我很有自信地告訴他，甲骨文需要一個管理戰鬥營，而我很想協助籌建它。

我永遠忘不了夏佛的反應。他說：「莉茲，這個提議很好，但你的上司面對的是不同的問題。今年她需要僱用兩千名新人，以加快甲骨文的技術開發。」他的解釋是另一個指標，彰顯在當時科技技能比管理技能更重要。他繼續說：「如果你能協助她解決這個問題，那就太好了。」他溫和的指導傳達一個重要訊息。我聽到的是：「莉茲，讓你自己變有用。」

我當時很失望。我知道公司需要人來教程式設計，我也想教程式設計，但我對關於子查詢的繁瑣細節和資料庫索引技術的優點缺乏熱情。更糟的是，我的資歷嚴重不足，而那些擁有麻省理工學院和加州理工學院高級學歷的科技人肯定會注意到。我想培養領導人，但現在夏佛希望我教一群科技人程式設計。那不是我想做的事，但那是我的職務必須做的事。

我了解他的建議隱含的智慧和期許，所以加入訓練團，並自告奮勇擔任產品訓練教師，想激發我的抱負到最能發揮影響力的極限。我全心投入，訂購全套的產品文件，並且很快與有紮實科技背景的同事史登（Leslie Stern）合作。（史登是我報到第一天站到左邊的科技人之一。）她教我如何像程式設計師那樣思考，那不是自然就會的事。但在她的指導和好幾天的挑燈夜戰後，我搞懂了。為了回報她，我分享一些有關教學的點子，後來我們一起贏得幾項傑出技術教學獎，並教出許多變成矽谷先驅的人，至今我還很自豪。

我從未變成一個真正的科技人。但藉由願意深入鑽研科技，我建立了熟悉這個產業並去做最重要事務的名聲。這個名聲日後為我帶來許多機會。我在一年內獲得升遷，擔任部門經理，不過奇怪的是，當時我對管理角色不感興趣；我很享受打零工教導程式設計師。當然，當夏佛解釋為什麼公司需要我接受那個職務時，我再度放棄我喜歡的工作，去做需要我做的事。和許多短視的專業工作者一樣，我在職涯之初尋找的是我有興趣的工作。但當我們超越心中的理想工作，轉而去做需要做的工作時，我們讓自己變得有用——且更有價值——並提升了我們的影響力。你是讓工作遷就於你的個人興趣，或者選擇擴大你的彈性，去做你可以發揮用處的事呢？

在本章，你將看到不只是完成工作的影響力成員，他們做的是需要他們做的事。他們跨出角色的舒適區，並在各類問題的前線工作。你將發現為什麼有些人總是在忙碌的地方工作，而其他人好像一直遲疑自己是否該幫點忙。你將發現為什麼這與職務內容無關，為什麼上司討厭用權威管理，以及為什麼只是簡單地修好故障的影印機，可以為你鋪好領導之路。

在最根本的層次上，本章探討的是如何讓你自己變有用——如何了解什麼是重要的事，然後以對你的職涯極有益的方式做重要的事。但在開始前先提醒各位：做好心理準備，要拋棄有明確定義工作範疇的舒適圈，投入變得愈來愈複雜和困難的事務。

選擇題：做你的工作，或做需要做的事？

工作的世界變得愈來愈棘手——更複雜、更混亂，和更交互關聯——部分原因是全球化和科技共同造成的效應。複雜的問題——牽涉太多未知和交互關聯的因素，以至於規則和進展受影響——與日俱增。[1]這些問題諸如全世界的顧客體驗標準化、對破壞式創新的因應、為所有學生創造個人化的學習體驗、控制醫療成本以及文化轉型等挑戰。許多組織已嘗試藉由建立跨領域團隊或矩陣式組織，以解決這種複雜性，然而真正重要的工作，雖然看似是每個人的工作，卻也並非任何人的工作。有太多專業工作者卡在與真實工作不合的組織框架裡。分類錯綜複雜的薪資等級、職位頭銜和職務描述，原本是為了反映重要舉措和工作流程，但事實上，它們反映的是過去的優先順序，很少能抓住現在需要做的真實工作。這是現代組織的核心問題之一：如果你正在做今天的工作，你可能處理的是昨日的優先要務。

隨著問題變得愈來愈複雜、改變愈來愈快，使正式組織難以因應，靈機應變必須刻進公司文化裡，意即每日的決定和人們的行動，而非來自組織結構。這為專業工作者本身造成一個複雜的問題：我應該留在我的跑道，做我的工作，履行我的職責嗎？或者我應該放下我的工作，勇闖無人地帶？如果是後者，我該如何確保我仍然在我被指派的工作上表現卓越？

想想大多數專業工作者對這些複雜的問題和萌生的機會會如何反應。

當詹姆士[2]被一家大型電玩遊戲工作室僱用時，該公司數十億美元的業務主要來自單機遊戲，玩樂與購買都是線下進行，不需要網路連線。詹姆士是線上遊戲體驗部主任，而他的團隊所負責的可線上遊玩的遊戲，數量非常有限。他很聰明，很快就學會新技術，而且是網路遊戲系統的專家。他也是你可以信任的那種永遠能準時、在預算內完成工作的人。他的上司雅米卡（Amika）負責整個遊戲體驗部門，她仰賴詹姆士來確保工作室的線上遊戲服務運作順暢。

雖然詹姆士和他的團隊在為數不多的線上遊戲上表現良好，但世界正在改變。網路遊戲是未來的潮流，這家公司也開始積極轉型到線上。雅米卡受到來自執行長的壓力，要讓所有庫存產品都能在網路上購買。

這不是一項容易的轉型，它牽涉許多部門的協調，每個部門都需要規劃促銷、交付和技術支援的程序。詹姆士比任何人都了解這種挑戰，但他不認為這是該由他來解決的問題。他協助他的團隊準備好要把一批批的遊戲放上網站，然後等待其他團隊把他們的產品送來。不過，其他部門需要的是將他們的營運轉移到網際網路。

詹姆士有資格接受這個挑戰，但他過於專注在自己明確定義的角色，所以沒有看到更大的機會。雅米卡對詹姆士的按兵不動感到不解，所以她順道到他辦公室討論這個問題。詹姆士稀鬆平常地表示知道情況，並向雅米卡保證他的團隊有能力處理更大量的線上遊戲。雅米卡第二天和第三天再度到他辦公室。經過一週的每日拜訪，詹姆士終於明白這個訊息：他一直專注在自己的工作，但他錯過發揮更大影響力和對公司成長做更大貢獻的機會。

一般貢獻者視自己為職位的擁有者。他們做被指派的工作，並留在他們的角色範圍內，但可能因此變得近利短視，以至於看不到整體策略和偏離目標。

對照之下，影響力成員視自己為問題解決者。他們不被過時的組織結構束縛，或過度耽溺於自己的職位。他們不只是做自己的工作；他們尋找能發揮自己最大價值的服務方式。讓我們看看夢想在運動管理界工作的二十二歲大學畢業生歐尼爾（Scott O'Neil）的例子。

一九九二年夏季的一個週六早上，歐尼爾坐在體育館大廳等候一名同事抵達，以便打開球隊辦公室的門。他剛獲得一份新手位階的工作，在NBA球隊紐澤西籃網隊（New Jersey Nets）擔任行銷助理。這是一個低薪工作，但至少是個開始。他每天的職務並不特別刺激——他記錄口述、把文件裝入信封、影印和跑腿——但他總是做得很起勁。他的習慣是早早就來，等某個人讓他進辦公室，以展開一天的工作。

在那個週六，他來到辦公室時發現影印機故障。在那個時代，影印機是必要的工具，只要一卡紙就會讓整個組織的生產力陷於停頓。大多數人碰到看不懂的錯誤訊息跳出時，會到另一個辦公室找還能用的影印機。但歐尼爾在他父母的家庭辦公室有過修理影印機的經驗，認為他可以讓自己發揮作用，修好那台影印機。

辦公室裡除了幾個高層主管外沒有其他人。公司的總裁史波爾斯查（Jon Spoelstra）看到歐尼爾整個手臂到手肘沾滿碳粉，正在拆解那部笨重的機器。他認出歐尼爾是新僱用的員工並問：「你叫什麼名字，孩子？」

歐尼爾抬起頭說：「史考特．歐尼爾。」

「你在做什麼？」

「修理影印機。」

「為什麼？」

「因為它故障了。」

史波爾斯查請歐尼爾到他的辦公室，問了他一連串問題：「你在這裡是做什麼職務的？你認為這個部門效率高嗎？」等等。最後，他問：「那麼你在這裡希望做什麼工作？」歐尼爾說他想賣贊助廣告。史波爾斯查回答道：「恭喜，你剛剛升職了。」

歐尼爾大吃一驚。「我什麼時候開始做？」

「今天怎麼樣？」史波爾斯查問。「你可以用那間辦公室。」他補充道，指著大廳另一邊的一間空辦公室。

「哇，我有辦公室。」歐尼爾又驚訝又高興。

歐尼爾拿到一本標準產業分類代碼目錄，上面按產業登錄各企業，並且如他描述的「開始打電話給美國每一家公司」。他設計比賽來記錄他的工作，逼迫自己熟悉完美的推銷話術。他犯錯再犯錯，但很少犯同樣的錯誤兩次。他學得快，甚至在出差路途中談成幾筆生意。

不過，他的目標是簽下大贊助廣告。他知道以他當時的能力無法達成這個目標，所以詢問一位資深銷售主管，自己是否可以跟著他一週，聽他如何打銷售電話。他的資深同事表示這個點子很可笑。歐尼爾回答：「我不知道自己做得好不好，如果你不讓我坐在你的辦公室，我可以坐在你辦公室外面，那會讓所有人覺得更奇怪。」歐尼爾說服了他，並花了一週時間傾聽和學習。他調整自己的方法，並在兩個月內成交幾筆大贊助廣告交易。

歐尼爾把這種獨特的幹勁和態度帶進他此後擔任的每個管理和領導職務。他擔任麥迪遜廣場花園體育公司總裁，並管理紐約尼克隊和紐約遊騎兵隊時，就是像這樣工作。他協助改造這座傳奇性的體育館，籌劃NBA史上最大的一些行銷交易，並達成創紀錄的門票銷售。他在擔任費城七六人隊執行長時，也像這樣工作。要把一支在二〇一三至一四年球季勝敗比為十九比六十三的艱困球隊，變成二〇一七至一八年球季勝敗比五十二比三十、並在東區聯盟排名第三的強大球隊，需要扭轉乾坤的努力。當他接掌這個球隊時，它的贊助廣告金額在聯盟的三十個球隊中排名第三十。費城七六人隊的品牌如此脆弱，以至於一家贊助商——一家地方性的小餐廳——曾宣稱球隊應該支付該餐廳懸掛七六人隊標誌的費用，因為該餐廳的品牌還更響亮。六年後，費城七六人隊在入場人數、球季門票會員，和電視轉播收視成長率躍居NBA之冠，並且贊助廣告增加了七倍。

歐尼爾亦領導著名的NBA球隊行銷與企業營運部，並建立一個全明星主管團隊（其中有許多人後來變成運動界的頂尖領導人），並且後來擔任Harris Blitzer體育娛樂公司執行長，在大費城地區管理十二支球隊和多項營運。

當我們發現需要解決的問題，並讓自己對組織有用時，我們就能增加自己的影響力。

心理素質

每個經理人不是都想要聽話做事的員工嗎？夢幻員工不就是辛勤做分內工作的人嗎？在過去可能是如此，但今日的領導人不需要更多依賴者，他們需要延伸——更多尋找機會的眼睛，更多傾聽未被滿足需求的耳朵，更多解決問題的人手。當我們調查經理人哪些事會降低他們對員工的信任，最常聽到的兩個回答正是「他們只是做自己的事而不考慮大局」（挫折感排名第四高），和「等候上司告訴他們做什麼」（挫折感排名第二高）。

雖然我們常把上司想成渴嗜權力的獨裁者，事實上大多數經理人不喜歡必須告訴部屬該做什麼事。我們問同樣這群經理人他們最欣賞員工哪些行為？最多人的回答是：「自動自發的員工。」下頁表格顯示在處理複雜困難的問題時如何建立（或摧毀）你的信譽。最有效的專業工作者以超越他們職位和工作的心態，做真正需要做的事。在這一節，我們將探討影響力成員會怎麼做。

在我們訪問經理人時，他們一致地描述影響力成員是問題解決者。他們說有一些人擅長解決艱難的問題，而且從策略到細節一併解決。他們的描述包括：他能解決錯綜複雜的問題；你可以指派他做任何事；她是我碰到難題會求助的人；她接受困難的專案和挑戰，並化解難關；在他有餘力時，他會挺身而出並解決問題。

這些貢獻者把困難和複雜的問題視為最需要他們服務的機會。沒有人解決的問題讓他們不安，就像擁擠的機場裡沒有人提領的行李。他們把自己視為第一個先鋒，願意忍受麻煩、挺身協助其他人的兼具能力與同理心的英雄。

一個遠大的理念似乎指引著他們的工作：我可以服務和解決問題。**這種服務的心態是影響力成員的標誌**，可以用凱薩砂石公司（Kaiser Sand & Gravel Company）印在它的水泥攪拌卡車隊上的標語來描述：找到需求並填滿它（find a need and fill it）。

光靠服務的心態不足以解決最棘手的問題，其他根本心態也扮演重要角色。除了服務心態，還有強烈的自主感（我可以獨立行動和做決定）和內在控制觀（internal locus of control；我才能控制人生事件的結果，而非外在力量），

在領導人和利害關係人間建立信譽

信譽殺手	等待經理人告訴你要做什麼 無視大局 告訴經理人那不是你的工作
信譽建立者	做事不用別人叫 預期問題並擬定計畫

參考附錄 A 以了解全部排名。

共同形成了一個必勝公式，用以專注處理複雜困難的問題。

抱持這種服務心態的人變成問題解決者，他們自己採取行動，獲致成果，並指派自己前往他們能服務的地方。影響力成員了解：當我做最重要的事時，我就最有價值。他們不把自己視為默默服勞役的支援員工，而是工作中的關鍵成員和共同受益者，從而使他們的同事和經理人也這樣看待他們。

高影響力習慣

影響力成員投入工作是因為他們相信自己可以發揮作用。在本節中，我們將檢視影響力成員與他們的同事差異最大的三個習慣，並討論為什麼這些工作習慣能為他們的組織創造價值，同時增進影響力成員的影響力。

習慣一：搞懂遊戲規則

要在組織裡讓價值最大化——提供服務——我們必須先知道最被重視的是什麼。我們必須了解遊戲規則。你對你的組織裡最被賞識的技術和能力有多了解？組織的優先要務是什麼？需要注意和管理的是什麼？你的領導人、顧客和夥伴重視的是什麼？

■了解目標

披頭四樂團（The Beatles）背後的傳奇唱片製作人馬汀（George Martin）說：「大多數藝術家在錄製唱片時不會聽完整張唱片……當音樂播放時，他們只聽自己的部分。製作人則必須往後坐，從更大的觀點看整件事，以便了解它。」[3]影響力成員就是從一個音樂製作人的觀點思考，而不是獨立的音樂家。最有影響力的專業工作者先是一個思考者，然後才是實踐者。

一位年輕足球教練曾告訴我，最好的球員不是用他們的腳看——他們會開張雙眼，看看球場上發生什麼事。如果你在一家企業工作，你可能會逐漸了解它的商業模式——錢是怎麼賺的。對非營利組織來說，這可能牽涉能吸引捐款的成果。不管你在公司或公共組織工作，在開發或銷售部門，你都應該廣泛地了解你的組織在做什麼，掌握它成功的方法。為了幫助你看見大局，請利用第九二頁「聰明玩法」的問題。

當你已辨識出有待解決的根本問題後，你將知道你的工作與組織間的關係，並能看到發揮助力的機會。你將知道該做什麼——但要把事情做好，你必須了解你所屬職場文化的價值觀。

■解讀沒有明說的文化

每個組織有自己獨特的文化，是支配每日行為和決策的一套價值觀和標準。但正如每個細心的組織觀察者所體認的，明文規範的文化很少是實際的文化。多項研究已指出，企業公開表達的組織價值和員工認為的真實價值呈現不一致。[4]這種不一致意味員工必須解讀真實的文化才能成功。影響力成員是這種文化的積極解讀者；他們閱讀牆上的布告並在組織中觀察行為。他們較不注意人們說什麼，而是更注意人們實際上做什麼——像是我回憶起在甲骨文公司第一天大家對「迷糊人」這個詞的竊笑。他們觀察並提出問題：哪些種類的成就受到讚揚？哪類人權力最大和為什麼？被最快開除的原因是什麼？藉由注意人們重視什麼，他們學會如何增添價值。藉由增添價值，他們增進自己的影響力。

解讀並順應組織文化的能力比你想像的更重要。新研究顯示，文化順應力可能是最成功員工的標誌。史丹佛大學的研究人員發現，能解釋並順應文化改變的員工，長期下來比一開始就高度符合文化的人更成功。[5]雖然許多公司在尋找符合其文化的人（並且可能忽視非傳統的候選人），結果卻是解讀文化密碼和觀察環境的能力比來自正確背景更重要。在快速變化的環境，最有效率的專業工作者是那些能被丟到一個新背景、解讀不成文的運作規則，並順應遊戲改變的人，而這種能力將為他們贏得改寫規則的權力。

■向上同理

除了了解組織裡的人重視什麼外，影響力成員知道他們的領導人重視什麼——而且讓它變成對自己也重要的事。

洪伊凡（Evan Hong）在市值九百二十億美元的美國零售商目標公司擔任企業風險團隊的主任，這個部門專門預測和協助降低營運風險。讓洪伊凡如此有價值的是他透過其他人的眼睛看事情的能力。他的經理金尼（Aileen Guiney）說：「他會注意我的學習方法和偏好。他會問直截了當的問題，例如『你有得到你需要的東西嗎？』這會讓我停下來思考我真正需要什麼，和我有沒有得到它。」

洪伊凡不只是掌握到上司需要他做什麼，他還知道她關注的一切事情。他問金尼她的上司資深總裁馬特最看重的是什麼：她與馬特討論每次花多少時間？她如何協助處理那些問題？「能有別人幫我設想可能發生的問題真的很棒，」金尼說。

當金尼為公司高層主管準備年度風險管理報告時，洪伊凡協助她準備，並給她所有需要的資訊。然後他提出一個大膽要求：他能不能參加會議？他承認以他的位階通常不會被列入高層主管會議出席人員，但他提議如果他和金尼一起做簡報，他們可以一個人專注在負面的風險，另一個人專注在正面，因而有助於更全面的討論。他沒有強力推銷這個點子，而是預先建議讓她有充分時間考慮。

金尼看出共同簡報可以得到更好的結果，而且她完全信任洪伊凡代表他們兩個人的能力，加上他們原本就合作無間，所以請他加入。他完美地執行他的工作，他們向主管團隊報告營運面臨的各項威脅，包括經濟衰退的可能性。他們提出公司的各項弱點和保護措施，並促成熱烈的討論。這可能創下任何公司的紀錄：主管團隊的成員在會議後說，他們很期待明年的風險管理會議。這場會議不只獲得表面的成功；會議是在二〇一九年召開，它為後來全球新冠疫情引發的經濟重挫做了重要的準備。

洪伊凡不只完成他分內的工作，而是進一步理解上司和上司的上司之工作，以及他需達成的根本任務——一切都為了確保公司為風險做好準備。

影響力成員了解他們領導人的需求，而且是我所謂向上同理（upward empathy）的卓越實踐者，他們有觀察上級經理人的傾向，他們看到的不只是要求很多的上司，而且看到上司的挑戰、局限和良善的意圖。向上同理是超越你對你上司的挫折感，而去理解你上司的挫折感，特別是如果你就是那個挫折感的來源。向上同理的能力可以透過觀點帶入（perspective taking）來提升——一種把其他人的觀點納入考量的能力。[6]

觀點帶入很像它的近親「同理心」，但實踐時用的是腦多於心。它的概念是從我們的座位站起來，並從同桌其他人的觀點看情勢。例如，作為專案團隊的資淺顧問之一，我們可能看到自己的上司提出一連串緊急的要求。不過，從上司的觀點看，看到的是一個難纏的客戶突然改變專案的範圍。透過那個客戶的觀點，則可以看到意料之外的內部組織調整，製造了眾多的新關係和使用者。

當我們練習觀點帶入和向上同理時，我們逐漸發展出對領導人和利害關係人所見、所思和所感的深入了解。然後這種覺識可以指引我們的行動，就像下圖所示。

研究人員已證明，當我們處在權力量表的低端時，觀點帶入會自然發生。[7]我們的權力和資源愈少，我們就愈融入四周的人和事件。不過，權力的提升會降低我們嘗試了解其他人觀點的可能性。不同於騎腳踏車，這是我們可能忘記怎麼做的事，而這解釋了高層主管和政治人物為什麼經常似乎與基層脫節。這也意味在職涯進階的過程中，我們需要主動地保有觀點帶入的能力。能這麼做的人可以獲得一種報償：藉由實踐向上同理，我們

向上覺識

觀點帶入和向上同理能創造更專注、更有價值的貢獻。

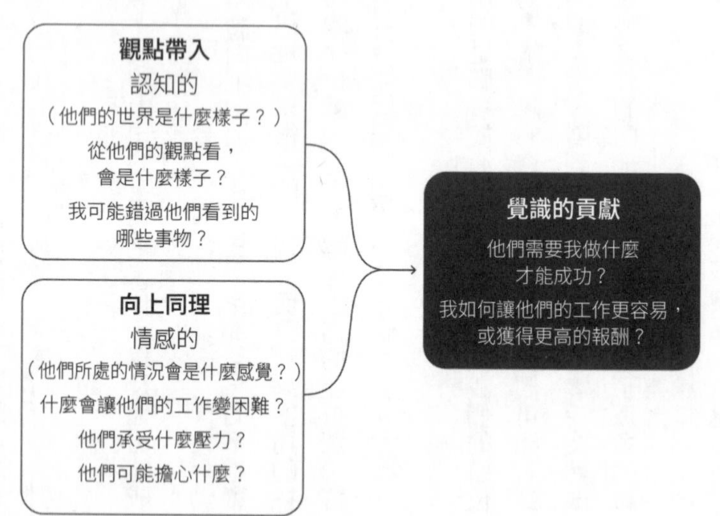

打開資深領導人更容易看到我們企圖心的管道，同時發展出一種共通的語言以討論這種可以互利的企圖心。

■看到議程

觀點帶入也協助我們看到指引行動的無形目標。大多數領導人和組織有一個議程，即他們關心的一系列問題或目標。有時候這些議程明確地以使命說明、策略倡議或特定時期的優先事務表達。不過在動態的環境中，戰術目標需要隨著條件改變和新資訊出現而調整，這表示明示的議程很少是真正的議程。真正的議程是此刻重要的事，它定義了攸關成功且不可或缺的是什麼。但真正的議程很少是白紙黑字寫下來的。

理想上，領導人會明確傳達他們的議程，讓你知道重要的是什麼以及為什麼，然後讓你去想辦法達成它。[8]但通常領導人步調太快，他們無法花時間放慢腳步向團隊表達。或者因為他們太清楚議程，所以錯誤地假設其他人也很清楚。企業世界教會我不要等待指示自動送到我面前。現實是所有階層的貢獻者必須自己弄清楚組織目前的議程——這是一個從高影響力貢獻者可以看到的行為模式。我們研究的頂尖貢獻者直覺地知道真正的議程，就像優秀的防守球員解讀球場狀況並預期立即的作為；他們知道下一步的行動可能是什麼，並且站上他們的位置。他們知道我稱之為「W. I. N.」的東西——What’s Important Now，現在重要的是什麼。

你知道此刻重要的是什麼嗎？你了解組織的優先要務嗎？你的領導人和同事會說你「很懂」，意思是你可以輕鬆談論有關策略的事嗎？更重要的是，你知道現在絕對重要的是什麼嗎？如果不知道，多注意你的領導人花時間在哪些事情，經常被談論、正在進展，和最被稱許的是什麼？那就是議程。那就是W. I. N.。

習慣二：做需要做的事

一旦知道W. I. N.後，你可以專注精力在需要做的工作，從你能發揮最大影響力的地方著手。當你了解組織的真正議程，你就不像大多數人那樣受限於人為限制和組織規範。高影響力貢獻者工作的流動性比大多數人高，他們輕易地在策略性和技術性角色間變換，工作的範圍不受局限。具體來說，他們傾向於「在他們正式的職務範圍外工作，以解決問題或實現機會」，這是高影響力和一般貢獻者的三個最大差別之一。這種工作方法是一般貢獻者和低貢獻者最少展現的行為。換句話說，它是影響力成員和他們同事間的差別標記。

當一般貢獻者做他們職務規範的工作時，影響力成員做需要他們做的事。他們在職務與職務的空隙工作，解決不屬於任何職務範圍的複雜、困難問題，處理遭遇阻礙的策略倡議，因應未被滿足的需求，然後繼續解決下一個問題。對這些頂尖貢獻者來說，職務規範只是起點——不是限制他們行動的公園範圍，而是讓他們得以快速反應的基地營。

■追究問題到底

在二〇一五年，英荷消費者產品公司聯合利華（Unilever）的Caress 產品系列（在美國以外的國家稱為Lux）準備推出一款新沐浴乳。行銷團隊一直熱切地宣稱這項產品提供十二小時的香氣，它採用一種獨有的新製造技術來達到這點：含有可以一整天釋出香味的小微粒。

亞洲各國的許多據點已經開始製造，地區業務單位也提高它們的營收預測。行銷團隊正準備產品上市，瞄準幾個重要的市場，包括也生產這項產品的印尼。

在產品上市前九個月，供應鏈團隊豎起紅旗：由於無法取得原料和複雜的物流問題，可能出現嚴重延遲。他們警告產品推出可能延後一季或兩季。幕僚做了風險分析，資深領導人開會討論營收將受到嚴重影響。雖然領導團隊希望讓這項創新產品上市，但每個人都假設延遲已無可避免。

Caress（Lux）品牌經理人凱拉萊（Sabine Khairallah）有不同看法。她說：「我負責品牌組合、品牌策略、公關和潛在客戶管理。我當然沒有料到要親自跳下來建立這項產品，但如果我沒有一項產品，我就無法讓產品上市。」這位身高五呎十一吋（一百八十公分）的黎巴嫩前大學籃球隊員在阿拉伯聯合大公國長大，她母親教導她堅強，而父親從小灌輸她自己作主的觀念。凱拉萊把這種心態帶進職場，她工作時好像沒有她不能或不應該做的事。她了解這項創新產品的重要，所以追究這個問題到底。

凱拉萊打電話給供應鏈經理人，向這位在印尼幕後工作的安靜主管開玩笑地自我介紹，說自己是他新結交的好朋友，然後開始問問題。當他把供應鏈拆解成各部分時，第一個問題很快顯現：瓶蓋在泰國製造，但瓶身在印尼生產。而那些蓋子卡在印尼海關，等候文件上缺少了一些細節資訊。凱拉萊和供應鏈經理一起研究清單的每個項目，找到其他能補上遺失資訊的人，並且在十四天後讓瓶蓋通過海關，從泰國進入印尼。

生產線恢復了，但還有更多延誤。在每一個環節，凱拉萊都會追問：「阻礙供應鏈的下一件事是什麼？」這項產品需要新的供應來源、不同的包裝和控制溫度的運輸方法，還有其他問題。他們逐一檢討清單，逐一解決問題。

他們在三週內把延遲從六個月縮短到只有一個月，並及時推出產品以實現所有原本預測的營收（光在印尼就高達約五百萬美元），並為聯合利華在產品創新上建立市場領導廠商的地位。凱拉萊原本可以輕鬆地把這個供應鏈問題留給供應鏈團隊去操心，但她選擇跨出她的職務範圍。

當一個急切的問題變得更複雜時，你是否只做職務該做的事，並假設總有人會處理它？或者你會追究問題到底？當你把你的定位從職位擁有者轉向問題解決者，你的影響力將隨之提升。

在工作的世界，一般貢獻者就像足球遊戲檯上的塑膠足球員——分散在整個球場，但鎖在沿著旋轉桿的位置。他們可以旋轉卻很容易錯過擊球。呈顯明對照的是，影響力成員的做法更像真實的中場球員，他們觀察比賽的進展，然後往前場或後場移動，視哪裡最需要他們而定。

他們不會離開自己的位子；他們守著自己的位子，但伺機擴大他們的範圍。

想想加拿大溫哥華思愛普公司的預售顧問迪歐・塔（Theo Ta）為他的團隊提供的非凡價值。像思愛普這樣的企業軟體公司有太多產品了，所以展示產品給潛在客戶有時候可能需要數十個產品專家，讓客戶難以招架。迪歐的主管杜迪（Mike Duddy）說：「一些預售顧問對他們特定的產品組合駕輕就熟，但迪歐學習很多其他領域的產品，所以能在第一次談話就回應客戶的提問，如果客戶想更深入，他會請其他顧問加入。他就像優秀的守門員。他跳脫他的球門框架，但恰到好處。」

■追隨議程

追隨議程工作跟只是做你的工作比起來，感覺不太一樣；就像在高速公路上開車，不同於在破敗道路上開。對新手來說，那種感覺將更強烈：事情進展速度變快，表現的壓力更大。但隨著壓力變大，效率也會提高；你的進步將更大，更快且更容易達成目標。當你為最重要的事工作，利害關係人會撥出時間與你會談，資深領導人會提供需要的資源、找到經費，並為你清除路障。賭注變大，但障礙變小。而也許追隨議程的最大回報是，工作變得更有樂趣。

影響力成員專家級提示

原則上，如果你不是在為你上司的前三大優先目標工作，你就是沒有跟上議程。

想想喬希（Josh）的改變，[9]他在一個擁有多座教堂的教會擔任聖樂隊的經理人。在參加過我們的網路座談會後，他發現雖然他工作很賣力，卻沒有跟上他領導人的議程。他終於了解到他每週寫給資深牧師的電子郵件為什麼沒有回音。他改變寫給資深牧師的電子郵件，讓牧師知道兩件事：⑴他了解最重要的工作是什麼，以及⑵他正在做的事如何與最重要的事一致。喬希說：「過去我的電子郵件總是石沉大海，現在我終於開始收到回信，得到鼓勵和感謝。對我來說這是大好消息！」現在，不妨想想那位牧師得知他對教會的願景被聽到和內化，並得到部屬肯定會有什麼感覺。

你有跟上組織的議程嗎？

你有跟上議程的跡象：

別人為你撥出時間，時程表為你而開，會議時間很快安排好。

資源變得容易取得。經費通常流向最重要的工作。

工作變順利。隨著工作獲得的支持增加，進展也變快和更有效率。

壓力變大。由於所做的事情很重要，可以預期你承受的責任和有所表現的壓力將增大。

更高的能見度。當你的目光放在重要的事情時，所有眼睛都看著你。

你沒有跟上議程的跡象：

沒時間見你。會議日程難安排。你趕時間但必須等待，因為別人沒有時間見你。和上司的一對一討論經常被取消。

沒有回應。你寄出電子郵件，但沒有收到回信。

沒有回饋意見。當你請別人檢閱你的文件，只得到很少的回饋意見，或只收到草率的回應，例如「看起來不錯」。

推拖和延遲。倡議總是被拖延，然後取消。或進展非常慢，在工作完成前需求已經改變。
不在上司的關注名單中。你的上司不會問你有關你手上工作的事。

習慣三：貫注熱情在工作上

影響力成員帶著使命感和信念工作，但他們為的是滿足組織未被滿足的需求，而非他們個人的興趣。經理人很少形容自己對一個主題很熱情（例如「他對人工智慧很熱情」），但經常描述自己對工作本身很熱情（例如「他對解決問題很熱情」）。他們把精力貫注於他們如何工作，而非他們工作的種類。影響力成員貫注熱情在工作上，而非他們個人的興趣。想想這種傾向如何協助莫恩（Mike Maughan）做大事。

萊恩·史密斯（Ryan Smith）在二〇〇二年接到電話：他父親得了喉癌。萊恩是大學學生，在加州惠普（Hewlett-Packard）公司實習，他父親史考特·史密斯是猶他大學教授。萊恩離開他的實習工作回家，並從大學休學以便陪伴父親。他們需要一個計畫來打發時間，但他們沒有選擇打造一輛汽車，而是創立一家軟體公司。在史考特的化療之餘，他們設計一套加速線上搜尋的軟體工具。在史考特逐漸復原後，他們決心幫助其他人也從生病恢復健康：如果公司有賺錢，打敗癌症將是他們的使命。這項父子計畫變成後來的 Qualtrics —— 一家在二〇一九年被思愛普以八十億美元收購，並在二〇二一年分割上市的企業體驗管理公司。

莫恩在二〇一三年加入這家公司擔任產品行銷經理，到二〇一六年他已經是品牌成長與全球傳播部主管。當時 Qualtrics 與亨斯邁癌症研究所（Huntsman Cancer Institute）關係良好，並且每年捐款數十萬美元給該研究所。在此同時，冰桶挑戰（ice bucket challenge）正風行全美國，為肌萎縮性脊髓側索硬化症（ALS）募款。莫恩心想：Qualtrics 除了捐款給癌症研究外，還能不能做更多事？它能不能變成一個激勵更多人加入對抗癌症行列的觸媒？他看到協助 Qualtrics 站上更大舞台對抗癌症的大好機會。

對莫恩來說，癌症與個人無關，也從來不是他的使命。畢業於哈佛大學甘迺迪政府學院的他曾參與亞撒哈拉非洲的發展倡議。全球發展才是他的興趣。但他幾年前曾在《哈佛商業評論》（*Harvard Business Review*）讀到一篇文章，說要想過得快樂就別追隨你的熱情，而是要解決大問題。[10] 他發現對抗癌症是一個他可以做出更大貢獻的領域。他回憶做決定當時的想法：「我可以做我喜歡的一件小事，或者協助帶領一個組織做一件真正的大事。我意識到我更大的目標不再是追隨我的熱情，而是解決更大的問題。」他選擇領導一件更大的事。

當時沒有預算，也沒有人手，但莫恩尋求創意部門和其他同事協助擬定一套稱作「捐五元抗癌」（5 for the Fight）的計畫，並得到萊恩．史密斯的支持。該計畫的做法是：人們被邀請透過網路捐款五美元給癌症研究，然後把他們罹患癌症的一位親友名字寫在手掌上，在社群媒體分享一張照片，並標記五位朋友，邀請他們也如法炮製；五美元、五根手指，和增加五個人加入抗癌。這個運動在二〇一六年二月於X4體驗管理高峰會上啟動，並在頭一年籌得超過一百萬美元。

一年後，該州的NBA球隊猶他爵士隊找上Qualtrics，想了解Qualtrics是否有興趣在球員的球衣上贊助一個圖章。莫恩想到另一個點子：與其把「Qualtrics」放在圖章上，能否乾脆改以「捐五元抗癌」圖章贊助？NBA很驚訝，但更驚訝的是萊恩．史密斯，他知道Qualtrics處於一個關鍵點，需要品牌知名度來達成它的成長目標。這項贊助廣告牽涉的金額不小，不是一個容易做的決定。萊恩找來莫恩，反覆問他：「你真的確定嗎？」莫恩知道這個贊助活動不但能為癌症研究增加募款，而且對Qualtrics的品牌和業務有益。他也知道「全力以赴」是公司的核心價值，而且對萊恩個人有深刻的意義。莫恩反問：「你在癌症研究上是『全力以赴』嗎？」萊恩確實是，所以在二〇一七年二月十三日週一，他與當時的猶他爵士隊老闆米勒（Gail Miller）站在一起，宣布贊助圖章。這是北美職業運動史上第一次有球衣贊助是採用一個理念，而非一家公司。這個圖章如此新奇和鼓舞人心，以至於獲得的媒體報導比其他NBA球衣圖章多十四倍。[11]

在過去三年，捐五元抗癌已籌募超過兩千五百萬美元。現在它與美國、歐洲、中東、亞洲和澳洲的主要癌症中心合作，以資助一些迄今最具突破性的癌症研究。

當我問莫恩這件事是否超出他的職務範圍，他大笑起來，但很快就說：「我從來沒有職務範圍——至少我從沒想過。」但由於他了解對他的公司和主管來說，什麼是重要的事，所以他能看出高影響力的行動。萊恩・史密斯說：「『坐在事情發生的房間裡』是一回事，但莫恩的情況是另一回事，不管他在不在房間，他都能讓事情發生。」沒有人要莫恩闖入社會責任的範疇，但那就是他工作的方式，正如他的描述：「我總是在觀察沒人叫我去做、但可能需要做的事。」

莫恩原本可能走上一條追隨其熱情的道路，但他全心投入他可以發揮最大作用的地方。藉由熱情投入工作，他發現更大的機會，並發揮更大的影響力。

影響力成員了解，發現他們的使命最好的方式是給它時間，同時保持向外觀察，而非永無休止的內省。管理理論家彼得斯（Tom Peters）說：「使命很少來自坐著沉思。大多數使命是偶然發現的，我的情況就是如此。」[12]使命不是在實驗室中打造出來的；它是觀察入微時自然發展出的副產品。抬頭看，注意你四周發生什麼事，然後辨識你最能發揮效用的地方。當我們跟隨最重要的需求，並以堅定的信念滿足它時，使命就油然而生。

最有影響力的專業工作者了解，讓情勢指引工作，使他們得以建立信譽和擴大影響力。他們也不追逐每一個需要，反而是尋找真實的需要與他們最擅長的能力之間的重合點——一個我稱之為天賦（native genius）的概念，我們將在第六章深入探討。當人們運用自己最大的優勢為比自己更大的事服務時，總是會激發出人人都能受益的燦爛光芒。我們的工作是否為某件重要的事服務，或者我們只是為自己做事？

在下一節，我們將探討立意良善的職涯計畫或專業興趣如何妨礙我們變得有影響力。我們將思考兩個假餌：第一個是只做職務工作的缺點，第二個是只追求自己熱情的短視。

假餌和干擾

當影響力成員在需要他們的地方扮演問題解決者之際，我們研究的一般貢獻者比較像職位擁有者，在他們被指派的地方服務。他們扮演執行職務的角色，通常表現良好，但保持在自己的車道上。和影響力成員一樣，他們視自己為更大使命的一部分，但他們傾向於以較狹隘的觀點看自己的角色，排除與其他人有關的事物，所以他們只對影響自己世界的部分採取行動。Adobe的一位經理人談到某個一般貢獻者：「他是多產的執行者，不過是一個狹隘的思考者。」

經理人經常形容他們的一般貢獻者很勤勉，他們會做分派給他們的工作，就像學生按照課程綱要學習，做完指定的功課。他們帶著職責感工作：他們有一份工作，這份工作有個目標，而他們的職責就是實現這個目標。這個邏輯似乎沒有問題，甚至很崇高。但問題就在其中，就是我們的第一個假餌：職責所在。

職責所在

當處在這種模式時，我們的意圖是盡自己的職責；我們按照規則玩遊戲，並勤勉地工作。但我們可能是按照老舊的階層式規則來玩，員工根據崗位執行命令，或被指派到組織表中的某個職位。在這種模式下的貢獻者可能帶著使命與榮譽感，工作做得不錯，但他們的失敗之處是假設他們的職位——他們所擁有的工作——是自己的價值所在。

當我們過度執著於職務規範時，我們會把複雜的問題視為干擾。計畫外的專案和超出範圍的工作是生產力的威脅，所以應該避開。但對資深領導人來說，這些「彎路」實際上就是職務。在不斷變遷的賽局中保持競爭力需要靈活和適應。當一般貢獻者認為他們的職責就是做份內工作時，他們的領導人認為他們忽視問題，對機會反應遲鈍。

懷著一般貢獻者心態工作的專業工作者很可能錯失真正的議程，並偏離軌道——或者更糟糕，只顧自己的工作而完全脫離雷達範圍。一位美國太空總署經理人談到某位工程師：「他做他的工作並完成職責，但他需要做更多事才能完成任務。我真的只能交代他做例行的專案。」目標公司一位副總裁談到他最聰明的分析師之一：「他做的都是他熟悉的事。他提取資料並製作報告，但不會創意思考或處理對公司重要的問題。那就像他對著錯誤的標靶射擊。」

當處理複雜的問題時，職責所在的心理不是唯一的誤區。還有另一個假餌：對近年一條職場新規的誤解。

追求熱情

追隨你的熱情是另一個容易跌入的陷阱。我們都常聽到一則箴言：「做你愛做的事，你這輩子將永遠不必工作。」或賈伯斯（Steve Jobs）著名的史丹佛大學畢業典禮演講詞：「做偉大的事唯一的方法，就是愛你所做的事。」[13]不只如此，許多職場新人也被灌輸這類建議。[14]追隨個人的熱情是很吸引人的畢業典禮演講內容，當然也是選擇職涯、選擇公司或創立自己事業的好策略。然而一旦你進入一個組織，如果不加節制，追隨你的熱情造成的破壞可能多於好處。如果你的同事有不同於你的熱情或不在乎你的熱情呢？儘管你用心做事，仍可能無法引起共鳴。想想領導人的觀點。雖然大多數領導人喜歡幫助員工追求熱情，但看到有人只挑選有趣的工作和投入自己熱中的專案、而非組織的優先要務，他們可能感到灰心、甚至痛苦。

追求個人的興趣事實上可能讓貢獻者付出巨大代價。想想安德魯（Andrew）的例子：他畢業於一所頂尖大學，為了追求他對企業領導和學習的興趣，而在一家領導培育公司找到第一份工作。大學主修哲學的他喜歡深思，並大量閱讀他能找到的有關這家公司課程的內容。他可以侃侃而談學習的成果和每一門課程的設計，但當要做銷售拜訪時，那真的不是他的強項。他的經理人和他討論，重新說明他的職責所在，並警告他：讓教室坐滿人，否則要解僱他。雖然學習是他的熱情，他必須對銷售也有熱情，或至少熱中到足夠保住工作。他希望讓職涯的第一步有個好的開始，所以他拿出一疊貼紙，在十幾張上寫了「D. G. F.」，貼在他的小工作間各處。安德魯沒有告訴同事那是什麼意思，但自己知道「D. G. F.」代表「別被開除！」（Don't Get Fired!）。他開始每天打一百通銷售電話，並變成團隊最優秀的銷售員。他學會喜愛他需要做的事，而非只做他愛做的事——所以很幸運地，他沒有被開除。事實上，他耀眼的銷售績效為他贏得升遷，擔任一個更符合他興趣的職務，帶領他邁向在企業領導發展領域更豐碩的職涯。但安德魯真正幸運的是，在他職涯早期有一位經理人幫助他看到，他追隨的熱情正帶領他走向絕路。

倍增你的影響力

那些假餌製造出看似有價值的海市蜃樓，就像視覺的幻像，讓觀看者專注於影像的黑色部分，以至於看不到影像的白色部分。我們可能固執於做我們的職務或跟隨我們的熱情，以至於錯過了在組織的空白處與職務間的空隙中，所出現的更有價值的貢獻機會。我們因為勤勉而變得盲目，以至於不了解為什麼領導人不給我們升遷，或不被託付重要的任務。

在此同時，影響力成員對他們的工作採取大不相同的方法，製造出為他們的領導人、組織和自己創造價值的連鎖反應。下表為這個連鎖反應的摘要。

由於影響力成員尋找著未被滿足的需求，並在他們最有用之處工作，他們被利害關係人視為合作夥伴，並被組織各部門視為實用成員，而這也是他們能獲得最好機會的原因。他們不需要說：「教練，讓我上場吧。」他們是最先被派上場的人，特別是當情況危急時。

讓我再次回顧我在甲骨文的經驗。在我接受夏佛的建議並決定讓自己變有用後，至今大約已經過了十年。我現在擔任甲骨文公司的人力資源發展部全球主管，並領導各式各樣的策略倡議。這是一個很刺激的工作，主要是靠我願意接手許多棘手的問題，並與資深主管合作愉快獲得的。

有一天下午，我的人力資源部同事簡恩（Jane）走進我的辦公室，說她需要協助來爭取高層主管支持她領導的一

建立價值：做需要做的工作

影響力成員做最需要他們做的事，並因此被視為實用成員

影響力成員	利害關係人		影響力成員	
行為	獲得	行為	獲得	現在可以做
獨立運作並跟隨議程	在策略倡議上，更貼近議程並取得進展	再投資	被視為合作夥伴而非員工	接更大的專案和領導角色

影響力成員	組織		影響力成員	
行為	獲得	行為	獲得	現在可以做
對問題和機會做出迅速和靈活的反應	一種靈活和服務的文化	認可並提供機會	被視為實用成員的名聲	在組織上下以多種角色來貢獻價值

項計畫。她問我能不能找一天請我吃午餐，愈快愈好。我當然答應了。

我們見面吃午餐時，簡恩解釋她為公司招募人才的目標，需要主管們把這個目標當作自己和公司的優先要務；基本上就是她希望這個目標被列入主管的議程。然後她尋求我的指引。

我聽完思考了一會兒，然後坦誠地說：「我想我可能幫不了多大的忙。我不知道如何做。」簡恩困惑地說：「你當然知道，你是這方面的大師。你很了解這些主管，而且他們願意聽你的。」我解釋說，我從來沒有把對我很重要的事納入他們的議程。我做的是發現什麼事對他們重要，然後把它們列入我的議程。我藉由提供「如何做」（how）給他們的「重要事項」，來讓我的工作變得有價值。我進一步解釋：如果那看起來像設定議程的人是我，那是因為我的習慣是做對利害關係人重要的事；長期下來建立了影響力，贏得了協助制訂公司議程的權力。

那不是簡恩想聽的話，但那是她提高能見度和增進她的工作影響力所需要的洞見。我們逐一討論高層主管的優先目標和問題，到我們用完午餐時，我們腦力激盪出她的工作如何成為他們解決問題的方案。

我曾經有幾次偏離了這種策略。我曾經有些時候沒有注意到議程已經改變，或我忙於追逐我的熱情。但當我投入對組織最重要的工作並讓自己變有用時，我總是能發揮最大的影響力——並樂在其中。

如果你希望你的工作有影響力，想想議程是什麼，並追隨它而工作。當你放掉你自己的議程，你就能響應更高議程的召喚。然後，你將能創造更大的價值並發現更大的快樂。

教戰手冊

這篇教戰手冊是為任何想在工作上增加影響力，和實行「做需要做的事」的心態和工作方法的人而寫。它包含一些聰明玩法（Smart Plays）——幫助你養成影響力習慣的具體工作方法和練習。它也包含安全祕訣（Safety Tips），用以協助你實驗新行為而不致傷害你的效率、信譽或關係。

聰明玩法

1. **找到雙重的W. I. N.。**要跟上議程的快速方法之一是尋找雙重的**W. I. N.**（What's Important Now，現在重要的是什麼）——對組織重要，同時也對你的頂頭上司（或利害關係人）重要的事。

2. **加入W. I. N.。**一旦你確定雙重W. I. N.是什麼後，尋找在你的能力和W. I. N.重疊之處能有貢獻的機會。找到一個同時也是你利害關係人前三大優先事務之一的W. I. N.，藉以最大化你的影響力。

3. 與別人討論議程。在利害關係人的議程和你現在做的工作之間建立連結。讓他們知道你是他們優先事務的解決方法。寫一段簡短的說明，描述你的工作將如何協助他們議程的優先事務。例如：「我知道增加留客率是你的優先要務，而我正在建立我們各類顧客的側寫，以便更了解他們的需求。」一段好說明將傳達兩個訊息：(1)「我了解你們」，意思是「我知道什麼對你們重要」，以及(2)「我正在幫你們」，意思是「我正在讓它實現」。用這種說明來展開你們的

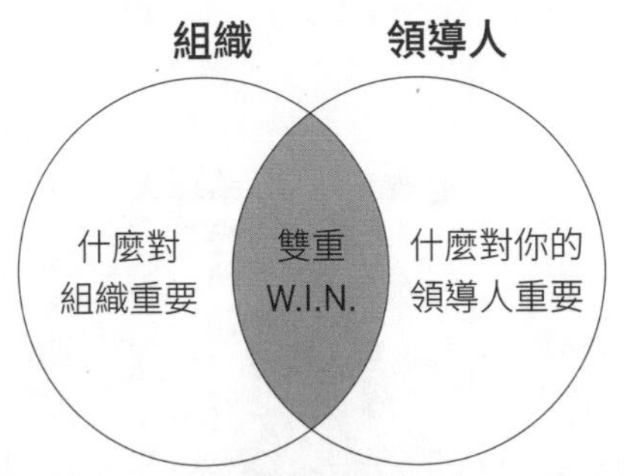

1. 辨識什麼事對你的組織重要：	**2. 辨識什麼事對你的領導人重要：**	**3. 辨識同時對你的上司和組織重要且現在很急迫的事：**
什麼是今年度的最高層次策略目標？	他們花時間在什麼事，或談論什麼？	什麼事已經動起來？
哪些專案獲得最多能見度和經費？	什麼事最令他們情緒激動或充滿熱情？	什麼事將獲得經費？
大多數高層主管在談論什麼？	如何評量這些重要的事？	什麼事會讓你的客戶或上司得到升遷？
選出排名最高的三項 →	**選出排名最高的三項** →	**這就是 W.I.N.**

互動，例如透過電子郵件、簡報和一對一會談，以便你的利害關係人知道對他們重要的事，對你也重要。

4. 練習「天真地說好」。處理複雜的問題往往需要在我們的舒適區之外工作，而且超越我們目前的能力。如果你不夠格，你會感覺畏怯或無法承受，容易對升高的不確定性說不，然後只做你目前的工作。嘗試練習「天真地說好」，在你的大腦動起來告訴你不可能之前，同意接受新挑戰，或者就像布蘭森（Richard Branson）說的：「如果有人給你一個超讚的機會，但你不確定自己能否辦到，先說好——然後再學習怎麼做！」一旦你說好，藉由承認自己的不足並且問聰明、有意義的問題來快

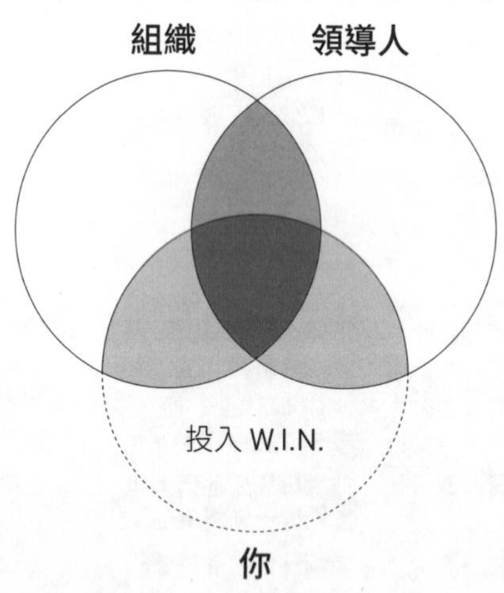

利害關係人的前三項優先要務中，有哪一項你可以做出具體貢獻？
你的工作如何協助解決這個問題或達成這個目標？

速學習。表現出「聰明學習者」的形象——一個有高度自信、但有低度情境信心（situational confidence）的人。這可以讓你的利害關係人知道你是處於新手模式，但很能夠迅速學習。

安全祕訣

1. 取得許可。在挺身解決複雜問題時，你不希望被其他人忘記。而且萬一有事情發生，你希望大家知道你在哪裡，和你為什麼離開工作崗位。你應該事先取得許可，就像登山者會向有關當局報備他們的目的地，然後才冒險進入危險的偏遠地區。徵得你的經理人同意(1)你要去哪裡和為什麼，以及(2)你需要繼續做好你核心職務的哪些部分。

2. 保持連繫並設定坐標。領導人的議程可能像偏遠山區的天氣那樣快速改變。當你在正式組織間的空白區工作時，要經常跟你的團隊和上司保持連繫。一旦你跨出職務之外，就必須不時「設定坐標」（drop a pin），就像登山者利用衛星追蹤功能提醒其他人自己目前的位置。別只是向其他人報告你的進展；要知道他們的優先事項是否正在改變，以便你持續跟隨著議程。

3. 保持一些距離。對領導人有同理心並與組織的優先事務步調一致，是正確的工作方法，不過，這類方法如果做得過火，可能導致盲目跟隨而變得極其危險。過去有無數例子顯示，忠誠的追隨者因為未質疑不道德的命令、受害者同情他們的綁架者而犯下罪行。[15]在你貢獻自己的能力時，要保持心理距離和獨立的思想，以便質疑指令是否明智或合乎道德。除了道德的規範外，你還可以問自己：「當我不再為這個人或組織工作時，我會不會懊悔做這件事？」

給經理人的指導祕訣：你可以在第八章末「教練的教戰手冊」找到如何指導團隊成員做需要的工作。

SUMMARY

第 2 章 摘要

讓自己派得上用場

本章探討影響力成員如何處理複雜的問題，並說明為什麼他們隨時準備跨出他們的角色範圍，以滿足真實的需要和處理策略性優先事務。

	一般貢獻者心態	影響力成員心態
工作方法	做他們的事	做需要做的事
假設	我來這裡是做特定的工作（職責感）	我可以服務和解決問題（服務心態） 我可以獨立行動和做決定（自主感） 我可以控制我人生中事件的結果（內在控制觀）
習慣	採取狹隘的觀點 扮演他們的職位角色	學習遊戲規則 扮演需要他們扮演的角色 懷著熱情扮演
結果	個人遭到邊緣化，無法參與重要工作。 組織無法解決存在於部門間或職位間空白區的複雜問題。	獲得實用成員的名聲，能靈活反應，以多種角色來貢獻價值。 增進組織的靈敏性，創造一種臨機應變和服務的文化。
要避開的假餌：（1）職責所在（2）追求熱情		

角色不明確

領導人怎麼說……

一般貢獻者	影響力成員
「他等待被要求去做事，而非知道該做什麼和主動去做。」	「你不需要要求他做什麼事，他會直接開始。」
「如果我要求他接一項專案，他會想知道那對他有什麼好處。」	「她把功勞歸於別人，而非要搶（所有的）功勞。」
「他專注於不拖累團隊，不要出什麼包。他似乎認為最重要的事是不要把事情搞砸了。」	「她讓一切情況都改善了。」

第3章

站出來，退回去

我總是好奇為什麼沒有人設法解決那件事，然後我突然發現，我就是那個人。

——莉莉．湯琳（Lily Tomlin）

對世界來說，它是北愛爾蘭的衝突；對貝爾法斯特（Belfast）的人們來說，它是一連串的麻煩。數世紀的政治緊張，爆發成統一派新教徒（忠於英國）和民族主義派天主教徒（想退出英國、與愛爾蘭統一）之間，長達三十年的暴力鬥爭。這場衝突是民兵和國家安全部隊間互相射擊子彈和投擲炸彈、讓市民身陷火網的街頭戰爭。一九六〇年代的遊行示威演變成一九七〇年代初期的暴動和攻擊，並在一九七二年一月三十日的血腥星期天達到最高峰，光在那天就發生了約一千三百次爆炸並殺死近五百人，其中許多是平民。[1]到一九七〇年代末期，雙方都已兵疲馬困，但戰火仍無停息跡象。

和大多數貝爾法斯特居民一樣，三十歲育有兩個孩子的威廉斯（Betty Williams）在這場衝突中失去許多親人。由新教徒父親和天主教徒母親撫養長大的她從小就有強烈的包容意識，並且很早就加入一位新教徒牧師領導的反暴力運動。她經常在家談論這場衝突，特別是與其他女性，但她不敢公開談論。[2]她深感憂慮，但一直是這場衝突的旁觀者。

這種情況在一九七六年八月十日改變了，威廉斯從她的個人世界被拉出，進入公開支持和平的奮鬥。她開車從擔任接待員的辦公室回家時，在轉進她家的街角目擊一輛汽車搖晃著失去控制，駕駛者是臨時愛爾蘭共和軍（PIRA）成員，他在運送武器時被一名英國士兵射殺。那輛疾馳的汽車衝向人行道，撞倒三名小孩。受到驚嚇的威廉斯停下來幫忙。其中兩名小孩——八歲的女孩和一名男嬰兒——當場死亡；第二天，最後那名兩歲的男孩也死於醫院。[3]重傷的母親最後自殺身亡。[4]

還有其他悲劇性的死亡事件，但這一件激起了威廉斯的憤怒。她必須說出來。她立即在新教徒鄰區展開請願，呼籲結束宗教暴力。然後她組織兩百名女性在小孩遭殺害的鄰區遊行，她在那裡認識了那些小孩的姑媽柯瑞根（Mairéad Corrigan）。她們一起在幾天內收集六千份連署，並帶領一場一萬名女性——包括天主教徒和新教徒——參與的遊行，前往孩子的墳墓祭弔。她們遭到反對，但威廉斯說：「我們只管穿過所有的石頭和瓶子。我們贏得一場大勝利。」[5]那場遊行和她們下一場走遍貝爾法斯特的兩萬人遊行，吸引了各媒體的注意。兩位女性成立了「女性支持和平」（Women for Peace）草根組織，致力於提倡和平解決北愛爾蘭問題，後來在貝爾法斯特的新聞記者麥基奧恩（Ciaran McKeown）加入領導行列後，改名為「和平人民」（Peace People）。她們領導的運動被認為大幅減少了隨後幾年的暴力衝突。[6]

一年後，仍然擔任辦公室接待員的威廉斯，和柯瑞根一起獲得一九七六年的諾貝爾和平獎。《紐約時報》（*New York Times*）報導：「在她們挺身冒生命危險的那四個星期，這兩位貝爾法斯特女性所創造的樂觀和希望，遠比在這個悲慘城市任何人多年來見到的還多。」[7]

威廉斯從她在和平人民社群的領導角色退出（把職位傳給柯瑞根）後，繼續奉獻她的一生為和平與保護兒童奮鬥。北愛爾蘭的動亂又持續了二十年，直到一九九八年的耶穌受難日協議（Good Friday Agreement）才結束。

威廉斯是一個小市民：一位辦公室員工、妻子和母親。單憑她一個人沒有結束暴力衝突的力量，但她可以讓情況改善，而且她願意嘗試。她沒有等待別人要求她或指使她；她就是站出來帶頭。當你看到更好的方法時，你會站出來或繼續當旁觀者？發揮影響力的人會選擇站出來帶頭。

在本章，我們將看到最有影響力的專業工作者不只是忠誠的跟隨者；他們是隨時能站出來的領導人——願意挺身領導、但也能退回去跟隨其他人。他們柔軟的領導方式協助組織強化積極主動的文化。我們在前一章討論跨出工作的舒適區，而本章將討論站出來領導。

我們將探討「啟動的藝術」：如何發起改變和擺脫無時不在的現狀拉力。我們將談到如何增進你的影響力和權力，不是為了控制，而是為了帶來更好的結果。你將學會如何不是主管卻能像個主管般領導，和如何把領導權讓給其他人，以及如何才能被邀請參加最有影響力的派對（好吧，就是會議）。

你將學習如何發現領導真空，並在大家不知道接下來怎麼做時提供寶貴的領導。你將能準備好因應那些需要自願者而非旁觀者、承擔責任者而非把持職位者的情況。

選擇題：任由它去或站出來領導？

在上一章，我們探討影響力成員如何處理重大、複雜的問題——引起注意的問題，例如百貨商場的擴音機宣布：「第八走道需要清潔！」但有另一種問題可能更加惱人，我稱它們為周邊問題（ambient problems）。它們是不引人注目的問題，發生在不理想但可以忍受的現狀，例如冗長的業務程序，每個人都抱怨但還不夠惡劣到需要矯正。這類老問題有些變成組織的拖累，變成一系列干擾生產力的結構性因素，但一直未加解決，使美國經濟每年損失逾三兆美元、[8]生產力降低二五%。[9]

大多數人學會與這些問題共存，但周邊問題長期下來會侵蝕績效。由於它們容易被忽視，所以特別具有破壞力。它是會浪費水的漏水水龍頭，但你視而不見，因為你路過這個問題太多次了。或者它像發出咯吱聲的門，有點惱人，但久了以後你就充耳不聞。這些問題變成組織的白噪音。如果不加處理，它們會變成體制性問題，人們開始接受它們是不可避免或無法解決的，像社群裡的低強度派系傾軋，或對顧客要求的遲緩反應這類現實問題。

情況將持續，直到有人注意到並決定，組織能夠且應該做得更好。

但即使每個人都同意應該想辦法解決問題，卻往往沒有人知道該如何下手。當每個人都知道有問題卻沒有人負責，這就是領導真空——一個沒有方向或無人控制的空間，吸乾了時間和生產力。周邊問題的解決方法通常牽涉許多人，想進行必要的協作可能會像中學舞會裡的少年少女那樣笨拙。有人必須站出來讓事情動起來，但是誰？如果你看組織的上層，你可能可以找到一個能負責的領導人，但資深領導人無法每件事都親力親為。

解決周邊問題需要各階層的領導人，但未被指派而領導會有不可預測的後果。當你站出來領導，你可能踩到別人的腳趾頭；你好意的主動可能看起來像惡意搶奪別人地盤；倡議改變可能得罪人。發現必須採取某些作為製造出一個選擇題：你是否接受這樣已經夠好，或者願意站出來讓它變更好？你選擇任由它去或站出來領導？

周邊問題的跡象

如何辨識侵蝕生產力的低強度問題：

1. **沒有主人。**像走失的狗，每個人都知道它，但沒有人知道由誰負責。
2. **休閒時間的牢騷。**有人發牢騷，但不期待能解決。
3. **守舊和避開。**繞過這個問題比永久解決它容易。
4. **沒有紀錄。**避開的方法被傳述，但未寫進任何訓練手冊裡。
5. **隱藏的成本。**問題看似成本不高，但避開它的成本累積起來很昂貴。
6. **選擇性地看見。**問題對受影響最大的人很明顯，但擁有權力解決它的人卻看不見。

經理人對一般團隊成員碰到這類情況的描述顯示，當我們遭遇性能落差（performance gaps）和領導真空時，很容易陷於等候指示。例如：

「他不主動尋找問題。他只解決交給他的問題。」

「她把自己的工作做得很好，但當我問她是否有任何建議或意見時，她沒有創意思考或找不出可以改進的事情。她缺乏主動性。」

「她會做我要她做的事，而非我們應該做的。她會告訴我們的經銷商『這是我的上司希望做到的事』，就像她是在執行我的願望。」

當角色不明確時，人們會以一般貢獻者心態等待領導人的指示。他們是忠誠的跟隨者和支持者，執行經理人的要求並與同事協作。雖然他們為上司減輕一些負擔，但他們不會多事，不會提出需要做的改變。當他們看到問題時，他們會關心，但沒有上級明確的指示，他們不會採取行動。

反觀影響力成員，主動跳出來接管無人領導的情況。當他們看到可以改善的機會，他們不等待行動的許可。他們站出來，在組織的上級要求他們之前就自願領導。他們是現狀的破壞者，他們選擇領導而不放任問題存在。他們提供較高價值的提案，而不只是執行上司的指示，且能號召其他人。

在我們尋找這類領導人——從中層員工提拔的協作領導人——的例子時，發現在二〇一五年進行大規模轉型的美國零售業巨擘目標公司有無數個例子。這項轉型的目標是為所有通路的顧客創造無縫的購物體驗，包括店面、線上和行動購物。要成功地執行轉型，需要大幅度改變公司營運方式，並在公司各個組織建立團隊來達成這些改變。到二〇一九年，目標的股價已上漲七五%，[10]且該公司在《快速公司》雜誌（*Fast Company*）全球創新企業五十強的年度排名，攀升到第十一。[11]在本章，我們將深入研究在目標看到的新興協作領導風格。我們從前軍事情報官員改行供應鏈主管的佛基（Paul Forgey）開始談起。

佛基是公司供應鏈部門中其中一個轉型團隊的領導人之一，是反向物流營運部的資深主管，負責處理目標公司把產品運出公司的程序，例如運回供應商或運給批發清盤商或資源回收商。佛基是在目標服務十九年的老手，在公司許多營運和物流單位任職過。他也是美國陸軍的退伍軍人——畢業於西點軍校，擔任過情報官。他對營運細節瞭若指掌，追求讓業務變更好，並且喜歡贏。他的經理人、全球供應鏈與物流部副總裁卡西（Irene Quarshie）形容他是差異創造者，並說：「他不要求批准。他直接採取主動，而且知道如何化解組織的阻力。」

佛基與其團隊的正式職責是檢視顧客退貨流程，辨識和記錄問題，並建議解決方法。佛基以他注意細節的典型個性，協同團隊為顧客找到幾個摩擦點，包括退貨所花的時間。退還商品到商店很容易，但透過電子郵件的線上購物退貨流程極為繁複和花時間，顧客往往等上十天才能收到退款。更糟的是，退貨流程的責任分散到五個不同的部門：供應鏈、商店營運、數位產品、數位營運和顧客服務。佛基的團隊基於職責列出這些問題，並提出解決方法。

佛基的團隊並不負責執行，所以他們可以輕鬆地提出報告後就交差了事，但佛基感覺有義務做更多。改善這個流程不是簡單的事，他將需要協調五個不同的部門，共同商議出一套解決辦法。讓事情更複雜的是，每個部門都已著手自己的解決方法，要大家放棄目前的努力以支持共同對策不太容易。除此之外，佛基沒有正式的授權。

佛基決定召開一場跨五個部門的會議，找來不同層級的十五名經理人共同參與，光是敲定時程就花了一個月。這些臨時湊齊的與會者在目標公司位於明尼亞波利斯的辦公大樓之一聚集，佛基在會議一開始便進行一項曾被一些創新組織運用過的願景練習：他發給每個人一份模擬新聞稿，要他們閱讀，上面寫道：「目標公司今日宣布全面改變顧客退貨流程，致力於提供簡單、有彈性和互動的體驗，讓顧客能夠選擇如何、在哪裡，以及何時退換貨。」這項聲明詳細描述了問題，並列出革新的解決方案將如何提供顧客更多選項和省力的退換貨方法，不管他們是不是在商店購買商品。聲明中還引述了滿意的顧客和自豪的目標主管的好評。

這份新聞稿只是假想的情況，但其中的願景既大膽又吸引人，引起與會者的注意。它也明白點出目前情況的惡劣事實。剛開始還有人猶豫不決：一些與會者不明白為什麼供應鏈要領導這項改革，另一些人可能感覺有人在批評他們的小孩長得醜。一位與會者問：「為什麼供應鏈部門要在乎這件事？」佛基了解供應鏈員工實際上不受顧客體驗部管轄，但他冷靜地回答：「為什麼不應該是我？我為目標公司做事，你也為目標公司做事，而這是我們顧客的一個摩擦點。」接著展開討論，並得出一同努力的共識，組成一個跨部門的主管團隊以清楚界定問題與目標，達成解決方案。

這個團隊一起努力並在兩個月後達成問題的一致觀點。隨著問題被清楚界定後，解決方案變得更清楚且感覺有望達成。六個月內，在下一波零售旺季前，這個團隊開發出一套技術解決方案，把處理時間從十天縮短到只有一天。以郵件要求退貨的顧客有九八・五%在二十四小時內收到退款——五個部門和跨部門團隊的每個人都成了贏家。感到自豪但還不滿意，這個團隊繼續努力把比率提高到九九・五%。這時候模擬新聞稿的好評已經顯得多餘——真正的顧客說：「整個過程花不到一分鐘，是我們經歷過最滿意的退貨體驗，沒有之一。」還有「我剛開始很怕郵件退貨，但目標讓它變得如此容易。真是喜出望外！」目標營運長墨里根（John Mulligan）在年度盈餘預估報告中特別談到這項新流程，並告訴華爾街分析師，目標公司的顧客滿意度比前一年顯著提升。

佛基回憶說：「當角色不明確的情況出現時，你面臨一個選擇。我的選擇是站出來帶頭。」這肯定不是一個出身西點軍校的人會讓人意外的傾向，但佛基不只是站出來以堅定的聲音領導，他還號召適合的人員參與，協調他們的聲音，並創造出許多英雄。

最有影響力的成員即使在沒有領導實權下，依然挺身領導，他們展現主動性並承擔責任。當他們領導時，他們以協作的方式進行，因此其他人願意在他們的團隊中貢獻一己之力。

心理素質

經理人都喜愛完美的傳球——把一件工作交給某個會推動它並把事情做好的人。Splunk

的策略長馬瑞嘉（Ammar Maraqa）這樣描述一位影響力成員：「他是那種可以『無腦傳球』（no-look pass）型的人，我永遠可以傳球給他，並知道他不但能接住球，而且能運球和為球隊得分。」被信任能接球和得分的玩家是那些不但站在該站的位置，還知道接下來怎麼做的人——知道如何往前推進和怎麼做事的人。他們是不需要被要求就站出來做事的專業工作者。馬瑞嘉接著描述另一位員工，他表現良好，但總等著有人下指令才採取行動：「他不能獨立工作，我無法信賴他能接球並向前推進。」

當經理人看到一個人需要指示和協助，而另一個人隨時準備要接球，他們會選誰？誰會被託付備受矚目的任務？經理人通常不會選擇一個等著人家告訴他怎麼做的人（這是我們調查中讓經理人有挫折感排名第二高的項目，見下頁表格）。在許多情況下，經理人託付最重要工作的人不只是因為最有能力，也因為他們最有意願。就像在教室，最常被點到的人往往是舉手的人。

露薏絲（Joya Lewis）在印地安那州蒙夕市（Muncie）艱困鄰區的貧窮家庭長大，而且沒有貴人協助。當她還是個年輕女孩時，得自己弄早餐、自己準備上學，和自己做功課。她在十五歲時找到第一份工作，在一家三明治店洗盤子。那是辛苦的工作，而且她得動作迅速。但在不那麼忙時，她注意到一些同事必須幫忙做其他人來不及做的工作。所以她開始在盤子疊高前幫忙清理餐桌和擦地板。店經理注意到她的主動並為她加薪。她既開心又驚訝，她說：「噢，我只是在做該做的事，幫大家的忙。」她在十五歲就領悟了幾件重要事情的第一件：當你承擔更多責任，你就會賺更多錢。

露薏絲想過更好的生活，所以她繼續自告奮勇做困難的事，和承擔她被託付的責任。上大學時，她同時兼差幾份工作，但仍然自願接沒有人想接的加班工作。在目標公司的隔夜庫存部門工作時，她的同事在晚上進貨量較小時會鬆口氣說：「是一輛小卡車，今天晚上可以輕鬆了。」露薏絲則會在卸下卡車的貨後還自願做更多事。她的主動為她贏得升遷，並很快變成她抱持的一種心態：「如果我舉手，我會得到獎賞。」

露薏絲仍然在目標公司工作，目前是密蘇里州聖路易市一家高營收分店的店長。她現在不缺錢了，但仍繼續承擔辛苦差事的責任，並運用她的影響力回饋社區。

我們研究的影響力成員具備一種管家心態。他們發自內心地想讓事情變更好——為他們自己，也為其他人——

在領導人和利害關係人間建立信譽

信譽殺手	等待經理人告訴你要做什麼
信譽建立者	沒有人要求就主動做事 自己想出方法 讓你的領導人和團隊感到自豪

參考附錄 A 以了解全部排名。

並且願意為讓事情變好而承擔責任。他們是像威廉斯和佛基這種人，決心讓與他們相關的世界變更好，並在沒有人指示的情況下採取行動。許多人想要改變；讓這些人與眾不同的是他們相信自己有力量啟動改變。他們的根本指導信念是**我可以改善這種情況**。我們再度看到一種強烈的個人自主感和內在控制觀驅動人的行為。這種修正所感知的錯誤、改變現況，和主動解決問題而非被動接受環境的傾向，就是心理學家所稱的主動性人格。[12]正如管理大師柯維（Stephen Covey）所說的，影響力成員是他們所做決定的產物，而非他們所處情況的產物。

他們不只是相信事情可以或應該變更好，他們更實際採取行動來讓事情變好。他們接管團隊，領導其他人，並促成集體行動。正如美國作家羅賓斯（Tony Robbins）直率地說：「白癡都能指出問題，但唯有真正的領導人願意設法解決它！」[13]我們對經理人的訪談清楚地呈現，影響力成員認為自己有能力領導、發揮影響力，並為更大的目標做出貢獻。我們的調查證實這些發現。具體地說，九六％的高影響力貢獻者總是或經常不等待指示就掌控大局，相較下一般貢獻者的比率為二〇％。九一％的影響力成員總是或經常被視為優秀的領導者；相較之下，只有一四％的一般貢獻者被視為好的領導人。

這帶我們來到另一個影響力成員心態的核心假設：**我不需要正式授權就能接管**。當其他人困於上級命令式的領導階層框架時，影響力成員執行的是滿足需要式的領導。上級命令式的領導人等待上級的指派，且通常在工作完成後不願意放棄掌控；滿足需要式的領導人在情勢需要他們時起身。他們接管大局，但他們的思考和行動較像暫時性的接管者，而非永久的當權者。他們願意接管領導，但在需要解決的問題解決後，不會緊抓權力不放。

為了了解這些明星專業工作者的角色和對其他團隊成員的影響力，我們可以看看美式足球球隊的進攻組織者（playmakers）。進攻組織者進行主要的傳球，讓自己和其他隊員進入位置以便得分和獲勝。他們控制球隊的進攻，並運用他的想像、創造力和控球，以製造關鍵的傳球。[14]這些重要的運動員可以在球場的許多位置上運籌。巴西女子足球運動員瑪塔（Marta Vieira da Silva）擔任前鋒位置，她以快腿以及在延長賽領導隊友贏球的能力著稱。中場翼鋒貝克漢（David Beckham）會在發現隊友往前奔跑時，用他精準的招牌弧線球把球長傳給隊友。和瑪塔與貝克漢一樣，進攻組織者往往是球隊隊長，但他們從任何位置都可以組織攻勢，創造一場看起來精彩、打起來淋漓盡致的比賽。

不管是在球場或職場，進攻組織者帶領爆發式的前進。在改善機會的激勵下，和在相信自己可能讓情況變更好的信念助長下，他們帶領著球場和職場上的進展，展開關鍵的攻勢。

這是一個推動人們承擔責任的信念系統。影響力成員心態是朝向領導的通道，畢竟領導的本質就是讓某件事變好的渴望，和對這件事採取行動的意願。

高影響力習慣

我們研究的影響力成員在不確定由誰領導時會挺身而出。就像威廉斯等人看到需求，並採取行動以改善情況；在情勢催促下，他們自願站出來領導。一些人是被迫自願，由發現領導真空的經理人徵召，相信他們的能力和特質足以填補真空。一些人則從中間地帶崛起：當資深領導人指出一個問題時，這些人在未被要求下提供他們的領導。不管推動他們向前的力量是什麼，影響力成員本能地站出來，帶領其他人一起行動，並在適當的時候退回去。

影響力成員專家級提示

如果你的同儕知道那是暫時的領導，他們較可能跟隨你。讓人們知道一旦工作完成後你會退回去，並願意在他們領導時跟隨他們。

這正是露薏絲在目標公司工作第七年的情況。當時她擔任人力資源部門夥伴，服務範圍涵蓋大聖路易都會區的十三家商店。其中聖路易市的一家高流量商店是在沒有店長的情況下營運（因為該店長被調職），因此正出現難以維繫貨架庫存的問題。產品都在晚上到貨，但工作人員沒有打開箱子並上架，那表示顧客進來時貨架還空著，產品全堆在商店後面的房間。當時的地區經理愛德華茲（Jamaal Edwards）當然很關心這種情況。

露薏絲隨時與愛德華茲連絡，所以也知道這情況。她知道從卡車卸貨並上架是每一家店的基本工作，因此團隊必須想出每天晚上完成卸貨的方法。她也與各部門經理人建立了良好關係，並贏得他們的信任。愛德華茲從未要求露薏絲介入，但露薏絲知道這個問題必須解決，所以她提議：「讓我過去看看我能幫什麼忙。」

露薏絲第二天很早就抵達，她召集部門經理人並解釋說：「這家店現在經營不善，我們的處境艱困，必須想辦法解決。這不只是攸關銷售，也跟安全有關係。」她要求他們跨越各自的部門角色，從整體營運觀點看這家店。她解釋說：「我們必須把這些卡車的貨品卸完，而我需要你們幫忙讓這件事回到正軌。」她把經理人分成小組，要求他們關注新領域。當情況逐漸明朗，知道沒有足夠人手卸完每天晚上的貨品時，她從附近的商店調來團隊成員和領導人支援。她每天到現場，和團隊見面評估進展，然後晚上回到自己的人力資源部工作。

兩週後，這個瓶頸已被打通，貨品已能從卡車搬上貨架，顧客來到商店時再度看到滿滿的貨架。當被指派的新店長上任後，露薏絲向她報告情況，特別表揚團隊耀眼的表現，然後功成身退。

露薏絲沒有等待別人請她協助。她知道自己能發揮有價值的影響力——一種能獲得她的上司和商店員工感激的影響力。所以她挺身而出，讓自己前往需要有人做出貢獻的地方。不意外，當愛德華茲需要有人接待前來訪視商店的執行長時，他把露薏絲派上場。

■ 邀請自己

當你看到站出來的機會時，第一步是前往需要解決問題的地方。你通常不會接到邀請。有時候邀請自己是合宜的做法。

多年前我還在甲骨文公司時，我主持一個稱為甲骨文領導人論壇的計畫，聚集來自世界各地的資深領導人，以確保他們了解並能夠在他們的國家執行公司策略。這是公司內部備受矚目的計畫，所以公司的三位最高主管（總裁、財務長和科技長）也積極參與研擬課程和擔任教師。我顯然是這個四人領導團隊的資淺成員，而且感覺很幸運能與這些主管一起工作。

在主持計畫的過程中，我們發現這套策略顯然太過複雜而難以推行至全世界；我們原本認為的訓練問題實際上是策略問題。我和總裁、財務長、科技長一起開會，做出的結論是公司的策略需要一番大整頓，並決定暫緩領導人論壇計畫，直到他們能重新建構策略訊息和創造一套新說明。他們安排了時程以聚集各產品部門的主管，以修改產品策略和簡化訊息。我沒有參與這項會議，但身為訓練計畫的經理人，且策略將在論壇上首度公開，我很欣慰主管們正在採取行動。

會議預定隔週召開，我把時間記在時程表上，不是為了提醒自己，而是因為我打算參加。要先說明的是，我沒有被邀請。那不在我的職務範圍，而且那高於我的管理階層。此外，會議中勢必會有激烈的辯論，所以主管未必喜歡有聽眾。但我對這個問題有深入了解，知道該做些什麼，我猜想我幫得上忙。我有信心高層主管（和計畫支持者）會希望我在場，所以我沒有要求批准；我只是提早到場占一個位子。當各產品部門主管逐一到達，有幾位親切地和我打招呼。但當管理最大和最重要產品部門的傑利（Jerry）走進來看到我時，他以反對多於好奇的口吻說：「你在這裡做什麼？你負責的是訓練，不是產品策略。」傑利有著鮮明的個性，是公司最有影響力的主管之一，所以在場的其他人都注意到他不太友善的問候。

「現在策略還不夠清楚到讓我們和各領導人溝通，」我解釋說，「這個團隊必須釐清許多觀念和簡報，才能濃縮出策略的精華。」我挺起胸膛直接對傑利說：「我對這類工作很在行，所以我想我幫得上忙。」

他似乎不太相信我的說法，但也沒有再搭腔。總裁反駁他說：「嘿，莉茲知道自己有什麼本事，我們可能需要她幫忙。」會議開始進行。我專注地聽，把主要問題和議題筆記下來，然後重述我聽到的內容。其他人點頭同意。過一會兒，一些主管開始問我的看法。很快地我已開始帶領程序，安排會議和組織工作，包括僱用著名的策略教授普拉哈拉德（C. K. Prahalad）擔任我們的顧問。

在重新檢討既有的內容後，我們決定以一個新架構改寫策略。普拉哈拉德主張，一套好策略會有許多思考者，但只應有一位作者。從我們過去的經驗可見他的智慧。但在我們討論哪一位最高主管將為最終的文件執筆前，普拉哈拉德建議由我擔任領銜作者。我很驚訝，我不是最有經驗的主管，如果要找最適合的人，我肯定不是最有資格做這件事的。但我願意帶頭做，而且主管們支持這個建議。因此我們一起擬出一套既吸引人又簡單明瞭的策略。

在接下來的領導人論壇中，與會者收到一篇明確的策略聲明，由三位最高主管清楚地加以解說。那篇聲明是我職涯的亮點，我將在本書後面的章節中反覆提到，詳細敘述那些讓我能做出有意義貢獻的作為。

透過那項工作，我學到你不需要是上司才能領導別人，以及你不一定需要被邀請才能做大事。有時候你必須邀請自己上會議桌（但如果這麼做，要確保你的上場能增添價值和受到歡迎）。

如果等待別人來發現你或邀請你參與，你會錯過多少機會？如果你可以增添價值，你可能必須邀請自己參與盛會。這是一個我們從影響力成員研究中不斷發現的傾向：他們不等待別人要求。他們知道在適當的時候邀請自己加入，表達他們有貢獻的能力，並在沒有授權和獲得許可的情況下領導，以貢獻自認能發揮的最大效用。

■接管大局

一旦來到需要解決問題的地方，我們研究的影響力成員不會滿足於被動的參與。當他們可以貢獻的機會出現，他們會展現出自己是有能力的領導人並掌管大局。以下還有幾則經理人對他們的描述：理直氣壯地積極主動；掌管大局；撿起它，帶著它跑；自信和掌控情勢。此外，七四%接受調查的經理人說，高影響力貢獻者總是或經常大膽行動並且做困難的決定，這個傾向名列我們從研究對象發現的前十項長期行為之一。他們積極地扮演領導角色，發揮他們的管理能力，自信地展現自己。這是一種強力但不拘形式的領導，一種我們再度在目標公司看到的領導，只是這次是一位科技部門裡的年輕而聰明的專案經理人。

馮登坎普（Ellie Vondenkamp）的職務是在商店開張前，確保新商店裝設營運所需要的科技且能操作順暢，這包括把網際網路連線、辦公室伺服器、安全設備、電話、收銀機和電子支付等系統，安裝在目標公司一年的新開的約三十家新商店。這是必須在嚴格的時限完成，且幾乎不能出錯的大工程。

馮登坎普不到三十歲，個性陽光而開朗，是一個腳踏實地、會在閒餘時為她的教會帶領傳教之旅的人。但馮登坎普也極其強悍，而這在領導新商店的技術工程上很管用，因為她必須在男性通常遠多過女性的環境掌控大局。

她把大部分時間花在現場，監督工程進度，並指導科技供應商和部分營建工人的工作。馮登坎普抵達現場時總是戴好頭盔，並要求見營建經理人。她自我介紹，然後很快找機會展現她不是軟柿子。當她召集各個營建團隊時，她往往完全掌控了現場（指的是一座龐大的空建築）。雖然她從未做過營建工人，但她讓所有工人知道她做過功課而且懂行。她指揮團隊說：「我了解為什麼你們認為引入電纜應該走那邊的鐵格架，但我們需要讓電纜走這邊，以支援商店在這個區域服務顧客的計畫。」她使用正確的營建術語，接受營建團隊能做的極限，但讓他們知道哪些部分的做法必須改變。

在其中一次這類談話中，她正在指示兩位目標公司的同事和六位營建團隊的成員，一位營建經理人在她還沒說完話就轉身繼續做他的事。馮登坎普叫住他：「回來，我還沒說完，聽我說。」然後她把施工圖放在地上，解釋她的理由，用營建工人的語言直接對總承包商說話。她的話被聽到了，而且工作正確無誤地完成。

馮登坎普不賭運氣；她掌控大局，在她的領導下，從來沒有一家目標商店因為科技問題而延誤開張。馮登坎普的經理人波兒（Mary Ball）說：「不管是任何團隊成員，我最重視的價值是主動；馮登坎普一直是個模範。她不需要等候我的指示就會找事情做——她看到問題就會動手解決，同時向我報告情況，如果需要支援也會告訴我。」

我們研究的影響力成員沒有一個是惡霸，或者會粗魯莽撞，留爛攤子給上司清理；相反地，對他們的描述總是容易共事的協作者，這一點我們將在第六章進一步討論。他們以自信和令人信服的方式領導，而不具有侵略性。那是一種輕鬆但強而有力的領導方式，正如前最高法院大法官歐康納（Sandra Day O'Connor）恰如其分的描述：「真正的專家騎師會立即讓馬知道誰是掌控者，但隨後在引領馬兒時便會放鬆韁繩，而且很少使用馬刺。」

■取得許可

美國副總統賀錦麗（Kamala Harris）曾寫道：「永遠不要要求別人允許你領導，只管領導就對了。」[15] 我們研究的案例確實是這麼做。他們有勇往直前和提供更好對策的性格。不過，只因為一個人挺身而出並不意味別人會跟隨。那些沒有正式授權而勇於承擔責任的人需要他們潛在支持者的默許。基本上他們的同儕和同事必須推選他們出來領導。

典型的政治競選演說提供一個範例。在這類演說中，競選人陳述這個世界可以變更好，和他們有能力領導眾人前往應許之地的理由。演說的聲調逐步升高到最高點——提出大願景——競選人在說明理由後，要求聽眾投票給他們。總統演說稿寫手斯韋姆（Barton Swaim）和努斯鮑姆（Jeff Nussbaum）製作一個標準模板解釋這個流程：「我們知道我們可以創造進步。但如果我們要做到這件事，我需要你們做一件事。我需要你們投票……我請求你們支持我、加入我。然後我們將攜手建設出，我們知道自己可以建設的國家。」[16]藉由要求選民投票，競選人同時也在尋求成為他們領導人的許可。

當領導人施展影響力而非正式的權力時，其他人是透過選擇而非義務來追隨他們。領導人需要其他人選擇加入。把它想成一個締約過程：新出現的領導人提供領導和改進，以交換他們的同事提供許可和支持。這種尋求許可可能透過明確地要求經理人的准許，啟動一項新專案；但也可能較隱晦，更像是在課堂上舉手並在獲得點頭允許後發言。準領導人可以舉手讓團隊知道：我有更好的辦法，我願意領導，你們願意支持我嗎？

非正式領導人常犯的錯誤之一是，在還未建立關係或贏得信任前就要求同事的支持。佛基（Paul Forgey）回想他領導的團隊是如何大幅改善目標公司顧客退貨流程的經驗，他發現他應該投資更多時間在十五個關鍵人物，在他需要之前先建立關係和信任。當供應鏈的新人告訴佛基他們的運作出問題時，他就想到要這麼做。佛基說：「你需要許多關係才能共同完成大事。」法拉利（Keith Ferrazzi）在《無權威領導》（*Leading Without Authority*）中說：「我們透過真正的人與人連結，贏得領導團隊、達成目標和提升隊友（與我們自己）的許可。」[17]

自告奮勇的領導人需要主動站出來指揮全局，但也必須展現謙虛以尋求許可和爭取支持。

如果他們做到這兩件事，其他人將自行選擇是否跟隨。

習慣二：號召其他人

馮登坎普不但擅長掌控全局，她也有能力從容不迫地領導團隊，從發現問題到解決問題。對她來說，那是一套她做過無數次的標準做法，而且沒有例外地讓所有人都成為贏家。

這一切始於她發現一個揮之不去的問題，並且心想「為什麼沒有人想想辦法」的挫折感。她常常得到的結論是：「好吧，如果不是我，那應該是誰？」她分析問題，找到應該負責的部門，打電話要求開會，把問題攤開來，發掘問題根源，然後要求該負責的人解決問題。她做筆記並追蹤，向上級請求必要的支援。這是一個創造行動和責任歸屬的公式。馮登坎普就是這樣在她訂購新電話系統時，發現電線接錯了。

多年來，目標公司的警報系統（用以在萬一發生火災時警告消防當局）都是透過埋在地下的電話線傳送。但在有了高速光纖電纜線後，舊電話線已不再需要——至少在大多數商店如此。決定是否淘汰老式電話需要一個決策樹程序。但這套複雜的新程序意味，按照舊規定仍得訂購舊電話，所以新商店繼續收到兩種類型的電話線。重複購買對一家市值九百二十億美元的公司不是一筆大支出，但也不算是小錢。許多人知道並談論這個問題，但這對財務還不構成威脅，所以被擱在一邊。這種程序牽涉這麼多部門，沒有人知道該由誰來解決問題。馮登坎普自己不負責任何電信科技事務，但她認為應該想辦法解決可以避免的浪費。

馮登坎普蒐集資訊，然後安排一次視訊會議，並在會議前提供重要資訊。當所有人加入會議後，她說明問題並解釋——不加批判地——它是如何被發現的，然後帶領其他人了解決定商店是否需要電話線的決策樹。經過一番討論和說明後，她詢問誰是能執行解決方案的負責人。接著是一陣尷尬的沉默。但現在問題已經清楚，該負責的人終於站出來了。這場會議只花了半小時。在一切透明下，持續幾個月的問題花三十分鐘就解決了。會議後，進展又拖延了一陣子，但在理性的堅持下，這個程序終於獲得修正。

馮登坎普藉由照亮問題來進行領導。她把人帶進來，並給他們機會為事情負責。她的經理人描述這位超級明星是每天照耀四周的太陽，並說：「人們都被她吸引。」你是否創造出讓人們看到問題並採取行動的透明度？你是否為正確的問題帶來光亮？如果你想找到解決方案，就邀請人們加入並照亮問題。

影響力成員不需要權威就能領導，因為他們已經獲得眾人的授權。藉由以有效率、有生產力、積極的方式運用同事的時間，他們贏得人們的讚譽，不但視他們為有能力完成大事的人，也知道他們在過程中會尊重其他人。當他們召集會議時，人們會馬上參加並願意有所貢獻。

當馮登坎普解釋她帶領團隊解決問題的方法時，我很驚訝這些很短、很簡單的會議就能迅速解決問題。跨部門的問題在幾分鐘內就解決了，而不是花上幾個月。其中祕訣不只是辨識真正的問題，還包括讓問題完全透明化，把她的努力放在揭露問題而非替問題開處方。她釐清問題，不是靠過度解說它，而是讓它完全透明，就像廚師靠加熱讓奶油變清澈，去掉較沒有價值的東西，只留下純粹的奶油。當問題的本質一清二楚時，團隊就能輕易形成對問題和潛在解方的共識。在這個過程中，複雜的問題被拆解成小塊，影響力成員展現這種技能的頻率幾乎是同儕的兩倍。[18]

當團隊成員對問題有一致的看法，團隊就能建立一個集體的目標和對應計畫。領導人將繼續引導這個開始成形的努力，確保團隊採取行動，達成暫時的勝利，進而建立持續努力所需的動能。然而一旦其他人已經站出來跟隨，那麼率先站出來的領導人就已扮演完他們最有價值的角色，可以自己選擇退回去並讓其他人領導。

習慣三：退回去

我們研究的影響力成員能像他們站出來掌控大局那樣優雅地退回去。他們是多才多藝的成員，既可領導又能跟隨，把球傳給其他人並分享榮耀。這種彈性的領導方法同樣類似運動隊伍裡的進攻組織者，他們有能力且願意傳球給其他隊員以展開攻擊，正如他們有能力掌控大局那樣。[19]這種分享和輪換領導角色的意願，創造出一種流動的、隨時滿足需要的領導模式，使組織得以快速反應、適應和維持長期的努力方向。

想想動物界兩種大不相同的領導模式：一群雁子和一群獅子。一群遷徙的雁子以明顯的V字隊形飛行，科學家估計可以比單獨一隻雁子在相同時間飛行的距離多七一%。[20]在這個隊形中，雁群前端的雁子劃破空氣，為後面飛行的雁子降低阻力。當領頭的雁子疲倦時，牠會退到隊形的後面，由另一隻雁子輪流帶頭。而且V字隊形的好處是雙向的：後面的雁子在側後方飛，為尾隨雁子的翅膀製造一股升力，進而有助於推進領頭的雁子。與這種高能源效率的領導方式對照的是一群獅子：獅群的領袖是為生存而統治；不過，領頭獅的壽命通常因為爭奪控制權而縮短。這種領導模式可能適合大草原，但在靈活和耐力當道的工作環境可能很快滅絕。

■創造英雄

雖然佛基在目標公司顧客退貨流程的大幅改善上居功厥偉，但他不是這齣大戲唯一的明星。當最初的十五人完成設立一個跨部門資深經理人團隊後，佛基把棒子交給大衛（Dave），也就是未來將直接向佛基報告的新團隊的成員之一。他告訴大衛：「在沒有人領導的時候，我要你出來領導。但如果有別人願意出來負責，那就支持他們。」剛開始由大衛指揮大局，但另外三位資深經理人——凱莉、凱特琳和美莉莎——在初期也扮演重要角色。他們變成願意改變工作方法以創造新契機的榜樣，而且是企業內部跨部門團隊發揮力量的最早例證之一。

佛基承認：「功勞應該歸於跨部門團隊。他們展開創意思考，最後想出解決方法。」他的經理人卡西說：「他激勵出人們最好的一面，並運用團隊每個人的專長。」她說，人們喜歡與他共事，因為他是「有話直說先生」——不搞政治，不耍手段。當出差錯時，他不怪罪別人，而且他不尋求誇獎。人們知道在與他共事時會有機會貢獻，並獲得應得的功勞。

影響力成員不只是英雄；他們也是英雄創造者。他們把其他人推上舞台，並帶領團隊以創造許多贏家和潛在領導人。而當整個團隊光芒四射時，團隊領導人也臉上有光。

■轉移領導權

二十世紀初的管理哲學家傅麗特（Mary Parker Follett）說：「領導的定義不是權力的執行，而是增進被領導者力量的能力。領導人最根本的工作是創造更多領導人。」[21]當你運用你的影響力發起一項倡議，而且你的努力已達到逃逸速度（**譯註：指物體擺脫重力所需的速率**），那就是讓其他人發號施令的時候。但你如何才能有信心地放掉你掌控的工作？目標公司的佛基承認，在新顧客退貨流程開始推行和投入如此多心力後，要交還這個小寶寶實在捨不得。不過他知道接手這項計畫的是優秀的同事，而且他從未想過留在這個角色，所以感覺好過些。他苦笑道：「我有好多工作等著我做，要負責的事已經夠多。」

過去十年來我的研究顯示，當人們有自主權，意即他們被賦予隨職務而來的真正責任時，他們就會有最好的表現。一個優秀的領導人讓其他人承擔責任，轉移權力給他們。這種轉移需要明確的責任授予，類似於房屋出售後，財產所有權從一位擁有者轉移給其他人。新擁有者要等前一個財產擁有者放棄所有權後才能成為主人。想像你在搬進一棟新房子時，舊屋主告訴你該怎麼安排你的家具是什麼情景。

也許你還掌控著你需要轉移給新領導人的職權。你是否在某些工作已經貢獻了你作為領導人的價值？在你做好哪些事後，會退回去讓別人領導？

■追隨其他人

最優秀的領導人願意領導，但他們是流動的領導者，視情況需要而站出來和退回去。那是一種與追逐領導角色的人截然不同的心態——那種抱著攀爬職階的心態，把坐上領導職位、變成上司當成畢生追求的那種人。不足為奇的是，人們抗拒與後面這種領導人共事，而且充斥這種心態的組織將發展出反應遲鈍、效率不彰的階層架構。

不過，當心另一個極端：只想扮演追隨者也會帶你走上相同的道路。在下一節中，我們將思考兩種阻礙我們貢獻出最大潛力的假餌。

假餌和干擾

影響力成員主動出擊並指導其他人做出貢獻，而那些抱著一般貢獻者心態工作的人等候指示。經理人經常描述後者團隊成員為聰明、能幹但是被動，像旁觀者般觀看情況是否明朗化，或等候別人出來掌控情況。有太多經理人形容「只管告訴我該做什麼，我就做什麼」就是這類團隊成員的風格。這是一種尊敬權威並假設其他人會領導的工作方法——一種旁觀者心態。這種心態就像美國南方人常說的「我不是管事的人」，其實就是在說「他們做的方法不對」。這是事不關己的好藉口，因為如果你不是管事的人，問題不該由你來解決。

就最無害的情況下，一般貢獻者心態會讓專業工作者袖手旁觀，看著並等待其他人邀請他們加入解決問題。這種旁觀者心態往往製造被動性，長期下來可能耗損主動性，並製造一種庸才文化。等待和順從權威的傾向，帶領我們到另一個誤導許多渴望領導之人的假餌。

被邀請才加入

有能力的人經常為了表現高貴而錯失機會，因為他們等待上級的冊封。也許他們是被教導要尊重權威，或者認為未被邀請就參加派對是沒禮貌。也或者他們不願表現得愛指揮別人。但當我們羞怯地等待邀請時，我們可能錯過派對以及貢獻和領導的機會。我們也讓組織困在職階系統中。雖然我們可能仍被視為優秀的追隨者，但不會被視為領導職位的人選。

想想維護專案經理人朵娜（Donna）[22]的例子，她的績效良好，喜歡自己的工作，並與同事關係良好。她也數度告訴她的經理人，她希望被指派更多職責，並獲得肯定和升遷。但她等待經理人指派工作。她的經理人說：「我撒下種籽，並讓她知道我們可能需要改善運送的程序，但她沒有主動擔起責任。」朵娜似乎等著上司更新她的每季目標，或向團隊宣布指示。這位深感挫折的經理人繼續說：「我為她開了門，但她必須自己走進去。」即使這位上司願意誘導她，朵娜也會在下一個職階面對相同的情況。雖然更高的職階可能給她更有權力的職銜，但若要帶來改變，她仍需要說服別人讓她參與未被邀請參與的事。

團隊成員人人平等

雖然有些專業工作者困在老派領導的模式，另一些人則是太快順應還在實驗中的新模式。這種新模式認為創新和靈活是自由流動的協作的副產品，但實際上只說對了一半。堅持團隊成員的平等是另一個牽涉協作任務重疊的假餌。

跨職能的自治團隊在夥伴和共識的基礎上運作，它已變成愈來愈受歡迎的培養靈活和創新的方法。雖然這類團隊無疑地可以提升創造力和溝通，但當同儕協作變成實際上的工作方式——尤其是被非正式地使用且沒有明確的參與規範——會發生什麼情況？當所有團隊成員都能自己做決定時會出什麼差錯？平等主義的團隊在開圓桌會議時可以運作良好，但當該由誰來安排下次會議或連絡其他部門不明確時，這種運作很可能分崩離析。

分散的領導權可能稀釋協作的力量。當所有人共同擁有權力時，混亂將接踵而至，就像雙打網球的兩個同隊球員同時喊「我接！」卻沒有人揮球拍，因為兩人都以為對方會接球。雖然我們認為無人領導的情況會陷於脫序狀態（類似《蒼蠅王》的一幕），實際上它比較可能造成無人行動。事實是，當每個人都負責時，沒有人真正會負責。或者，正如我在我家裡說的，當每個人都負責餵貓時，貓就會挨餓。

協作和明確的領導權並非不相容。兩者可以兼具，而且是明智之舉。當心每個人都能作主的團隊。相反地，應該建構一個人人都能貢獻且有機會在某個時候領導部分工作、但同一時間只有一個領導人的協作方式。

倍增你的影響力

當角色不明確時，人們往往被困住。當人們等待迷霧消散、高層的意向顯露時，組織將陷於停滯。不過，只要有一個人願意站出來領導，角色將不再那麼重要；事實上，角色將顯得不必要。當個人自願站出來領導，表示情況已有進步，即使由誰掌控大局和需要做什麼仍然不明確。每一次成功都會使組織文化變得更大膽，人們將學會積極主動和不害怕領導。當組織裡有了進攻組織者，它就需要更少的正式經理人。

貝蒂・威廉斯在一九七六年八月十日做的決定改變了歷史軌道，並幫助結束了貝爾法斯特的暴力衝突。她挺身領導的意願，帶她走上後續三十年領導和倡議的道路。二〇〇八年六月，威廉斯回憶說：「在第一線三十年的經驗讓我深信一件事：答案不會由上而下，這是無庸置疑的事實。政府不知道答案。恰恰相反，許多時

建立價值：站出來，然後退回去

不管領導或追隨，影響力成員都能輕鬆勝任，並被視為有影響力的領導人和被信任的團隊成員。

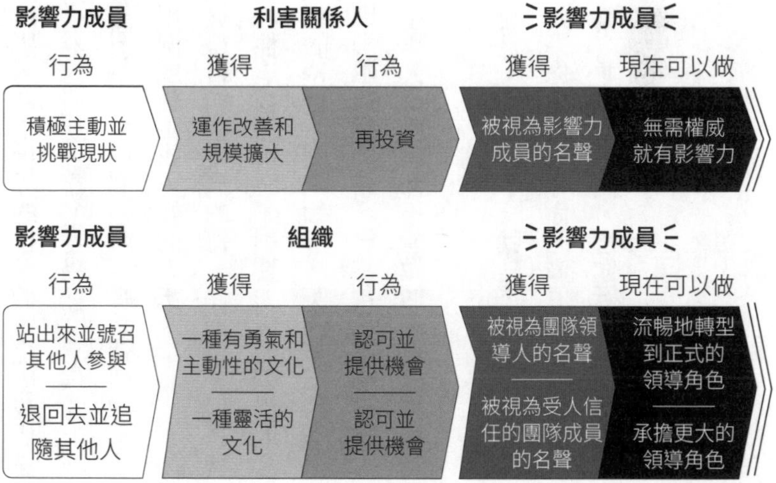

影響力成員	利害關係人		影響力成員	
行為	獲得	行為	獲得	現在可以做
積極主動並挑戰現狀	運作改善和規模擴大	再投資	被視為影響力成員的名聲	無需權威就有影響力

影響力成員	組織		影響力成員	
行為	獲得	行為	獲得	現在可以做
站出來並號召其他人參與	一種有勇氣和主動性的文化	認可並提供機會	被視為團隊領導人的名聲	流暢地轉型到正式的領導角色
退回去並追隨其他人	一種靈活的文化	認可並提供機會	被視為受人信任的團隊成員的名聲	承擔更大的領導角色

候他們不僅沒有答案，甚至本身就是問題。如果我們許諾要幫助全世界的孩子們，那麼我們必須由下而上地創造解決方案。」[23]她決定為世界盡一己之力，而非默默忍受世界的現況。

威廉斯的貢獻確實出類拔萃，但我們不都會碰到需要有人解決的問題、應該彌補的不公義、必須整頓的積弊嗎？碰到這些情況時，我們是安於現況或設法找更好的方法？

影響力成員不會安於現況，而且不會等待。他們不見得會糾正碰到的每一件錯事，但在發現錯誤時會尋找改善的方法，無需別人邀請或強迫。在其他人找藉口時，影響力成員則採取行動和改善情況。這種心態的實踐者不會等待他們坐上領導的位置才開始領導。美國軍事將領巴頓（George Patton）曾說：「領導我，或者追隨我，否則別阻擋我的路。」當角色不明確時，你會領導或者追隨？能領導又能追隨的人可能是明日的領導人；兩者都不能做的人可能被推到路旁涼快去。

每個偉大的領導人都能想起他們曾在某個關鍵時刻認定：「夠好了」就是不夠好，並且做出挺身領導的選擇。所有階層的頂尖貢獻者也是如此。如果你想最大化你的價值，那就尋找未引起注意的長期問題，採取解決它們的行動。尋找領導真空並填補它們。當你挺身而出時，你將贏得尊敬、影響力和更大的領導機會。所以，開始行動吧。

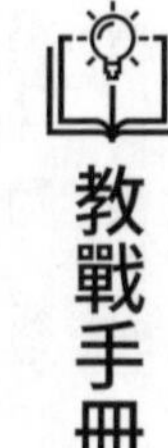

教戰手冊

這篇教戰手冊包含給渴望領導之人的祕訣，以供他們練習和強化「站出來，然後退回去」所需的心態和習慣。

聰明玩法

1. **傾聽白噪音。**傾聽周邊問題——低度、長期存在的問題，只要一點領導和關注就能讓組織獲得明顯的改善。有哪些每個人都抱怨，卻沒有人採取任何對策的事？有哪些環節似乎效率不彰且重複發生，而且長期累積下來造成巨大的浪費？哪些問題是員工已變得麻木，但對新顧客或新員工來說可能明顯到不可思議？仔細評估，創造透明度，並建立臨時團隊，以便一次解決問題並長期地享受益處。

2. **填補真空。**尋找缺乏明確領導角色的情況。別等待轉變的時刻或改變歷史方向的機會；要在日常中時刻提供領導，包括以下兩種司空見慣的領導真空：

- **不明確的會議。**據估計有六三%的會議沒有計畫好的議程。[24] 你可以藉由建議與會者找出會議想得出什麼結果的共識，來提供大家迫切需要的明確方向。你可以藉著提問這樣的問題來達成這個目的：「我們在這次會議要達成的最重要事情是什麼？」

- **無名英雄。**大多數員工表示需要獲得上司、同儕和顧客的肯定；不過，根據 Glassdoor 網站的調查，只有三分之二的員工認為他們的上司充分展現對他們的賞識。[25] 你可以藉由說出你對同事或協作者貢獻的肯定來填補這個領導真空，特別是在幕後工作的人。表揚別人的貢獻讓他們獲得應得的功勞，並創造你的無職權領導所需的信任。

3. 邀請你自己參加派對。要想站出來領導，有時候你必須邀請自己到事情正在發生的地方。但不要像沒有事先通知就闖入的怪人，占著座位卻沒有貢獻，或挾持議程。你應該讓會議主持人知道你為何想被納入與會名單，和你能提供的價值。一旦參與會議，要對目前的議程做出有意義的貢獻，如果能做到這一點，你可以確定下次將會獲得邀請。最後，如果你準備未受邀請就出席，要確定會場至少有一位強力、有信譽的支持者。

4. 扮演領導人的角色。要變成領導人有一個簡單的方法：現在就開始像領導人那樣行事。正如《哈佛商業評論》（*Harvard Business Review*）的嘉洛（Amy Gallo）寫道：「如果你想變成一個領導人，別等待漂亮的職銜或角落辦公室。你可以在獲得升遷前就開始像領導人那樣行動、思考和溝通。」[26] 當你扮演好領導人的角色，展現領導所需要的性格和態度，就能增加日後被選為該角色的機會。模仿你所見那些比你高一、兩階的主管示範的正向領導特質。

可從下列挑一個領導特質，開始練習它：(1)你上司的最佳領導特質（例如提出好問題）；(2)某個最近升遷到經理人的成員展現的正面特質（例如創新思考）；(3)組織表彰的領導或文化價值之一（例如協作）。

5. 傳遞棒子。要想建立你的領導信譽，你可以試著向同事證明你可以追隨，也可以領導。也許你已經佔著一個領導角色太久，應該交棒給一個新領導人。有沒有一項你已經成功領導的新專案或計畫將可從「後起之秀」或「新觀點」獲益？有沒有一位同事或團隊成員能夠站出來，領導下一個階段的工作？在你交棒時，別只是交接工作，還要轉移權威。要進一步讓團隊其他人知道這個人（而不是你）將是負責人。最後，迅速找機會公開支持他的領導。

安全祕訣

1. 分享三樣東西。為了避免無意間得罪人，讓你的同儕和同事知道，雖然你站出來領導，但你抱著善意而來。藉由分享三項必要的東西來建立信任：(1)分享你的意圖：讓人們知道你想達成什麼，和它將如何使其他人受益；(2)分享權力：為其他人創造領導一部分工作的機會，或讓他們知道領導角色將輪換；(3)分享聚光燈：讓你領導的人成為英雄。當其他人也能成為贏家，他們就會願意追隨。

2. 做好基本功。雖然你可能不會等管理階層批准才掌握大局，但你確實需要讓你的經理人了解情況。在著手你自行決定的計畫前，要讓上司知道你已處理好你的核心工作。定期與他們回報以便他們知道你在做什麼，和掌握進度。另外，「邀請你自己加入」不表示你應該讓你的出現驚嚇到會議領導人；相反地，先告知他們並表示你的出席可能對會議結果有益。

3. 選擇你的戰場。站出來領導時，避免過度投入。和社區志願服務一樣，過度熱情可能稀釋個人的影響力，並導致耗竭和幻滅。有選擇地承擔責任，保留你的力氣，以便投入情勢和組織站在你這邊的戰役。當你明智地選擇你的使命時，你將被視為領導人，而非一個煽動者。

給經理人的指導祕訣：你可以在第八章末「教練的教戰手冊」找到協助團隊成員站出來和退回去的指導方法。

SUMMARY

第3章 摘要

站出來，退回去

本章描述影響力成員如何處理不明確的角色，和為什麼他們可以輕易進入和退出領導角色、分享權力和創造一種隨時滿足需要的領導模式。

	一般貢獻者心態	影響力成員心態
工作方法	等待指示	站出來，然後退回去
假設	有其他人負責（旁觀者）	我不需要授權就可以負責（管家） 我可以改善這種情況（主動） 我不需要有職銜就可以負責（非正式）
習慣	聽從領導人 跟隨指示 必要時加入協作	站出來 號召其他人 退回去
結果	個人錯過解決重要問題的機會，因為他們等待上級的指示。組織困在現況中。	個人變成進攻組織者，因為他們看到機會，指揮自己與他人進入位置以便得分。沒有正式權力卻願意領導，創造一種有勇氣、主動和靈活的文化。
要避開的假餌：（1）被邀請才加入（2）團隊成員人人平等		

意料之外的障礙

領導人怎麼說……

一般貢獻者	影響力成員
「他會付出合理的努力，但如果我不督促他，工作可能無法完成。」	「他更常提醒我截止期限，而不是我提醒他。」
「如果遇到爭論或挑戰，事情無法繼續推動。最後上報給我，我必須介入，克服問題直到完成工作。」	「在問題還沒有變大前，她就知道問題出在哪裡，並解決它們。她不依賴別人解決她的問題。」
「他期望事情進展順利，如果不順利就會感到氣餒。」	「他會在遇到路障時想出方法繞過它，然後繼續進前，不會感到氣餒而放慢速度。」
「她在會議上講對了一些事，但缺乏執行力。」	「即便沒有獎賞，她仍然盡責到底。」

第4章 堅持到底

我體認到取得進展的道路既不迅速，也不容易。

——居禮夫人（Marie Curie）

▼

我居住的城鎮以「大賽」（Big Game）聞名——隔著舊金山灣相望的史丹佛大學與加州大學柏克萊分校的美式足球隊每年進行的比賽。這是一項有一百二十九年傳統的球賽，贏球的學校可以擁有珍貴的史丹佛斧頭獎杯（Stanford Axe trophy）。兩所學校都志在必得，情緒高漲。

第八十五屆大賽在一九八二年十一月二十日舉行，地點是柏克萊山的加州紀念運動場。柏克萊大學的加州金熊隊在第四節快結束時以十九比十七分領先。比賽剩下八秒鐘時，史丹佛大學隊靠射門獲得三分，反過來以一分領先金熊隊。

現在時間只剩四秒，史丹佛開出一個近距離的低球，被金熊隊的莫恩（Kevin Moen）在近四十五碼線拿到。如果要贏，他必須抱球衝刺四十五碼。莫恩開始向前跑，但遭到史丹佛隊的阻擋。莫恩把球往後傳給隊友羅傑斯（Richard Rodgers），羅傑斯往前一碼遭到阻擋，再把球傳給第三個隊員賈納（Dwight Garner）。賈納前進了幾碼，但很快被一群史丹佛隊員擒倒。

史丹佛隊球迷爆出一陣歡呼，喧鬧的史丹佛樂隊衝進球場，跑向終點區域去慶祝贏得大賽。比賽肯定已結束了，至少觀眾認為如此。但賈納還沒著地就把球側傳給羅傑斯。羅傑斯邊跑邊接到球後，往前衝刺二十碼，在被擒倒前再把球傳給在三十碼線的莫恩。莫恩繼續奔跑。他們五次往後傳球躲開史丹佛隊的防衛，但莫恩現在面對著意料之外的對手——衝進球場慶祝勝利的一大群樂隊成員、啦啦隊員和史丹佛斧頭獎杯委員會的委員。莫恩閃過一個個忘情的樂隊隊員，越過球門線，在達陣得分時撞上站在終點區域一名驚訝的伸縮號手。[1] 比賽以二十五分比二十分結束，金熊隊奪下史丹佛斧頭獎杯。

比賽的最終時刻變成了傳奇，成為運動史上最偉大的結局之一，被稱呼為「那次進攻」（The Play）。史丹佛大學仍然宣稱金熊隊的一名球員在達陣得分前已經觸地。當然金熊隊有不同的看法。從球賽影片無法做出結論，但有一件事很明確：當樂隊在最後幾秒鐘衝進球場時，比賽還沒結束，金熊隊繼續進攻並且得勝。

許多專業工作者在職場上表現良好，他們採取行動並努力工作，但往往在工作完成前就開始懈怠。如果我們在還沒達到球門線前就停住腳步或過早慶祝，卻發現我們以為達成的事並未達成呢？最有影響力的專業工作者——和整個團隊——能發揮最大的效力是因為他們完成了工作，而且比其他人更堅持不懈。

本章將探討最傑出的影響力成員如何因應困境和意料之外的障礙，即使工作面臨困難仍然堅持完成工作。在上一章，我們討論如何承擔責任、開始推動工作；本章將討論如何掌控大局並推動工作達到終點線。

我們將檢視影響力成員確保卓越績效的第一個元素：頂尖貢獻者如何交付可預測性和超乎預期的績效，以及為什麼他們會被託付高能見度和高風險的專案。

本章不鼓勵過度投入或努力到耗竭的程度，而是要倡導一種使你可以達成任務，同時能保持身心平衡的方法。隨著深入內容，你將學會如何召喚救援而無需放棄權責，如何移動重心而不驚慌，以及如何協商而非一味堅持。不管你是正要跨過球門線或只是劃掉工作清單的項目，你將學會堅持到底——不氣餒，而且在過程中因為克服預料之外的挑戰而變得更加壯大。

選擇題：發出警報或釐清情況？

每一家企業都會面臨阻礙，每一個組織也都會遭遇挫折；它們是工作和生活的一部分。有些是可預見的挑戰，例如加州的地震和中西部的龍捲風，都可以預做準備以便因應。還有些幾乎不可能預見的問題，你沒看到它們即將發生，它們也許未顯示在雷達上或就是無預警突然發生。有一些挑戰是前所未見的，例如二〇二〇到二一年的全球新冠病毒疫情，世界各國的企業與學校紛紛關閉。它們是美國前國防部長倫斯斐（Donald Rumsfeld）形容的「未知的未知」。當然，它們是最難管理的，因為它們無法輕易被預測。

美國太空總署（NASA）的阿波羅計畫充滿各式各樣未知的障礙。NASA的工程師在當時不知道月球土壤的情況，但他們知道自己的無知——所以它是已知的未知。由於知道自己的無知，他們就會建造一輛可以適應各種可能性的登月車。[2]但也有未知的未知，例如阿波羅十二號太空船遭到閃電擊中——一個事先從未考慮過的事件。[3]正如一位NASA官員的解釋：「我們無法要求計畫經理人預測到太空船會被閃電擊中。但另一方面，要求計畫經理人應該預測到任何重大計畫都會發生類似閃電擊中的意外事件，也並非不合理。」[4]

雖然未知的未知無法以明確、可靠的方法來預測，但它們可以被籠統地預測，並加以因應。雖然所有人都得因應控制範圍之外的問題，但有些人會擔起解決問題的責任，有些人則選擇把問題往上推給似乎更有權力的上級。以下是一個NASA經理人眼中的例子。

一位NASA工程經理人表示，「萬先生」（Ed）是他團隊中一位工程師（取這個假名是因為他認為這位工程師是標準的「萬人迷」〔Eddie〕類型）。這位經理人說，萬先生準時上班、做他的工作、做被要求的工作，並在被要求報告最新進展時忠實地報告進度。

萬先生通常會準時完成工作，而且表現不錯，但當他的同事檢視工作成果時，總會發現還有更多補強工作要做。和任何複雜的專案一樣，總是會出現無法預料的整合問題，或需要修正的瑕疵。當被要求做更多時，萬先生會告訴同事他已經在進行另一個專案。他傳達的訊息基本上是「我得走了，我有新的工作要做。祝你好運。再見。」他的團隊得自己修補問題，完成他的工作，以免耽誤整個任務。

萬先生努力工作，而且似乎很投入，但當任務變複雜時，他把問題推給上司去解決，並且常常說：「這已經超過我的薪級了。」他就像那種網球雙打同伴，只接容易接的球，但在難接的球飛來時高喊「你的」！

當萬先生與其他工程師協作團隊專案時，他會說類似這樣的話：「你做太多了，沒有必要做那麼完美。做完就好，別瞻前顧後了。」就好像經常有人說的：「對政府工作來說已經夠好了。」更明白地說，萬先生的工作最後總是能做完，而且符合任務的要求，但萬先生並不是帶它跑到終點線的人。

我們聽到其他類似的貢獻者故事：「她比團隊其他人更容易出差錯」或「他經常卡住，沒有人指點就不確定如何繼續進行」。這些描述讓我想起我的幾個孩子第一次聽到該如何做家庭作業的反應：他們採取行動並努力去做，但一碰到困難就告訴我，他們無法完成作業；或者他們會分心和去做其他較容易的事。

抱著一般貢獻者心態的專業工作者會採取行動，但在遭遇障礙時會向上級報告問題而非承擔責任，更糟的是他們會分心和氣餒，甚至完全停頓。他們學會避開困難的專案，留給有更高職權的人去做。

對照之下，影響力成員會確保真正達成工作，克服未預見的阻礙和困難。

康乃爾大學的大學部學生史奎爾斯（Steve Squyres）走進一個掛滿火星照片的房間。當時是一九七七年，那些照片是NASA的新維京號軌道飛行器剛傳來的。很少人看過這些照片，能看懂它們的人還更少，史奎爾斯當然也看不懂。儘管如此，它們仍讓他驚嘆不已。他寫道：「我離開那個房間時已經很清楚我這輩子要做什麼了。」[5]

二十年後，史奎爾斯已經是康乃爾的天文學教授，NASA的火星探測計畫已從基本的拍照進展到深入的地質探測，而且NASA正在向科學界徵求任務計畫的提議。史奎爾斯聚集一群頂尖科學家和工程師以設計一輛火星探測車。經過十年的提案失敗後，他們的計畫終於獲得核准。團隊大感振奮，但興奮之情很快隨著他們開始處理一系列艱鉅的挑戰而變成驚慌。

這是一個在艱困中誕生的計畫。首先，他們將需要打造兩輛探測車，以確保至少有一輛可以安然度過前往火星的旅程，並在火星上運作。探測車將必須維持運作九十個太陽日（九十三個地球日）。他們原本的計畫是至少有四十八個月的時間來打造兩輛探測車，但由於提案批准過程的耽擱，他們將只有三十四個月。更重要的是宇宙對他們的時間施加的限制：他們必須在地球與火星排列位置有利的特定窗口期發射升空。而這還只是他們所知的挑戰之一。

每一輛探測車的使用壽命取決於它有多少太陽能面板。太陽能面板是串接組成的，它們必須安裝在探測車上，而探測車必須放進既有的登陸器上。

第一個令人不安的訊息是史奎爾斯接到計畫科學家寄來的電子郵件，標題是「壞消息」。質量限制（mass limitations）意味他們只能安裝二十七串太陽能面板在探測車上，但要確保使用九十個太陽日至少需要三十串面板。「我感到一陣絕望，」史奎爾斯寫道：「但我突然想到這個『壞消息』可能實際上是我幾個月來得到的最好消息。」[6]由於不能使用三十串，他們被迫重新設計登陸器。這代表他們在原已受限的時間內需要額外做許多工作，但也意味他們不再需要犧牲功能性和探測能力以繼續使用舊登陸器設計。重新設計登陸器反而讓他們可以為探測車打造適合的登陸器——而這讓他們得以打造一輛更好的探測車。團隊加緊設計新登陸器，同時領導人也急忙取得預算。

這個團隊解開一個又一個的難題以完成兩輛探測車，最後分別命名為機會號（*Opportunity*）和精神號（*Spirit*）。副專案經理人卓史波（Jennifer Trosper）被指派領導系統工程建構，她回憶那是一次全體總動員的經驗：「硬體和軟體以每週七天、每天二十四時、分三班各八小時輪值的方式進行測試。」[7]

精神號成功發射了，但機會號發射時，正如NASA發射經理人貝茲（Omar Baez）開玩笑地說：「每一種可能出的差錯都發生了。」發射日期已延後兩次，他們四年一次的窗口期很快將關閉。在發射升空倒數只剩七秒鐘時，發射團隊宣布中止。監看太空船的人發現一個閥門有問題。發射團隊原本可以兩手一攤，說太空船還沒準備好。但他們很快修好閥門並重新設定在四分鐘後發射。結果發射成功了。[8]

從機會號著陸那天後，一個由地球上的任務工程師、探測車駕駛員和科學家組成的團隊，協調合作克服了種種困難，讓探測車走遍一個又一個的火星地質調查地點。[9]在其後的數年間，機會號曾經因為一個加熱器故障而差點喪失動力、挺過一場長達兩個月的沙塵暴、二五六百萬位元組快閃記憶體失去功用等等。每次遇到阻礙時，機會號的團隊都能找到並執行解決方案，使探測恢復運作。[10]

在接下來的十四年間，兩輛探測車傳送數十萬張壯觀的高解析全彩火星地形影像，以及精細的岩石和土壤顯微影像回地球。[11]最後一場大規模的沙塵暴讓這兩輛堅固的探測車終於壽終正寢。原本設計可以維持九十個火星日和行駛一千公尺的精神號和機會號，大幅度超越了對它們的耐用程度、科學價值和使用壽命的所有預期。《國家地理雜誌》形容它「中了科學頭彩」。[12]除了超過它的使用壽命六倍外，機會號探測車到達它在火星的安息地點時，已經行駛超過二十八英哩（約四十五公里）——而這個地點取了恰如其分的名字：毅力谷（Perseverance Valley）。

兩輛探測車能在火星堅持這麼久，是因為史奎爾斯和團隊在地球上也是一樣堅持不懈：順應不熟悉的地形和克服每一個新障礙。卓史波回憶道：「我們努力工作，我們設計正確，我們做好調查和工程工作，而且我們堅持不懈地做這些事。」[13]

心理素質

肩負任務的情報員是許多犯罪驚悚動作電影的主題。不管是《〇〇七》的詹姆士．龐德或《復仇者聯盟》的黑寡婦，劇中角色皆以智巧和沉著的心，克服危險阻礙，並打敗惡毒的壞人。這些情報員知道自己肩負任務、有著強悍和堅忍的心理特質，而且最後他們總是能完成工作。

我們所研究的影響力成員血液中有著無敵情報員的特質——就像在NASA被同事稱為

「任務屠宰者瑪麗」（Mary the Mission Slayer）的瑪麗（Mary），她總是堅持不懈地想解決危及團隊任務的問題。他們發展出超凡的心智能力以抵抗阻力，並克服每日遭遇的問題和挑戰。他們圓滿達成任務——安度難關、打敗壞人。就像電影裡的主角，他們不需要有人隨時指導就能完成任務，只在必要時尋求來自上級的支持。

這種看待工作的態度和堅持不懈的特質，就是我所稱的「完成基因」（completion gene）。它是專心一志的堅持、把事情做好的精神，可以在勇於負責及無需提醒就能完成任務的人身上看到。未解決的問題和未達成的目標讓他們渾身不舒服。雖然其他人對克服阻礙可能感到困難，但對有完成基因的人來說不做完更痛苦。所以他們總是設法把工作完成。

完成工作的傾向意味具備韌性（從困難迅速恢復的能力）和堅持到底（持續追求成就）。

有韌性的人不容易陷於困境；他們會從挫折反彈。他們的根本信念是「我可以克服逆境」，挑戰被視為培養力量所需的阻力和證明自己的機會。在這種心智模式下，失敗被視為暫時的挫折而非最終的結果。在二〇一三年《哈佛商業評論》的一篇文章中，肯特（Rosabeth Moss Kanter）寫道：「贏家和輸家的差別在於他們如何處理失敗……沒有人能完全避開問題，而且處處都有潛在的陷阱，所以真正的技能是爬出坑洞和反彈的韌性。」她下結論說：「當意外變成新常態時，韌性就是新技能。」[14]

韌性讓我們能夠反彈、恢復力量，並透過克服困難獲得成長帶來的更大力量。堅持不懈讓我們保持向前進，儘管路上有挫折，而且沒人鼓勵你。韌性從一個簡單但力量強大的信念出發：我可以把這件事做好。研究「堅持不懈」的權威學者賓州大學教授達克沃斯（Angela Duckworth）指出：「堅持不懈的學生較可能獲得學位；堅持不懈的老師在課堂上教學效果較好。堅持不懈的士兵較可能完成他們的訓練，而堅持不懈的銷售員較可能保住他們的工作。在愈有挑戰性的領域，堅持不懈似乎就愈重要。」[15]

Google 媒體實驗室（Media Lab）計畫經理人費奧娜·蘇（Fiona Su）就是體現這種勇敢韌性的例子。據她的經理人，北美媒體部主管圖奇登哈根（John Tuchtenhagen）描述，她是那種勇於承擔責任的人，知道如何推動工作，並創造出至少相當於兩個人的成果。圖奇登哈根解釋為什麼蘇能在其他人一籌莫展時獲得支持，讓專案繼續進展：「費奧娜的工作信念是所有問題都能解決，只要你繼續推動它、繼續嘗試。」對蘇來說，「不能」是不明確的字詞，其中有許多可以想辦法的空間。她解釋說：「當我被告知『不能』時，我的反應不是反擊，我會問他們為什麼說不能。然後我從『不能』開始尋找前進的路徑。」

一旦結合反彈的能力和堅毅的勇氣，就能發展出「我能克服」的信念。這種信念促使他們承擔個人責任而非把問題推給上級，而這表示別人會給他們更大的自由，去以非正統的方法處理問題。

高影響力習慣

為什麼這些有韌性、堅持不懈的貢獻者對團隊如此有價值？首先，當我們詢問一百七十位經理人最讓他們感到挫折的是什麼時，前十個最常見的回答中有三個都牽涉到沒有完成工作。經理人最常表達的挫折感是，部屬不先嘗試尋找解決方法就把問題交還給他們，這種員工「不設法解決問題，而是像貓那樣，把死老鼠丟在你的前門」。第三個挫折感是必須不斷盯著員工，提醒那些他們承諾要做的事，導致經理人不得不嘮叨或訴諸微管理（**譯註：一種事必躬親的管理方式**）。另一個挫折感是擔心在木已成舟的最後一刻，員工突然向他們報告壞消息。這就是那種會讓經理人很難看的驚奇派對，像是你的貓在派對賓客抵達時，把一隻老鼠丟在門廊上。

在領導人和利害關係人間建立信譽	
信譽殺手	上報問題而非提供解決方案 讓經理人緊盯著你並提醒你 給你的經理人措手不及的壞消息
信譽建立者	預期問題並擬定一套計畫 做更多一點 自己想辦法 不用別人提醒就完成工作 抓住重點並清楚表達

參考附錄 A 以了解全部排名。

呈鮮明對照的是，影響力成員提供低維護成本、高當責性的方案：他們承擔責任、預期問題並克服它們，盡全力完成整個工作。他們可以堅持到底，因為他們預期難關並擬定一套計畫（這一項在信譽建立者的優點排名為第二，見附錄A）。

習慣一：完成整件工作

華希內（Parth Vaishnav）是顧客關係管理巨擘 Salesforce 公司的首席軟體工程師，而該公司向來有致力協助顧客成功的信譽。華希內是公認的優秀程式設計師，對如何展開工作抱持一種天生的好奇心，且勇於克服所遭遇的技術挑戰——他是那種會奮勇投入困難並找出解決方案的人。

當時是每四個月一輪的產品推出循環尾聲，公司各部門的團隊已開發出他們產品的最新版本，增添了新功能並提升了性能。升級版的產品已包裝好，並同時發送給全球十五萬家 Salesforce 的顧客。但有件事不對勁。華希內接到一位同事的緊急電話：上市正如火如荼進行，但奇怪的是顧客看不到新的產品功能。團隊面對了挑戰，問華希內能不能幫忙。華希內回答：「我會搞定它。」

他開始調查和發現問題：新上市版本的一項產品客製化破壞了產品架構的一小片（一段沒有人負責、但整個產品部門都在使用的舊程序編碼），而整套產品都得依賴它。這表示所有產品的每一個新功能和改良——花了十萬個工時的設計——都無法運作。你可以想像公司內部所有人有多挫折。

華希內進一步挖掘，確認根本的問題，並設計出修正程式——但他還不罷休。幾年前，華希內曾接到一些嚴厲的回饋意見，因為他獨斷的行動幾乎破壞了一套系統，所以他現在知道不能自顧自地執行自己的修正程式。他必須確保自己先了解整個大局，並獲得各產品部門的支持，因為它們將受到他的修正程式影響。他很快召集一個軟體架構師會議，解釋問題所在，並針對解決方案建立共識。

受阻的功能恢復了，但華希內的任務還沒結束。他又投入了一週，檢查所有關聯的系統以確保沒有副作用，並與其他產品部門合作，以確定一套改進的工作流程。最後，他找到一個部門持續負責這個架構，永久地解決了問題。

再一次地，我們看到一個影響力成員不但做他的工作，而且做需要做的事，在複雜組織的縫隙間工作。此外，我們也看到一個人不只把一件事做好，還把整件事做好，不但越過終點線，而且又跑了一百碼，以確保比賽已經獲勝，任務已經完成。一路到底，而且超越。

■我會搞定它

最有影響力的成員傾向於堅持解決問題。一位 Adobe 經理人描述她的團隊成員之一就是如此：「她相當堅持。問題愈困難，她就愈堅持。智性的挑戰驅動著她。」另一位經理人形容：「他不會挑輕鬆的路走，或輕易放棄。他設想如何跨越障礙，並以有創意的方法解決問題。」由於這類成員堅持更久，他們在不明朗的情況下仍能有所進展（影響力成員和一般貢獻者間最常見的差異行為第八名）。即使沒有人看著他們，他們也不抄捷徑。

史丹佛醫療中心前語言病理學家兼吞嚥專科醫師迪恩（Sandra Deane）知道，如果在病患出院或節食之前進行儀器吞嚥檢查（內視鏡吞嚥檢查，FEES），可以獲得更好的結果。這對語言病理學家、護士和醫師的工作帶來重大的改變。迪恩要求她屬下的每一位語言病理學家接受執行檢查的訓練。她協同其他人舉辦一個兩天的FEES課程，其中包括使用史丹佛醫學院的模擬實驗室，使學員可以在「真實」的環境下練習。為了確保病患被妥善地轉介，她教導護士該怎麼做。剛開始有些人抗拒，但她親臨護理現場，參加護理會議，並一對一指導護士的工作。當醫師剛開始不太願意預約檢查時，她向他們解釋結果會更好，也說服了他們。她的遠見和堅持不懈使得史丹佛不但繼續進行這項計畫，而且開始加入與FEES程序有關的臨床實驗。她的經理人說：「她堅定不移，贏得人們的支持。大家真的欽佩她。」

■一定會完成

頂尖的貢獻者以完美收尾著稱，但真正讓他們與眾不同的是，他們不需要別人提醒；他們管理和監督自己。正如一位 LinkedIn 公司經理人所說：「對塔拉（Tara），我從來不需要檢查工作的進展狀況。」在NASA，一些經理人稱之為射後不理（fire and forget）：經理人發射一個要求，然後就可以忘記它；一旦交給一個人，它就像是完成了。我們調查的經理人顯示，高價值貢獻者有九八％總是或經常無需別人提醒就會把事情完成——相較於一般貢獻者只有四八％，低貢獻者更只有一二％。16

■永遠能仰賴他

影響力成員不需要提醒就會把事情做完的可預測性質，變成經理人逐漸依賴的事物。一個人提供給利害關係人能完成工作的保證，是更廣泛的績效保證的一部分。當我們分析各類專業工作者行為的頻繁度時，我們注意到有一些行為是高價值貢獻者總是（或幾近總是）會呈現的行為。具體來說有五種：⑴承擔責任並無需提醒就會把事情做完，⑵誠實且做正確的事，⑶他們容易共事、受人喜愛、平易近人和積極正向，⑷學習速度快，以及⑸運用自己的強項處理手上的工作。一般貢獻者往往也有這些行為，但並非總是如此。

重點在於：這些行為都很重要，但它們真正的價值來自**「總是」**這個因素。如果有人總是表現良好，他們的領導人可以完全交託責任而無需操心。如果有人只是大多數時候表現良好，經理人就仍需要隨時操心。影響力成員的良好表現如此一致，所以創造出一種他們的同事可以仰賴的真實保證，這就是他們會被託付受矚目的機會、可以不看就傳球給他們的原因。我們稱它是影響力成員的**績效保證**。

績效保證

其他人可以仰賴影響力成員：

1. 承擔責任並且不需要提醒就把事情做完
2. 行為誠實並且做正確的事
3. 他們容易相處、受人喜愛、平易近人和積極正向
4. 能迅速學習
5. 運用他們的強項處理手上的工作

■ 百分之百完成還加碼

除此之外，影響力成員以「做更多一點」著稱。在我們的調查資料中，影響力成員和一般

貢獻者間第二顯著的差別是，影響力成員「以令人驚喜的方式超越預期」。除了寫詳盡的報告外，他們可能增添一篇執行摘要並凸顯重點；除了達成重大交易外，他們可能為公司網站取得一篇客戶見證。在低貢獻者以壞消息讓上司措手不及時，影響力成員完成一項任務還附帶額外好處。他們提供可預測性和加值，使得與他們共事既可靠又愉快。

習慣二：留下來承擔責任

影響力成員承擔完整的責任不令人意外，更難能可貴的是他們繼續承擔責任，甚至在遭遇他們控制之外的挫折和障礙，當情況變困難時，他們也不會丟還責任。

我們大多會急於把難題交還給別人。大多數誠實的父母會告訴你，他們曾有一、兩次閃過放棄的念頭——很可能是因為嬰兒哭鬧不休或青少年叛逆不馴。雖然他們可能不是真的想退貨，但如果在最崩潰的時刻能把責任交給別人，應該能讓他們喘口氣。當貢獻者把問題丟給上級時，往往隱含了責任的轉交。

一位史丹佛醫療中心經理人描述這樣一名員工：「她寄了一封電子郵件，基本上就是說：『嗨，這裡有個問題，再見。』她似乎沒有研究是什麼問題，只是把它們交給別人來解決。」

■ 呼叫增援

雖然我們研究的影響力成員總是堅持不懈把工作做完，但他們不會獨自衝鋒陷陣或默默受苦。他們竭盡所能，但他們知道什麼時候要向領導人和同事請求增援。

大多數人知道自己何時需要協助，但很少人喜歡開口求助。事實上，對多數人來說那是痛苦的經驗。格蘭特（Heidi Grant）在《哈佛商業評論》寫道：「神經科學和心理學的研究顯示，社會威脅——包括不確定性、被拒絕的風險、身分地位下降，和放棄與生俱來的自主性——會啟動和肉體痛苦相同的大腦區域。而在職場，我們通常熱切地盡可能展現專長、能力和自信，所以提出協助的請求讓我們特別感到不舒服。」[17] 但格蘭特也指出，人類的大腦天生希望彼此協助和支持。當我們提出協助的請求時，它會激發雙方的良善本性。

最有影響力的專業工作者可以向上級報告並尋求協助，同時保留承擔尋找解決方案的責任。Google 公司的費奧娜．蘇就是這麼做。她以堅持不懈、獨立和管理公司內部各利害關係人的能力著稱，但碰到困難時，她不會遲疑於讓經理人圖奇登哈根知道她碰到無法獨立解決的問題，她需要協助。她讓他參與，扮演顧問角色而非新承擔責任者。圖奇登哈根說：「她知道如何請求我加入，並帶我了解情況。」他不但願意幫助，而且很熱心，因為他可以有所貢獻而不必取回責任。

有幾種向上級報告問題的正當的理由。正如前面所述，你可能希望資深領導人參與解決問題；你也可能只是想讓其他人了解狀況，正如圖奇登哈根所指出：「費奧娜從來不會讓我毫不知情。」有時候向上級報告問題是因為遭到預料之外的障礙，而想紓解挫折感，以幫助自己脫困，正如一位 Salesforce 的工程部主管的描述：「他沒有因為遭遇障礙而停頓不前。他可能感到挫折，但他紓發後就繼續前進。」

當影響力成員尋求增援時，那不是怠惰的逃避；他們不會把問題丟給同事或向他們的領導人、表示無助。他們的訊息很明確：「我需要你的指導或參與，以便我向前進。」和費奧娜・蘇一樣，他們尋求協助，但絕不拋棄責任，而這讓他們的同事和利害關係人相信一分的協助可以獲得十分的價值。

■協商需要的資源

回到之前提到的我在甲骨文領導人論壇的經驗。在執行第一次的計畫後，我們認為十分成功（除了有回饋意見說策略仍然不夠清楚）。一週後我們開會以進一步檢討回饋意見和決定下一步該怎麼做。那是一次感覺良好的會議，我們為旗開得勝慶祝。

身為資淺員工，我慶幸有機會與這些我很敬佩的主管共事。他們善盡職責，參加會議並密切合作。但我也知道啟動一項計畫很容易，完成它則困難得多。包括我們聰明和辯才無礙的執行長艾里森（Larry Ellison）在內，他們是三位公司最重要和最忙碌的主管。我擔心他們會因為其他事務而分身乏術，特別是總裁萊恩（Ray Lane），他負責公司一年兩百五十億美元的營收。

正當會議快結束，三位主管即將站起來時，我決定把話說出來。我知道如果現在不說，以後要說只會更難。我說：「萊恩，你知道我的團隊和我很賣力做這個計畫。你也知道，為了讓這個計畫成功，我會想盡一切辦法。」他點頭。他已經見識過我的投入和固執。我繼續說：「我會使出渾身解數，但是如果你不再有時間關注這件事，就是我停止做這件事的時候。」為了表達清楚，我重申：「所以如果你停止，我也會停止。」

我不確定我哪來的勇氣說這些話。我猜想那是出於必要而非蠻勇。我知道如果這些主管不再投入，這個計畫將失敗。而我不願意失敗。不過，我願意協商這個計畫需要的支援。我永遠忘不了萊恩的表情。他停下來看著我一會兒，思考我堅定但溫和的要求。我希望他是在思考他的意願，而不是我的魯莽。然後他堅定地說：「一言為定。」

他很快站起來，走到他的行政助理辦公室說：「泰利，未來一年莉茲只要有需要就可以約見我。」泰利臉上的驚訝表情也讓我很難忘。隨著計畫在接下來一年的進展，萊恩從沒有違背他的承諾。他參加每一場我召集的會議。他從未停止，所以我也沒有。當然，事情總會有阻礙，但我們有克服阻礙所需的支持。

那不但是我工作表現最好的時期，三位主管也處在最顛峰狀態。但獲得他們的承諾不是因為運氣好或個人魅力。我得到需要的支持是因為我協商需要的資源。

你清楚你需要別人提供什麼才能成功嗎？如果清楚，你曾經向他們提出要求嗎？如果你想抵達終點線，那就務必協商需要的資源。

當你領導重要的工作時，要確保你已藉由協商你的需求，來讓你自己和其他人成功。我們往往假設我們需要的是額外的預算或人手，但實際上最重要的資源是較無形的。懷斯曼集團（The Wiseman Group）調查各個產業的一百二十位專業工作者，問他們要成功做好工作最需要什麼資源。六個被認為幾乎同樣重要的因素（因工作性質、產業和個人偏好而略有差異）是：(1)資訊的取得，(2)領導人的行動，(3)意見回饋或指導，(4)能接觸重要會議和關鍵人員，(5)時間，和(6)協助建立信譽。不過，不管哪個產業、國家或人口組成，有一項是一致的：預算和人手排名第七和第八——以顯著的差距被視為最不重要的因素。我們不見得一致認同什麼是我們最需要的，但大體說來，大家同意那不是更多錢或更多人手。如果知道我們的領導人始終會支持我們，那麼我們的成功將不需要太多資源。事實上，如果我們協商需要的資源，就更能克服不確定性和在曖昧不清的狀況中推展工作。

記住：抓住時機就是一切。不要等待問題出現；一開始就協商你需要什麼——在你承諾接受工作前、你的影響力還夠大的時候。如果我們沒有安排好稍後將需要的協助，一旦個人的力量用盡，我們就只能獨自解決問題或把責任交還給上級。協商我們的需求不僅有助於確保有利的結果，還能增進我們的影響力。

決定在最開始就協商需要的協助，是出於一種最高影響力成員共有的深刻了解：他們假設一定會碰上問題。當許多較一般的專業工作者嘗試避開複雜的問題時，最有影響力的成員卻為問題擬定計畫。

習慣三：預期挑戰

那是一個如此不幸、如此慘烈的情況，以至於令人難以想像它竟然發生了。二〇一七年十月一日，一個槍手對著內華達州拉斯維加斯賭城大道參加戶外鄉村音樂節的群眾開槍。共五十九人喪生，包括調查人員至今還不知道其動機的那個槍手。總共有八百五十一個人受傷，其中四百二十二人是槍傷。那是美國歷史上最大規模的群眾槍擊事件。[18]

想像一下距事發地點最近的急診室旭日醫院（Sunrise Hospital）會是什麼情況，大多數槍傷受害者都被送往那裡。然後，再想像你就是當晚值班的資深醫師。你怎麼可能一次治療兩百五十名重傷的患者？對醫院的醫療和行政人員來說，那是前所未見、幾乎無法想像的挑戰。幸運的是，當晚負責急診部的醫師孟尼斯（Kevin Menes）曾想像過這種情況，事實上想像過許多次。孟尼斯不但受過急診醫療訓練，還在拉斯維加斯警察局特種部隊（SWAT）擔任過戰術醫師。[19]他知道拉斯維加斯很容易變成攻擊目標，所以曾設想過大規模死傷事件的可能性，以及他和他的團隊屆時將如何反應，為他絕不希望發生的事做做心理準備。

孟尼斯聽到惡耗傳來的那一刻是晚上十點。他知道送進來的槍傷病患人數將打破紀錄，但他已擬好一套計畫。他在一篇與汀蒂娜莉（Judith Tintinalli）和普拉斯特（Logan Plaster）合寫、發表在《急診醫師月刊》（*Emergency PhysiciansMonthly*）的文章描述當晚的情況。[20]他寫道：「聽起來可能很奇怪，不過我早就認真思考過這些問題，因為我經常處理復甦急救程序：(1)預先做好計畫，(2)問重要的問題，(3)想解決方案，(4)心裡演練計畫，從而在問題發生時可以立即跨越心智障礙，因為解決方案已經擬定好。」[21]

當時孟尼斯很快回想他曾模擬的計畫，指示行政員工召集下班在家的醫療團隊，清空每一間開刀房、治療室和走廊，然後聚集所有可得的病床和輪椅。任何可以推輪床的人都必須前往救護車停靠區報到，以迎接被載來的病患。

在動員一切資源後，孟尼斯迅速重訂急診部的工作流程。屆時將不會有時間以標籤標記每個病患情況的嚴重程度（從紅標到綠標），所以他改成把標籤標記在急診室。前一百五十名受害者在頭四十分鐘送達。[22]當病患抵達時，孟尼斯以顏色喊出他們的狀況，然後員工趕緊送他們到指定的急診室。這讓病患得以立即送到最適合的醫療人員、設備和藥物所在的地方，並讓醫療人員在整個過程能監看及迅速移動於各等級的病患間。按照孟尼斯的分類，另外三位急診醫師為紅色標記的病患進行復甦治療，而外科醫師和麻醉師也隨後趕到。

與此同時，護士則在橘色和黃色急診室觀察正迅速惡化的病患，並為每個還能找到血管的病患插入靜脈內導管。在紅色病患移入手術房的同時，急診部團隊再趕在橘色病患的「黃金時間」結束前進行治療，以避免死亡。當這個流程建立後，孟尼斯把分類工作交給一位資深護士，讓他得以專注於穩定病患情況，並把他們送進手術房。隨著更多醫師抵達急診部，他向他們簡報新流程，並指示「去找瀕危病患，救他們」。

每次遇到新障礙，孟尼斯就想出新對策，他當機立斷，以確保每個病患獲得治療。以下是幾個他臨機應變解決問題的例子：他無法快速移動以應付數個惡化的病患，所以他移到急診室中間，將病患的床挪近他。他回憶：「我站在好幾張床的床頭前，它們像花瓣那樣從中心散開。我們對病患用藥、插管、輸血、做胸管引流，然後轉送到第一站。」[23]當醫療人員的呼吸器不夠用時，他們採用最後的手段，讓兩個體型相當的病患共用一台呼吸器，為他們接上Y型導管，並打開雙倍的供氧量。在X光照射需求達到高峰時，孟尼斯把放射科醫師帶進X光攝影室，讓他即時判讀X光機監視器上的結果。

到七個小時後的日出時分，所有兩百一十五名病患已移出加護病房，進入一般治療病房，並有一百三十七名病患出院。這是史無前例的傑出表現。急診部每小時平均治療三十名槍傷病患，手術團隊在二十四小時內執行六十七次手術，其中二十八次在頭六小時執行。這些病患沒有一個是輕症急診；輕症者都轉移到其他醫院。整起出色的因應作業不只是一時的天才傑作，更是來自為最糟情況的深思熟慮、預防性模擬與心智演練。

你能只靠預期和心智準備，為意料之外的障礙擬出更好的計畫嗎？克服障礙萬無一失的方法是從一開始就預期它們出現。藉由預期問題，我們即使面對最糟的情況也能堅持到底。

■預見潛在的問題

當我們預期問題並把發生問題的可能性視為正常時，就不會浪費時間在怨嘆意料之外的問題，而會把百分之百的能力用在尋找快速有效的解決方案。一位史丹佛醫療中心的經理人描述她團隊裡的高影響力成員說：「她隨時在找潛在的陷阱，並在過程中採取預防的措施。問題還未發生就已被處理。」影響力成員沒有透視牆壁或未卜先知的超能力；他們的力量源自了解問題隨時潛伏在轉角處。他們預期討人厭的意外，並視挑戰為正常。心理分析師魯賓（Theodore Rubin）描述這個特質說：「問題不在於會發生問題。問題在於預期不會發生問題，並認為發生問題是一個問題。」擁有這種心態後，障礙就不會造成慌亂甚或分心。障礙變成成長的基石，提供變得更強大和更聰明所需的阻力，最終成為一個人性格的證明。

■敏銳的反應

影響力成員不畏懼出現的挑戰，他們成為即興反應和方向調整的大師。他們找到達成任務或跑到終點線的非傳統方法，就像挪威的趕雪橇犬人韋納（Thomas Waerner），他贏得二〇二〇年的艾迪塔羅德（Iditarod）大賽，但他在完成這場比賽時發現自己剛剛展開了一場新的耐力比賽，而且是更長的一場。

影響力成員專家級提示

藉由安排一位同事擔任你的行動側翼來擴大你的視野。要求他們監看你的弱點，並幫助你看到迫近的問題。你也為他們做同樣的事。

艾迪塔羅德是一場路程一千一百英哩的雪橇犬競賽，從阿拉斯加的安克拉治（Anchorage）到諾姆（Nome），雪橇犬競賽選手和他們的狗隊將連續九天以上面對暴風雪、雪盲和零下的溫度。運動員是雪橇狗，通常是哈士奇－馬拉謬特混種犬，有極度的耐力，能長距離高速奔跑而不疲累。[24]令人稱奇的是，大多數狗跑完競賽時的生命體徵和開始比賽時相同。[25]事實上，在超長距比賽中表現最好的狗隊，經常是不久前剛跑完另一場競賽的狗隊。[26]

當韋納於二〇二〇年三月在他十隻狗的狗隊後面越過終點線時，他注意到觀眾出乎尋常地少。在競賽期間，新冠疫情已經惡化，航空旅行急遽凍結。大多數觀眾已經離開阿拉斯加，包括他妻子古洛（Guro）也獨自在家照顧他們的五個孩子，同時擔任獸醫照顧他們狗舍裡的三十五隻狗（她的負擔簡直讓其他居家工作者面臨的挑戰相形見絀）。[27]韋納將需要發揮他的創意：他自己回家不會有問題，但他的十六隻犬科同伴不能搭民航班機。

三個月後，韋納終於找到他的飛機：一架一九六〇年代的DC-6B飛機，從一九七〇年代以後就不曾使用過。這肯定是不尋常的方法。這架除役的飛機已經準備好飛行，目的地是挪威的一家博物館，而且似乎韋納和他的狗隊可以搭便機。但當疫情開始導致經濟和挪威貨幣動盪，這樁交易也變得複雜。在與博物館協商、找到贊助者提供協助、飛行三十個小時，並在多個地點加油和遭遇意料外的機械修理後，韋納和他的冠軍雪橇狗隊終於真正到達終點線，回到了家。韋納告訴《紐約時報》：「這才是偉大的比賽結局。」[28]

在職場，終點線也可能移動。我們以為已經結束時，有些事卻沒有結束，例如得到一位重要利害關係人的同意後，卻發現還要準備更多文件和申請額外的許可。當情況變困難，有太多專業工作者還沒到達終點線就停下來。但最有影響力的專業工作者會展現創造力、臨機應變，並跑完出乎意料的額外路程。

■圓滿完成工作

堅持到底完成的工作不但意味任務圓滿達成，而且工作者在完成後感覺良好——身體、心智和情緒都是如此。不像偷懶的學生在考完期末考後已經筋疲力竭、幾近崩潰，必須昏睡一週，影響力成員可能已經使出混身解數，但在短暫休息後就能進行下一場比賽，並且和上一場一樣有幹勁。為什麼？因為他們已預期並為意料之外的問題做好準備，他們不會在問題出現時放棄他們的工作。因為他們知道如何請求增援，所以能繼續承擔責任而不崩潰。因為他們協商了需要的資源和支持，所以能在抵達終點線時不至於耗盡力氣。

從各方面看，真正的影響力成員不會疲倦，也不會耗竭。和哈士奇—馬拉謬特混種犬一樣，他們跑過終點線時的精力仍與開始競賽時一樣充沛。那不只是一種完成基因，更是一種耐久力基因。而你需要這兩種基因才能堅持到底。當你再把聰明的配速加進這個組合，就有足夠的精力和沉著可以從過程的挫折學習，使你不但能夠抵達終點，還變得更強大。

假餌和干擾

影響力成員因為強大而能堅決面對挑戰，而我們研究的一般專業工作者則有逃避的傾向，這意味遭遇困難時，他們會把工作推給上級而非承擔責任。他們採取因應行動，但不願承擔達成任務的責任。若放在驚悚動作片中，他們會是那種看起來很賣力打鬥的人，但當他們落入敵人的圈套，卻只會打電話報告總部說威脅還沒有解除。

逃避困難問題的傾向，是基於困難會傷人所以應該避開的信念。在這種世界觀下，預料之外的挑戰被視為對計畫的阻礙和威脅。所以為了成功，這些專業工作者需要一個穩定的環境——在間諜驚悚片或在大多數職場都不常見的東西。他們可能一開始很賣力工作，但在工作完成前就宣告放棄。

一些人可能犯太早結束的錯誤，但另一些人可能愚蠢地堅決不放棄。「不計代價完成工作」是讓我們無法抵達終點的兩個假餌之一。

不計代價完成工作

當遭遇挫敗時，人們會忍不住（甚至認為應該）更賣力或更堅持。就像那些偉大的斯多葛派哲學家，我們擁抱障礙並甘願地忍受；我們默默受苦可以鍛鍊性格。這個錯誤不只是被誤導遵循的過時工作規則，也是對古老智慧的誤用。為完成而完成可能導致皮洛士式勝利（Pyrrhic victory）——得名自在對抗羅馬帝國的戰爭中蒙受慘重損失而獲勝、很快又被擊退的希臘國王。在這種代價高昂的勝利中，成功對贏家（和他們的團隊）造成重大的損失，使得勝利無異於戰敗。工作雖已完成，但已經血流成河。這種戰役之後留下的是耗竭、離心的同袍，不再願意投入下次的戰役。同樣地，我們也會用盡力氣和成為耗竭的受害者。

固執地決心完成已經開始做的每一件事，可能導致精力的錯置和資源的浪費。我的一個朋友曾半開玩笑說，他終於停止和一位女性約會，因為他發現自己把所有時間花在一個未來將是別人妻子的人身上。同樣道理，當我們不放棄一個還未做完但沒有價值的計畫，我們可能是在耗盡組織可用在追求更高價值機會的時間和資源。此外，我們可能導致自己的身心耗竭。與其不計代價完成工作，你也許應該停損並放棄計畫。我們可以藉由進行周詳的考慮，忽視之前的行動付出的成本，並考量堅持下去帶來的附帶傷害和機會成本，從而做出避開皮洛士式勝利的決定。

假警報

當我們把問題視為威脅時，我們會很快發出警報。但我們太早、太頻繁發警報時，會稀釋我們的影響力和信譽。我們可能招來過度溝通問題、但太少解決問題的名聲。一位 Adobe 的經理人描述這種員工說：「她抱怨每一件行不通的事。」當我們總是看到威脅多於機會，恐怕會養成抱怨不休的習慣，對可能干擾我們順利工作或危害我們職涯的每一項苦難發牢騷。最後其他人將關上耳朵，如同對待寓言裡喊狼來了的孩子。

即使是有能力的發警報者也可能造成破壞。他們向他們的上司示警潛在的危險，但次數實在太頻繁。當一個人示警而不提供相應的解決方案時，經理人立即的反應是微管理不需要他們協助的地方。當我還是相對較資淺的經理人時，我的團隊有像這樣的一名部屬。在某次一對一的會談中，她花至少二十分鐘向我解釋艱澀的技術難題如何阻礙了下週要執行的一項重要訓練計畫。我擔憂地打電話尋求公司資料中心協助，但她似乎對我的舉動很驚訝。她澄清說她不需要我介入，說她會解決問題；她只是要我了解她面對的挑戰。我很訝異，因為她的抱怨聽起來很像是請求協助。

倍增你的影響力

當工作變得格外困難，向上級報告的誘惑也變更大。當領導人上鉤而讓他們的部屬太快就能夠推諉，實際上是剝奪了部屬從克服困難中學習的機會。如此一來，堅持和韌性的強化往往只在領導階層，而非能夠形成團隊文化的較低階層。

對照之下，影響力成員往往被託付最重要的專案。一位 Splunk 公司的技術部主管說：「我給他最困難的專案，是因為我知道他會達成，而且是用最有效率的方法。」此外，因為影響力成員會把工作全部做完，他們提供讓協作者和領導人安然度過風暴的保證，這意味他們可以獨立工作而不需要多餘的監督或微管理。這時候領導人就能把百分之百的精力用在最需要的地方：預期並解決未知的未知。

最有影響力的專業工作者能從發想創意到完成工作，實現全部的承諾和影響力。猶如最優秀的跑者一開始就領先，並在到達終點時依舊矯健。正如我們在第三章談到，他們掌控全局並迅速行動，且會完成他們開始做的事。他們擁有完成基因，那是讓他們保持前進並完成工作的內在驅力——完成全部工作，不需要隨時監督和提醒。這就是影響力成員帶來的績效保證，也是他們不斷被託付重要任務的原因。

以傳奇籃球明星可比布萊恩（Kobe Bryant）的話來說，他是「終場才休息，而不是在中場休息」的球員。[29]

當障礙出現、問題揮之不去時，你會怎麼做？你會發出警報並把問題交給別人嗎？或者你會堅持到底？那些堅持完成工作的人獲得的獎賞不只是圓滿達成任務，還包括在過程中的榮耀。這就是塔爾索的

建立價值：堅持到底

影響力成員承擔責任，完成全部的工作，並被視為關鍵玩家。

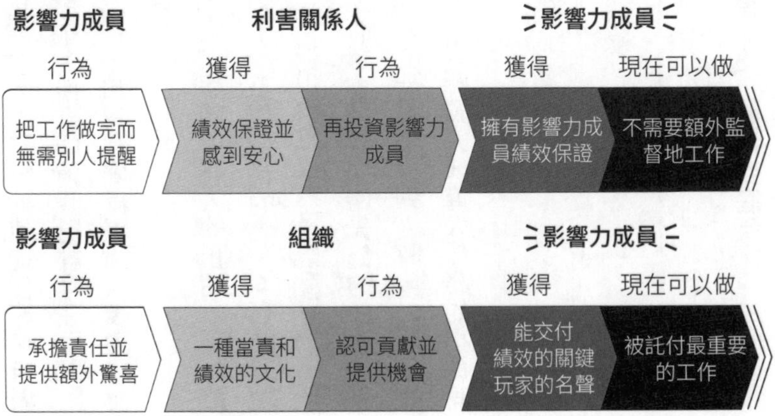

影響力成員	利害關係人		影響力成員	
行為	獲得	行為	獲得	現在可以做
把工作做完而無需別人提醒	績效保證並感到安心	再投資影響力成員	擁有影響力成員績效保證	不需要額外監督地工作

影響力成員	組織		影響力成員	
行為	獲得	行為	獲得	現在可以做
承擔責任並提供額外驚喜	一種當責和績效的文化	認可貢獻並提供機會	能交付績效的關鍵玩家的名聲	被託付最重要的工作

保羅（Paul of Tarsus）在完成他記載於《使徒行傳》提摩太後書（Timothy）的使徒任務後所表達的信念：「那美好的仗我已經打過了，當跑的路我已經跑盡了，所信的道我已經守住了。」[30]真正的獎賞不是我們完成工作的成就，而是堅持到底後的成長，和我們變得更強大後隨之而來的可能性。

根據NASA的報告，當火星探測車機會號完成任務，它已超越所有人的預期，行駛距離比原本規劃的長五十倍，完成破天荒的科學研究，並激勵了一整個世代的人。[31]它的成功為未來的火星探險鋪路，包括後來的探測車好奇號（Curiosity）和毅力號（Perseverance）。NASA署長布萊登斯坦（Jim Bridenstine）回憶說：「因為有機會號等開路先鋒的任務，我們勇敢的太空人終有一天將得以在火星表面上漫步。」他又說：「當那天到來時，一部分的功勞將歸於打造機會號的男士和女士，以及一輛為了探險而不畏艱難完成偉大任務的小探測車。」[32]當一項任務完成，另一項隨即展開。

教戰手冊

這篇教戰手冊包含給渴望領導之人的祕訣，以供他們練習並強化**堅持到底**所需要的心態和習慣。

聰明玩法

1. 草擬一份工作說明（Statement of Work，SOW）。當你從一開始就對工作有清楚的職責概念時，要圓滿完成全部工作會更容易些。但你不需要等待上司或客戶提供明確的方向；你可以自己定義你的工作說明。藉由描述下列的綱要來創造對工作的共識：(1)**績效標準**：圓滿達成工作會是什麼樣子；(2)**終點線**：完成全部工作會是什麼樣子；(3)**界線**：哪些事不屬於工作範疇。先描述你已經聽說的，運用你的判斷來補充缺少的部分。最後，重新審視這份聲明，請利害關係人增添他們認為還缺少什麼，並確認共同的期望。你可以說：「這是我認為成功的樣子。不知道我的想法對不對？」一旦你們達成共識，你就有了清楚的工作說明，並可以為完成工作承擔責任。

2. 協商需要的資源。確認你的成功需要的條件，例如資訊、時間、管道、指引和其他資源。務必在工作開始前和你真正需要支援前協商這些條件。你不需要正式協商，只要彼此有共識。利用簡單的「如果／那麼」語句，例如：「如果要我能夠做到……（這件你需要我做的事），那麼我將需要你做……（這件讓我成功所需要做的事）。」運用如果／那麼的邏輯，你可以達成兩個目標：(1)提醒你的利害關係人你準備達成什麼，和(2)讓他們知道你的成功需要什麼條件。

3. **重新建構阻礙為挑戰**。我們看待情況的方式可以改變我們如何因應它。當我們看待意料之外的阻礙為問題時，我們將看不到解決方案。畢竟，問題的定義本來就不包含解決方案。當我們重新建構阻礙為挑戰時，我們將動員心智能力並激發出競賽的能量。在重新建構阻礙為挑戰時，先假設每個工作日或專案（或上司！）將充滿阻礙，所以當它們出現時你不會驚訝。而當它們真的發生時，重新看待它們為(1)等待解決的智力難題，(2)需要耐心和虛心學習的性格測驗，或是(3)需要配速和耐力的體能挑戰。

4. **增添一個驚喜**。當你完成一項專案或一件工作時，再額外做一件超過原本要求或職責的事。額外的事不一定要是一件艱難的大事，可能只是在你提交給經理人時可以凸顯的重點。最好的驚喜將是(1)意料之外的事，(2)支持議程的事（參考第二章），和(3)不會讓你從其他重要工作分心的事。問自己：上司不會料到、但會感到高興的額外小事是什麼？

安全祕訣

1. **知道什麼時候該放棄**。如果你懷疑自己是在為昨日的優先事項努力、進行一場贏不了的戰役，或朝向一個皮洛士式勝利前進時，問自己：(1)基於環境或市場的改變，我做的事仍然重要嗎？(2)它對組織和我的領導階層還重要嗎？這件事仍在議程上嗎（參考第二章）？(3)即使我們堅持到底，這件事還能讓我們成功嗎？如果答案是否定的，也許該是放棄它的時候了。但在還沒有得到領導人或利害關係人同意前不要放棄工作，而且要確定他們知道你接下來要怎麼做，以便保持朝向議程前進——或讓他們指引你，以便你轉向一個更高優先的專案。

2. 刻意發洩一下。想向你的經理人表達你的挫折感是完全合理的。讓經理人承認團隊成員面對的挑戰也是有益的。但訴苦和抱怨有適當的方式：不要頻繁、保持簡短和有焦點。如果你需要釋放，那就發洩一下，但不要放棄承擔的責任。讓你的領導人知道你已經採取什麼行動，並了解你想尋求的不是同情，而是解決方案。

給經理人的指導祕訣：你可以在第八章末「教練的教戰手冊」找到協助團隊成員堅持到底並變得更強大的指導方法。

SUMMARY

第4章摘要

堅持到底

本章討論影響力成員如何處理意料之外的障礙，和他們如何克服逆境完成工作，交付穩定性和超乎預期的驚喜。

	一般貢獻者心態	影響力成員心態
工作方法	向上級報告	堅持到底並變得更強大
假設	逆境帶來傷害，應該避免（逃避）	我可以處理它（強大） 我可以克服逆境（韌性） 我可以忍耐，可以把事情做完（耐力）
習慣	採取行動 向上級報告問題 避開最難的問題	做完全部工作 繼續承擔責任 預期會有挑戰
結果	錯過來自奮鬥過程的學習，並把責任的承擔轉移給上級領導人。	建立作為關鍵成員的名聲，能在關鍵時刻發揮卓越的表現。強化一種當責的文化。
要避開的假餌：（1）不計代價完成工作（2）假警報		

變動的目標

領導人怎麼說……

一般貢獻者	影響力成員
「他假設自己大部分時候是對的，他需要的只是說服組織。」	「他不需要提醒就會尋找新資訊。」
「她有反應過度的傾向，經常很負面和情緒化。」	「她把別人的回饋意見當成好事。」
「他通常願意接受別人的回饋意見，但要很久以後才能看到任何改進。」	「她可以很快從錯誤中學習。」
「他對回饋意見沒有反應。他是個好人，但不夠堅強到足以做出改變。」	「當我有回饋意見時，她會接受並採取行動。她不會洩氣，而會把它視為改進的機會。」

第5章

尋求回饋意見並進行調整

智力就是順應改變的能力。

——霍金（Stephen Hawking）

▼

電影導演把攝影機對準傳奇的舞台演員羅巴茲二世（Jason Robards Jr.），那是一個捕捉角色內心衝突和情緒細節的特寫鏡頭。拍過幾次後，導演知道鏡頭不對，所以喊了「卡」！後來這位導演回憶：「我認為他還不夠進入狀況，我沒有感覺到那種痛苦。」這位三十四歲的導演必須設法糾正一位幾乎是他兩倍年齡、得過數次東尼獎和奧斯卡獎的名演員。1

這位導演是前童星，也是以《阿波羅十三號》（*Apollo 13*）、《達文西密碼》（*The Da Vinci Cod*）和《美麗境界》（*A Beautiful Mind*）等電影聞名的多產導演朗・霍華（Ron Howard）。

這部電影是辛辣而好笑的一九八九年電影《溫馨家族》（*Parenthood*）。在這場戲中，羅巴茲的角色是脾氣古怪的爺爺，正陷於為人父親的諸多兩難困境，和面對他身為父親的一些過失。那一幕僅靠單一主角的臉部表演，就要演繹數頁的文字敘述，傳達一輩子的痛苦與失望的內心戲。

朗·霍華走向羅巴茲，開始和他聊天，嘗試不冒犯他，但希望刺激他用不同的方式表演。羅巴茲輕拍朗·霍華的手，簡單地問：「你是想要比較悲傷的表情嗎？」朗·霍華鬆了一口氣。但他也感覺到，這位老經驗演員的問話帶著嘲諷，他擔心羅巴茲可能在下一次拍攝中故意用可笑的表情來搗蛋。朗·霍華心想，總之他們就繼續拍，到時候再想辦法。

但當攝影機再度啟動，羅巴茲重新表演，他做了極為細膩、微小的調整，把這場戲拍完。朗·霍華後來說：「那是我夢想所能及的對那個時刻最誠摯、自然、真實的演繹。」那一次拍攝就是觀眾後來在電影中看到的那一幕。朗·霍華回憶說：「那是我學到的教訓，演員可以不斷提升自己。」[2]

最有價值的玩家永遠不停止。他們不斷順應、調整自己以變成標竿。如果你只做些微的調整，就能大大改善你的績效呢？

這類時刻不只讓電影導演大感驚喜，對必須指導員工提升績效或只是想慢慢改善效率的各行各業領導人也是如此。卓越的影響力成員對完成任務堅持到底，但對卓越的追求永不停止，所以最佳貢獻者的工作永遠未完成——而是持續不斷的過程。

本章我們將聚焦在「糾正」的概念——不是嚴格的教師給我們打滿篇的紅叉叉，而是讓我們在偏離目標時修正方向的重要資訊。我們將檢視為什麼頂尖貢獻者和渴望領導的人要尋求糾正，以及他們被要求改變時如何回應，使得他們迅速順應，並比同儕學得更快。

雖然本章討論的是有關改變的主題，但不是激進、破壞性的改變，而是與「微改變」的力量和重要性有關，也就是為了保持在軌道上所需要的小調整。我們談的是調整，不是轉型。在本章，你將學到如何保持與利害關係人的需求步調一致，特別是如何尋求糾正性的指引，以使你獲得比原本可得的更多的指引，並據以回應，進而讓人們願意進一步投資你。因為我們也有可能看不到警告跡象，我們將探討出大錯時該如何迅速回到正軌。

我們將從為什麼每個人都需要糾正性的指引開始談起，特別是因為現在有許多績效目標是動態的。

選擇題：只做你的強項，或學習新規則？

對許多專業工作者來說，在過去，工作就像一種擲鏢遊戲：遊戲技巧有明確的目標，得分規則可以明顯呈現你做得好不好。我們可以練習，精進各種技巧，然後命中靶心，甚至反覆練習後蒙著眼睛就能辦到。但隨著企業的需求不斷改變，企業的目標也隨時改變。過去你練到幾近完美的技巧不再保證能射中目標。現在，它需要持續不斷地重新調整。

工作的新遊戲規則

這種不斷改變製造了所謂的棘手問題（wicked problems）——問題改變的速度比我們的解決能力快。正當你搞清楚遊戲規則時，遊戲規則又變了。你又需要學習新規則，與新玩家合作，並發展新技能和策略。對有雄心且自信的學習者來說，持續的順應和修正似乎很好玩；對完美主義者或習慣於把工作做好的明星表現者來說，這可能像牙疼一樣煩人。當你一直沿用的方法不再行得通時，你會怎麼做？依賴年度績效評量得來的回饋意見已經不夠用。當目標不斷變動時，你需要持續的回饋意見、指引和糾正，以便調整你的方向。

調整遊戲規則

持續調整個人的方向很累人，如果可以調整整體目標會不會更好？那正是前NASA噴射推進實驗室（JPL）工程師兼發明家羅伯（Mark Rober）的做法。羅伯現在是一位YouTube網紅，他用他的工程技術打造精密且極其好玩的裝置。這位聰明的工程師不是擲飛鏢高手，但他組織一群前NASA噴射推進實驗室的同事，打造了一面飛鏢靶以解決射飛鏢的問題。經過三年的努力，他們創造了一面「自動命中飛鏢靶」（AutoBullseye Dart Board）。這面飛鏢靶以紅外線方向偵測攝影機計算飛鏢的軌道，並以多方向馬達調整靶的位置，可在半秒鐘內確保命中靶心！[3]只要你擲飛鏢的方向大致正確，那麼偏離靶心的飛鏢在飛行中可以自動修正。

這面絕無僅有的飛鏢靶是一令人印象深刻的工程傑作，但也有很多專業工作者把同樣的方法應用在工作：他們察覺情況將改變，但他們非但沒有預做準備，反而希望新工作世界將重視他們的舊技能。他們看待轉變的風向為他們可以安然度過的風暴，只要蹲下來等待人生恢復正常就好，但實際上不停轉變的風向卻是新常態。

堅持做你最擅長的事

一位科技行銷經理人被她的上司描述為聰明、有能力和相當自信，但她自信的根據是她覺得自己正在做一件很棒的工作——而非根據她順應或學習的能力（亦即心理學家德威克〔Carol Dweck〕所說的成長心態）。她的上司解釋：「她隨時在尋求確認和肯定。她對回饋意見不感興趣。事實上，每次她面對挑戰時，她會視之為對個人的直接挑戰，好像她的能力和成功遭到質疑。」隨著她的自我欺騙愈來愈偏離現實，她的職涯成長也停滯不前。她的經理人惋惜地說：「我真希望我知道如何幫助她接納回饋意見，以便她更上一層樓。」

其他經理人在描述一般員工如何回應回饋意見或糾正時，也表達類似的憂心：

「每當有病患抱怨時，她會變得有防衛心，並解釋為什麼應該照她的方法做事。」

「她說自己會接受教導，而且對回饋意見保持開放，但最終她一點都沒有改變。」

「他做他擅長的事時表現很好，但我不確定他想變得更好。」

學習新遊戲規則

影響力成員看待改變中的情況和變動的目標為學習、順應和成長的機會。雖然他們可能喜歡被肯定和獲得正面回饋，但他們更主動尋求糾正的回饋意見和相反的觀點，並據此重新調整和重新聚焦自己的努力。在這個過程中，他們為自己和組織增進新能力。

當查克・凱普蘭（Zack Kaplan）在 Google 消費者產品部開始擔任品牌行銷經理人時，他已經在 Wieden+Kennedy 廣告公司有六年的經驗，但在科技業還是個新人。他開始上班兩週後，他的上司，當時 Google 的消費者應用品牌行銷主管巴爾（Tyler Bahl）指派他負責一項重要的廣告專案。截至當時，這個部門的廣告方法既紛雜且結果好壞不一，每個產品部門都各自制訂自己的廣告活動。現在領導團隊訂出一個新目標：以統一的傘狀廣告活動取代各自為政的廣告，以便傳達一致的訊息給消費者。在內部，這項專案被稱為「多應用廣告活動」。

它面對一些常見的挑戰：短時限、跨越多個組織的團隊（包括 Google 公司內部和外部的組織），以及眾多必須取得同意的關卡。查克・凱普蘭在團隊的角色也不明確——身為品牌行銷經理人，他是只要建構這個品牌的訊息，或者也要監督廣告的設計？巴爾向查克．凱普蘭說明這個專案，並給他發揮的空間。查克．凱普蘭即將學到為什麼在曖昧不清的情況下仍能勝任工作是Google僱用員工的重要標準之一。

在專案進行一半時，團隊知道行銷管理部需要在它的廣告活動中主打一個有別以往的新訊息。查克．凱普蘭開始問問題——不是質疑新方向，而是嘗試了解該如何順應新方向。他和巴爾會談，並問：對公司的整體訊息來說，這意味什麼？故事應該如何改變？需要修改哪些內容？他們擬定一套新方法後，查克．凱普蘭便和每個利害關係人與廣告代理商連絡，以便將他們納入迴路。

但就在查克．凱普蘭和創意團隊確定他們的立足點時，另一個重大目標已經轉移：他們的視聽族群必須改變。他們修改了推出日期並做了其他改變。查克．凱普蘭和巴爾設法跟隨新目標做調整，可真正的挑戰是即使做了調整，他們的方法仍無法達到標準。這項專案需要單一的廣告，用以介紹Google的主要消費者產品。但廣告給人的感覺就是不太對。他們嘗試修改，然而它就是不吸引人，而且缺乏情緒的感染力。最後查克．凱普蘭去找巴爾並說：「這行不通，它無法傳達訊息。」

某天晚上，巴爾和查克．凱普蘭留在辦公室到很晚以重新檢討和思考。他們問：為什麼這個廣告行不通？我們是否嘗試把太多東西壓縮在一支廣告？我們該怎麼改變？當他們質疑自己的方法時，發現問題在於他們想達成太多目標。巴爾說：「讓我們簡化它，改成只從搜尋產品下手。」他們決定製作四支不同的廣告，各專注在一項Google不同的產品，但傳達的是單一的訊息。他們構思四支廣告而非一支：運動、職涯、家庭和連結。這將創造出好得多的效果，但需要做很大的改變。需要說四則不同的故事、增加配合的廣告公司、處理成本問題和與更多利害關係人溝通。他們做了大幅的轉向。查克．凱普蘭回憶：「在Google，他們告訴你要預期目標的變動。在當時，我們最大的敵人可能是頑固——堅持我們原先的計畫。但舊計畫已經讓我們迷路。」採用新方法後，他們終於走回正軌。

查克．凱普蘭做了所有該做的事，報告工作的進展、傾聽和蒐集回饋意見——不是爭取同意和想敲定提案的假回饋，而是進行改變和重新構思的真回饋。即使是在疲累的會談後，查克．凱普蘭也會保持積極的態度，尋求能讓構想更紮實的知識，並確認計畫前進的方向。巴爾回憶說：「查克．凱普蘭每次在開完他的想法被封殺的會議後，非但沒有洩氣，反而會臉上帶著笑容，準備面對這項計畫帶來的下一個挑戰。」

經過數十次的修改後，這支稱作「跨出第一步」（Take the First Step）的廣告已準備好要登場。它在NBA季後賽首度推出以試水溫，接下來的三支廣告經過幾次修改後，在接下來的兩個月一起面世。這項多應用廣告活動不僅達成多項重要的績效指標，而且達到預期投資報酬率的近三倍。

查克·凱普蘭沒有嘗試強迫推銷他的構想或堅持原本的計畫，他和團隊推動著他們的工作，但徵詢回饋意見，並調整方向直到他們達成目標。

你會堅持做你知道的事，或改變你的遊戲規則？如果你希望在變動的目標中仍有影響力，那麼就徵詢指引並調整你瞄準的方向。

心理素質

反動（reactionary）往往被視為負面的特質，事實上，影響力成員是反應者（reactors）——對他們環境的改變和獲得的回饋意見做出反應。藉由反應，他們順應改變的環境，就像變色龍改變顏色以融入四周的環境。雖然穩定往往被視為一種專業工作者的美德，大多數玩家努力保持中庸而避免改變，堅持做他們知道的事和留在他們的舒適區。

我們研究的頂尖貢獻者是靈活的學習者。他們的經理人不斷注意到兩種與眾不同的行為：⑴當面對新挑戰時，他們會很快並充滿渴望地學習；以及⑵他們會對新想法抱持好奇和保持開放的態度。[4]

影響力成員能夠順應是因為對自己的學習能力有信心。但他們也會以平常心看待失敗的可能性——學習本來就帶有這風險——因為失敗不妨礙他們的自我價值感。這是一種自信的態度

——相信自己有價值，能夠成長和進步。

這種態度的基礎是一種信念——即眾所周知的成長心態（growth mindset）——認為能力可以藉由努力和好的教導來發展。德威克（Carol Dweck）的影響力研究顯示，有成長心態的學生了解，他們的才幹和能力可以透過努力、好的教導和堅持不懈來發展。德威克指出，有這種心態的人認為，人不一定要是天才，但每個人都可以努力變得更聰明。[5]

只要抱持成長心態，我們就會認為自己有能力學習和改變。我們把回饋意見視為適應新事物所需要的重要資訊。挑戰和障礙是成長和回饋意見的訓練場。如果我們不擁抱成長心態——德威克稱之為定型心態（fixed mindset）——就會抗拒改變和逃避挑戰。我們將緊抱讓我們感覺安全的現狀。

我們處理回饋意見（特別是糾正或批評）的能力也受到自我認同的心態影響，尤其是我們認為自我價值是本身具有的，或取決於外在條件的。如果是取決於外在條件，我們將認為**別人對我的看法決定我的價值**。在這種信念下，我們作為一個人的價值取決於我們在工作上的表現，或我們在生活中的外在成功。因此，工作提供的意義，是價值的根源，並可能導致新聞記者湯普森（Derek Thompson）所稱的工作主義（workism）：認為工作不但是經濟生產所不可或缺，也是自我認同和生活意義的中心。[6]

但把我們全部的自我認同建立在我們的職業、我們喜愛的工作，是種危險的心態，不但不利於身心健康，也影響我們的工作品質。當自我認同建立在工作上時，批評將更難以忍受，失敗也更具威脅性。我們的自我價值感將隨著職涯、特定專案的情況，或績效考評的起伏而升降。回饋意見、糾正和改變都變成威脅。

對照之下，相信本身具有的價值是相信**我擁有內在價值和能力**。當我們認為自己本身便具有價值時，我們就更願意嘗試新事物，並完全理解自己有可能表現不佳。在這種心理模式下，我們的自我價值獨立於工作績效之外。我們不需要別人來認定我們的價值；我們本來就有價值。雖然我們可能喜愛我們的工作，並從中得到滿足，但我們不等同於我們的工作，而且工作不能決定我們身為人的價值。

維持這種心理上的區別可能很困難，特別是對那些熱愛工作或視工作為使命的人。但如果能把自己和工作分開來看待，我們就能增進因應變動目標和面對人生順逆的能力。回饋意見將變成資訊，不是認證或責備。改變和演進是自我的擴展而非妥協。我們以信心面對改變，相信我們有能力學習，但如果我們在過程中失敗，我們並非失敗者。雖然我們對自己有信心，也對改變抱持開放態度，但正如一位經理人說：「她的信心來自她嘗試讓自己變更好的心態。那是謙虛的信心。」這種真正的自信能增進我們的適應性，因為它讓我們得以：

1. 徵詢回饋意見並採取行動。了解我們內在的價值，這創造出我們獲得糾正回饋所需的心理安全感：不至於感受威脅，並能接受正面的回饋意見而不自滿。

2. 改用新方法。當我們的自我評價不取決於嘗試新方法的成敗時，我們就能更容易放棄舊行為模式和嘗試新方法。

3. 處理曖昧的情況。在舒適外的情況下，我們可能有低落的情境信心（situational confidence，也就是「我不知道我在做什麼」），但可以有高度的自信（也就是「我可以問、順應、想出辦法」）。

4. 從失敗學習。當我們不把錯誤往心裡去，就可以輕易承認自己犯的錯誤，並拋掉我們有缺陷的心態。

5. 向每個人學習。我們可以不依賴經理人作為指導（或決定我們價值）的唯一來源，而可以從許多來源接受回饋意見，並自己想出辦法。

在這種學習循環進行的同時，就增添了我們貢獻的價值和影響力。這種心態包含的力量是：當我們對自己本來具有的價值有信心時，就可以專注於分享和增進這種價值，而非嘗試證明我們的價值。

總之，信心讓我們能夠改變和成長。當我們能從容自信並了解自己能力的彈性時，就無需害怕改變。我們會尋求能讓我們聰明地順應改變的資訊。正如居禮夫人說：「人生中沒有要畏懼的事物，只有要了解的事物。」

高影響力習慣

當職場快速變遷時，關鍵的技能不再是你知道的事物，而是你學習的速度。精明的領導人知道他們需要的不只是一個聰明能幹的團隊，他們會尋找能同時抱著信心和謙虛態度學習的成員。

當我們詢問來自最創新組織的一百七十位經理人他們最欣賞的員工特質時，學習的行為是排名最高的一項。它們包括好奇心和問好問題、尋求回饋意見、承認錯誤並迅速改正它們，以及願意承擔風險和改變。有趣的是，謙虛和學習的意願能增進我們的信譽。領導人欣賞肯學習的人。相反地，防衛心強和心態偏頗的員工——把自己的錯誤甩鍋給別人，和雖然聽了經理人的反饋意見卻置若罔聞——可能令人惱怒。下頁表格列出在面對變動的目標時建立（或扼殺）你的信譽的方法。

和許多經理人一樣，我管理的員工們有截然不同的學習傾向。第一個例子我稱他為昆恩（Quinn）。昆恩是個有技巧的傾聽者，當他發現有人願意給他回饋意見時，他會集中精神與人交談，專注地傾聽。為了確定自己聽懂別人的意見，他會問：「還有什麼可以補充的嗎？」

然後他會重複說一遍所有重點，讓我知道他收到我的訊息。我們結束談話時我會充滿希望。但經過幾次這種談話後，我很快發現這位夢幻員工是一場惡夢。他表面上聽到我的回饋意見，但實際上他的做法完全不變。當我再度問他時，他提出種種理由解釋是其他人的錯以正當化他的行為。這些解釋的潛台詞是「我的工作很好，只是你沒看到」。雖然昆恩的表演很精彩，但實際上他是精於話術和顧左右而言他的大師。

另一個例子是范德維恩（Shawn Vanderhoven），他也一樣善於傾聽，但他不是為了討好而聽，而是為了順應。當我開始與范德維恩共事時，我對他問了那麼多問題印象深刻。一開始他的問題多半與達到正確的目標有關，例如「你嘗試達成什麼目標？」或「達成目標應該是什麼情況？」等他了解目標後，他的問題隨之改變。在提出一項專案後，他會問：

在領導人和利害關係人間建立信譽

信譽殺手	把自己的錯誤歸咎於別人 當面同意別人，但背後不同意 聽了回饋意見但置若罔聞
信譽建立者	有好奇心並問好問題 尋求回饋意見 承認錯誤並迅速矯正它們 願意改變並承擔有意義的風險

參考附錄 A 以了解全部排名。

「這樣能滿足你的需要嗎？你需要我做一些不同的事嗎？」在他的工作罕見地達不到標準時，我可以直接告訴他，不需要說些其他的好話來鼓舞他。他會回答說：「讓我再試一次。」然後第二天早上交出一個滿分的成果。在近五年的共事期間，我很少需要給范德維恩糾正的回饋意見——不是他不需要它（我們所有人都需要），而是因為他總是比我更早糾正自己的錯誤。

當人們尋求指引——並迅速行動和順應——時，他們向領導人證明只要投資微小的回饋意見就能獲得巨大成果。我們將探討尋求回饋意見、順應和回報回饋意見的做法，如何讓影響力成員的學習循環得以更快獲得利害關係人更多的投資。

習慣一：要求指引

我們研究的影響力成員展現比他們的同儕更高層次的可教導性，也就是對指引的正面回應。這種現象的部分原因可能是因為他們願意站出來領導，也願意追隨其他人的領導（視情況而定，參考第三章的核心主題）。在心理測驗資料中心（PsychTests）做的一項研究中，研究人員問參試者認為自己是領導人、跟隨者或順應者（視情況而定，願意領導或追隨的人），然後衡量每一組人對教導的開放度。那些自認的追隨者很一致地是可教導性最低的一組。該中心總裁傑拉貝克博士（Ilona Jerabek）說，自認追隨者的人「似乎有自信問題。被批評會讓他們感覺脆弱、無能或失去能力。」[7]雖然他們可能喜歡他們經理人的善意，但仍然會認為被指導代表他們還不夠好。自認領導人的可教導性比較高，但有趣的是，領導或追隨皆宜的順應者是最可教導和最願意學習的，他們展現承認錯誤、處理批評和尋求協助的能力。[8]這與我們的發現是一致的：我們研究中的一般專業工作者尋求讚美和認證，但高影響力貢獻者尋求指引和有助於他們順應的資訊。

■調校音調

一般人往往很注意別人肯定的跡象，但要保持與利害關係人的目標一致（和朝向正確的議程）需要我們尋找落差：未滿足的需求、不匹配的期望、不理想的資料，和相反的觀點。機靈的專業工作者隨時關心情勢，注意環境的改變，觀察新趨勢，特別是他們可能錯過的事。肯特（Rosabeth Moss Kanter）寫道，卓越的領導人懂得「傾聽，囊括各種觀點，從別人的批評學習，並隨時關注可能快速變化的趨勢。所以他們在採取快速而果斷的行動時才能更有準備。」[9]如果要達成目標，我們需要能告訴我們可能偏離方向的資訊。

即使是盡責的專業工作者偶爾也會表現走調，就像樂器那樣。鋼琴等樂器需要定期調音（每隔六個月或搬動過後），像小提琴等樂器甚至每次演奏都得調音。沒人會怪罪小提琴家帶著一把音不準的樂器來到音樂廳，但如果他在表演前不能把小提琴調準，他可能不會再收到表演邀請。

要為樂器調音，音樂家必須先比較他們樂器的音調，與音叉、數位設備或其他音樂家的基準音調，然後調整樂器直到兩個音調完全相符。聽出音調細微的差異需要靈敏的耳朵，而細膩調校樂器需要練習。為樂器調音對新手來說可能很難，但那是可以且必須學習的技能。

同樣的，專業工作者往往需要一個參考點來認清他們在哪裡可能走調。校準我們的音調可能困難得令人挫折，尤其是在初期，但透過練習，它將變成第二天性。這個過程的關鍵是他人協助我們步上正軌的資訊和見解。雖然回饋意見往往意味批評或批判，但理論上回饋意見只是協助接受者調校的資訊。回饋意見可能就是這麼單純：我有打中目標嗎？我哪裡做得不夠好？我應該多做或少做什麼？

■尋求回饋意見

我們研究裡的頂尖貢獻者不會尋求不變的認證，他們尋求指引。雖然接受歡呼和勳章可能讓我們感覺受重視，至少一陣子，但接受指引——特別是幫助我們改變方向或改進的資訊——才能增添我們的價值。不過想取得這種重要的「績效情報」比聽起來更難。糾正性的指引可能令人難以接受，因為我們的大腦有防衛機制，基本上就像保護我們的自我免於傷害打擊的心理頭盔。

哈佛法學院教授、也是《謝謝你的指教》（*Thanks for the Feedback*）的作者西恩（Sheila

Heen）和史東（Douglas Stone）解釋我們抗拒回饋意見的一個關鍵原因：「這個過程挑動人類兩種核心需求間的緊張——學習和成長的需求，以及以你現在的樣子被接受的需求。其結果是，一個似乎善意的建議可能讓你感到憤怒、焦慮、被惡劣對待，或深感威脅。」[10]

提供回饋意見對提供者來說也很難。大多數人對表達批評感到不舒服，並且擔心別人可能有情緒反應、拒絕或忽視回饋意見，和浪費他們的時間。人們也可能擔心他們的回饋意見反而弊大於利，這是一個已被許多研究證實的心理。[11]

我們研究的影響力成員收到的回饋意見比其他人多，因為他們讓別人更容易糾正他們。他們在經理人和其他利害關係人開口前就徵詢建議和回饋意見。主動要求回饋意見的效果就如同你搶在上司告訴你做某件事前，自己先提議要做，這是經理人最欣賞的做法，並且在信譽建立者特質清單中排名第一（參考附錄A）。藉由及早要求，我們可以搶在回饋循環之前，避免挫折感累積，並預防種種績效問題。回饋意見不被視為責備，而是重要的情報。當我們的做法像不斷為樂器調音的音樂家時，我們工作的受益者就不需要告訴我們走音了。

你有得到你需要的回饋意見嗎？你是否在偏離正軌太遠前就要求指引？不斷要求回饋意見的員工可能讓經理人不堪其擾，不過在適當的時候（例如你開始採用新方法或覺得出差錯時）要求回饋可能有正面的效果。如果貢獻者在上司告訴他們改變做法前詢問改進之道，他們會讓上司的工作更輕鬆，而且他們將可把工作做得更好。

遠距工作時如何獲得回饋意見

在遠距工作時很容易與其他人不同調，因為你無法從日常的走廊交談獲得回饋意見，而且從虛擬會議難以獲得透過身體語言傳達的回饋。試試這兩種方法：

1. 在分享書面工作時，增加一系列問題以引發回饋意見，例如「要做什麼改變才可以大幅改進這個工作」？
2. 當做線上簡報或主持虛擬會議時，擬定在會議前、會議後，甚至會議中獲得指引的計畫。在會議前，你可能問：「我要達成的最重要結果是什麼？」在會議後問：「我漏掉什麼了？」你甚至可以邀請別人透過聊天或問答功能來提供即時回饋意見，幫助自己知道應該加快、慢下來或澄清重點。

■專注在工作

獲得回饋意見最大的問題可能是把它視為對我們的批判，而非有關工作的資訊。這對知識工作者可能特別有挑戰性，因為他們的工作成果往往直接反映他們的思想和創意。

在我決定出版我的第一本書《乘數領導人》（*Multipliers*）時，我像進入一個新國度的外國人。除了商業報告和冗長的電子郵件外，我從未寫過任何專業書。幸好我認識幾位作者，可能願意提供像我這樣的新手一些迫切需要的指引。其中之一是派特森（Kerry Patterson）這位聰明而戲謔的《紐約時報》暢銷管理書籍作者。派特森曾是我大學時代的教授之一，後來我曾以實習生身分為他工作。作為我的經理人，他給我許多挑戰，並且總是讓我知道我可以向他學習很多事情，所以我知道他的回饋意見將無比寶貴。

我從一開始就尋求派特森的建議，聽從他的指導，並繼續讓他知道我的進展。當我告訴他我已寫完兩章時，他提議給我意見。我急忙把那些章節寄去並等候他的回饋意見，期待他也許一、兩週後的回覆。我很驚訝兩個小時後就接到他的電話。他讀過原稿並興奮地分享他的感覺。我記不得他說的全部內容，但我清楚記得他說：「哇，很顯然你做了很多研究。」還有：「你寫得真好！」我十分振奮。當時他沒有時間詳細閱讀，但他建議我到他的辦公室，我們可以一段一段地討論。我安排下週和他會談兩個小時；他確認我們約定的時間，並要求我再寄一章給他閱讀，然後掛了電話，「和你見面一定會很有趣。」我寄了另一章，一週後我興奮地飛越兩個州，然後開車到他辦公室。

我們彼此寒暄後在他的會議室坐下，會議桌上等候我的是我那三章的列印本。他承認他還沒有時間閱讀最後一章，但說會在現場閱讀並給我回應。有人批評你寫的東西就足以讓你侷促不安了，況且是當場給你批評肯定會讓你更加不愉快。派特森開始以舞台劇演員的腔調唸出內容，而我則坐在會議桌的對面。我突然發現這將不會是我預期的有趣會談。

他唸了一段，停下來，想了一下，然後說：「這很糟糕。」然後他詳細解釋這段文字的各種缺點。他又唸了兩句，說：「我不同意。我甚至認為這不是事實。」在接下來的九十分鐘，他繼續粉碎我寫的東西，好像我不在房間裡。在此同時，我忿忿地記筆記並嘗試冷靜地聽清楚他的回饋意見。他說的是對我有用的意見，但仍然感覺很刺痛——而且不是打針的程度。我感覺好像被我的英雄痛打一頓。當派特森說完後，他抬頭看我，想看我的反應。他一直專注在評論我的章節，現在他熱切地看著我，尋找他的回饋意見對我有幫助的跡象。

我脫口而出：「派特森，我感覺這實在太痛苦了。」他露出淘氣的微笑。我用強調語氣說：「說真的，唯一比這種感覺更糟的是，我赤裸地站在桌上看你撕碎我的作品。」我們都大笑起來。我忍不住問這像不像誘導轉向法（bait and switch，一種銷售策略，以低價引誘顧客後，鼓勵改買更貴的商品）：「你不是說『你寫得真好』嗎？」他的表情軟化些，開始解釋：「我確實覺得如此。我現在給你的是最嚴厲的回饋意見，因為你寫得確實很好，值得這種回饋。」

最後，我離開他的辦公室時感到信心滿滿，而不是體無完膚。我意識到我剛抵達時帶著錯誤的心態。表面上我是來尋求回饋意見，實際上我只是希望再次聽到讚美，外加一些指點。幸運的是，這位睿智的導師給了我更寶貴的東西：糾正和指引。這位偉大的智者和作家投資心力在我身上。

回到辦公室，我重新檢視那些回饋意見並修改我的作品，不但把他的見解用在他讀過的章節，而且盡可能用在每個地方。在我的書出版後，我寫信給派特森謝謝他對我的信心，及嚴厲批評我的作品（沒有一絲憐憫，真的）。他把那封信加框，掛在他的辦公室，顯然是唯一獲得這種尊榮的信。

派特森不是給**我**回饋意見；他是在批評**工作內容**。

當我們可以區別我們自己和我們的工作，就能把工作做得更好。聚焦在工作而非人可以降低我們的防衛心，容許更多資訊進來。你需要在哪些地方去除自我以便改善你的工作？如果你想成長得更快，就想像你有價值並聚焦在工作。當我們愈能對回饋意見保持客觀冷靜，就愈能從中學習。而當我們勤於尋求指導，我們就能建立一種自動調音的機制，讓我們持續與他人和環境協調一致。

有防衛心是人對批評自然、本能的反應。你如何增進對糾正的接受度？你如何讓其他人知道你歡迎他人的指引並願意行動？你如何從防衛的姿態轉變成進攻的策略？

習慣二：調整你的方法

一則古老的海上傳奇故事，訴說一艘戰艦航行於烏雲密布的黑夜，船長看到漆黑的遠處有一點亮光。他立即告訴信號員發一則訊息給那艘船：「改變你的航向往南十度。」他很快收到答覆：「改變你的航向往北十度。」船長氣壞了，又傳一則訊息給那位固執的指揮官：「改變你的航向往南十度。」同樣的回覆傳來：「改變你的航向往北十度。」這位船長傳出最後一則訊息：「改變你的航向往南十度。這是一艘戰艦。」答覆是：「改變你的航向往北十度。這是一座燈塔。」

雖然這些對話沒有真正出現在航海歷史紀錄，類似的談話在職場每天發生。一方已設定一個明確的航線並啟航，另一方有不同的看法，所以兩方很快就會碰撞。誰會改變方向？

雪瑞沙（Deep Shrestha）是 Salesforce 技術服務團隊的首席程式設計師。該部門的資深總監葛洛夫（Marcus Groff）說：「這傢伙有用不完的精力。他以快樂的心情接受挑戰，以工作為榮。他無所畏懼。」

在雪瑞沙的早期生涯，他的無所畏懼意味偶爾會與同事爭執。他的第一份工作是在一家叫「牛角」（Bullhorn）的軟體公司（名字湊巧很合他的脾氣）擔任程式設計師，他的例行工作之一是接受來自顧客服務團隊的支援要求。大部分時候他會檢視顧客的問題，尋找錯誤並修正程式。但偶爾他們會接到混淆或不確實的支援要求單。有一次他接到一個特別離譜的假服務要求，他氣沖沖地跑到樓上顧客支援部，找到支援分析師，質問他，然後讓他知道他的要求有多愚蠢。顧客支援部的經理人打電話給雪瑞沙的經理人，告訴他雪瑞沙態度很不客氣。雪瑞沙事後承認：「我可能有暗示他是個白痴。」雪瑞沙道歉，但是在三個月後，而且是用電子郵件。

在 Salesforce 收購牛角這家小軟體公司時，雪瑞沙是牛角產品的準架構師，那是他深以為傲的工作。現在雪瑞沙已是 Salesforce 的員工，他的產品將必須併入一套應用程式，與所有其他產品無縫接軌。一個由各產品架構師參與的會議將決定各產品如何集體處理顧客購買交易——具體地說，他們將如何登入資料庫。雪瑞沙已想好一個簡單但有效的設計，並分享給團隊。但團隊反對他的構想，指出他的方向在最糟的假想情況下可能碰上困難，例如交易無法完成或伺服器當機。另一位架構師建議一套遠為複雜的設計，雪瑞沙認為是大而無當和浪費資源。他繼續為較簡單的設計辯論，但其他人不相信他設計的優點，就像他也不相信他們。他們僵持不下。

雪瑞沙離開會議時深感挫折，對其他人的批評意見不以為然，他的防衛心深重。但這不是他的主意第一次被封殺，他已經從過去的經驗學到對回饋意見太快做反應可能讓他犯錯，就像衝到樓上對一個毫無防備的支援分析師發脾氣。所以他做了過去從這類情況學到該做的事：他出去散步。他發現散步可以幫助他創造一個緩衝區，釐清他的思緒，讓他找回他的心智——根據他自己的描述，就是他大腦中冷靜、能夠傾聽和學習的部分。

他開始散步時充滿憤怒，但回到辦公室時頭腦已經恢復清晰。他回想問題，但帶著同理心，站在同事的立場設想，從他們的觀點看問題。雪瑞沙用他們的邏輯思考並假設他們出於善意，然後問自己：「他們需要的哪些東西，我沒有提供？」

他發現自己忽略了一個重要因素：使用者體驗。如果購買交易無法完成，系統沒有資料來對交易情況進行清楚的溝通，使用者會有什麼反應？他們會不會擔心在取消交易前就已經被收款？現在他看到不同面向的問題，所以同意用他們的方法，並改變他的產品設計。

雪瑞沙回憶說：「那對我是一次學習的經驗。因為我們採用另一種方法，讓產品變得更有韌性。」雪瑞沙自身也變了，現在他的同事描述他是極為合作的人，而且「願意執行團隊隊友的構想就像執行他自己的構想。」大多數專業工作者傾向於堅持己見，而最有價值的專業工作者願意視需要調整他們的方法。

■放棄

領導專家麥斯威爾（John Maxwell）曾說，改變是無可避免的，但成長是選擇。在我們的訪談中，我們不斷聽到經理人描述一般貢獻者有才幹、但不願意擁抱改變。一位經理人說：「我必須想盡辦法才能推他向前進。」另一位說：「我必須勸說她去做我需要她做的事。那真累人。我變得害怕和她一對一談話。」雖然這些員工聰明且能幹，他們卻很難放棄既有的工作方法，超越舊的技能和想法。

另一方面，影響力成員可以輕易順應新方法，而這正是我們在第四章討論過的績效保證的五個因素之一（參考第一五五頁）。

放棄我們既有的工作方法有時候需要我們停下來，按重開機鍵，然後重新開始。雪瑞沙的散步可以提供這種重開機。這種散步不一定是真實的散步，他說：「我只是做一件讓我暫時不去想它的事。」方法無關緊要，重要的是創造區隔以放棄舊想法和情緒反應。「目標是放慢我的反應，創造一個緩衝空間，以便我找回理智並客觀思考。」當我要求雪瑞沙為這種做法取個名字時，他想了一下回答說「重開機散步」（reset walks）。

當我們重開機，我們才能找回正確的心智。除非我們能夠看清楚，否則我們無法改變方向。

■微調

雖然企業界著迷於再造、破壞和轉型，但進行重大改變卻可能很危險。突然的行為改變可能顯得不真誠，或帶我們更加偏離方向。與其做大改變，你可以透過一連串朝正確方向的小調整，來微調你的方法。

前Adobe人力資源部領導人莫迪卡（Jonathon Modica）展現的就是這種調整方向的能力。當被指派一項為兩位資深企業領導人發展一套新課程的重要專案時，他先召開一個建構對話的會議：「我對你們的營運有一些假設。」當其中一位主管不同意他的想法時，他沒有防衛或過度反應，反而停下來，往後靠，然後說：「幫我了解你們想看到什麼改變。」他問一連串釐清疑惑的問題，以協助了解問題和目標。會議結束後，莫迪卡整理他們的回饋意見，並開始測試每項建議，直到他們發現一項最適合的方法。

他留下的好印象讓這兩位主管後來問他的經理人：「我們什麼時候可以再和莫迪卡進行另一項專案？」

莫迪卡沒有過度反應或做過度的糾正。在考量新回饋意見時，你可以藉由問自己這個問題來避免過度糾正：「我能做什麼最小的改變，來讓我更接近目標、產生看得見的改進？」正如西姆斯（Peter Sims）在《小賭注》（*Little Bets*）中寫道：「一旦達成一個小勝利，將啟動一股有利於另一個小勝利的力量。」做一連串小糾正將建立動能，並協助你避免重大的災難。

■承認錯誤並補救

任何說「快速失敗、犯錯誤，然後學習」的人，可能從沒想過這適用於婚紗禮服。

我十七歲時一家婚紗店僱用我當修改婚紗裁縫師。我從小就學縫紉，曾縫製禮服和燕尾服，我對縫紉機毫無畏懼感。大多數修改都很簡單，但當尺碼六的嬌小凱茜（Kathy）愛上尺碼十二的樣品禮服時，我的技術就面臨了考驗。我整個拆解並重新縫製了那套禮服。出乎她的和我的驚喜，它完全合她的身。

問題發生於凱茜在她婚禮前四天來到店裡拿她的禮服。店經理要求我做最後一次熨燙。其實她不必要求我，我知道修改過的衣服都應該熨燙，但我討厭用蒸氣熨燙它們，那會讓你流一身汗，而且我認為那是較低階技術的工作。我不情願地開了熨斗開始工作。當我把熨斗壓在緊身胸衣部位時，我驚恐地看到聚酯布料和蕾絲層搭開始皺縮。我很快把熨斗拿開，看到婚紗禮服的緊身胸衣上有個洞！我停止呼吸，看著自己的手，嘗試理解我剛做了什麼——不只是對這件禮服，而且是對一個四天後就要披上婚紗的新娘。我怎麼會做出這種事？

這是很離譜的錯誤，很多人可能忍不住會瞎掰熨斗突然故障這類藉口。不過，這完全是我的錯，所以不可能掩飾它。當我走向店裡的準新娘等候區時，我跟她打招呼並以一本正經的語氣說：「凱茜，我剛才把你的婚紗禮服燒了一個大洞。真的很糟。但我會修好它，兩天後它就會很完美。」你可以想像凱茜有多驚恐。但完全出乎我的意料，她沒有大叫或哭泣（雖然她有理由這麼做）。她傾聽我的計畫，並表達對我修補好禮服的能力有信心。

第二天放學後，我開車到城裡買了需要的材料，然後重做了被燒壞的緊身胸衣。這一次我仔細地熨燙，並對我這件傑作感到自豪。當凱茜兩天後拿起她的禮服，她讚不絕口地誇獎我——雖然我只是將功贖罪。修補過的緊身胸衣和寬宏大量的新娘教會我幾個補救錯誤的祕訣：最好的方法是馬上承認錯誤，承擔所有責任，很快並完全地修正，然後再多做一點。

承認錯誤和迅速恢復是影響力成員與低貢獻者間的十大區別因素之一。[12] 雖然承認自己的錯誤很不容易，但若從成長的觀點看待會更容易做到。對定型心態來說，錯誤就是失敗和對抗自己的極限。但對成長心態來說，它是改進一種產品、修補關係和獲得最終恢復信心的機會——不管是對自己的信心或他人對我們的信心。

當一位著名的生物醫學工程教授寫了一篇結論有爭議的文章時，醫療專家紛紛在網際網路上糾正他。他沒有為自己的論點找理由，反而立即在推特上道歉說：「我錯了。感謝所有給我建設性批評的人。」當你犯錯時，下列的做法將協助你恢復信心。

1. **認識錯誤**。我們可能從要求我們修正的批評意見中發現自己的錯誤，不過當我們誤判情況或行為失常時，我們往往聽不到批評。認識這類錯誤的唯一方法是，去問願意告訴我們殘酷真相的人。

2. **承認錯誤**。當我們隱藏或淡化錯誤時，人們會質疑我們的能力和我們對現實的認知。當我們坦誠談論自己的錯誤時，對話就會從怪罪和掩飾轉向修補。而當我們立即承認錯誤時，就能讓別人願意毫無隱瞞地告訴你真相。

3. **迅速修補問題**。無數的研究顯示，迅速且完整地修補發生的問題，實際上可以提高顧客的滿意度。別只是承認錯誤，要迅速且完全修補它。

4. **解決整個問題**。每個任務都有不吸引人的低階工作。高傲自大的人挑選風光的工作（並留下吃力不討好的工作給別人），最有價值的專業工作者則從頭到尾解決整個問題。那些處理整個任務的人會發現日後被託付更大的任務。

承認自己的錯誤不但能讓我們免於災難，它也是維護自覺和了解我們對他人影響力的關鍵。諾貝爾經濟學獎得主克魯曼（Paul Krugman）寫道：

「每個人都會做出錯誤的預測，天知道我做過多少。但當你繼續預測錯誤，特別是當你一直往相同的方向預測錯誤時，你應該做一些自省，並從你的錯誤學習。為什麼我錯了？我是錯在動機性推理（motivated reasoning），相信我想相信的，而非跟隨邏輯和證據嗎？

不過，要做這種自省，你必須願意承認你一開始就錯了。」[13]

當我們及早承認錯誤並迅速修正，可以讓人們知道我們是在學習，而他們的回饋意見會是明智的投資。

習慣三：回報回饋意見

韓考克（Braden Hancock）是前景看好的矽谷新創公司 Snorkel AI 共同創辦人兼科技長，這家機器學習公司是從著名的史丹佛大學電腦科學系實驗室獨立出來的。韓考克有一份令人難以置信的精彩履歷表，特別是對一個年輕的專業工作者來說：美國空軍研究實驗室、Google

和臉書的實習生；約翰霍普金斯大學、麻省理工學院和史丹佛大學的研究助理；機械工程學士；以及史丹佛電腦科學博士。

人們會想知道琳瑯滿目的成就背後，他是怎麼辦到的。當然，韓考克很聰明且極其努力。他也非常謙虛、和氣——我是說發自內心的真和氣。但這些成就不只因為他聰明、努力且和藹可親，更是因為他比他的同儕更常尋求指導，而且經理人和導師願意投資他。這就是原因。

韓考克年輕時想成為機械工程師和從事尖端研究。幸運的是空軍研究實驗室就設在他的故鄉俄亥俄州代頓（Dayton），而他在那裡找到實習的工作。他不只是準時上班和做被指派的事，他會要求他的經理人克拉克（John Clark）——一位熱情的研究科學家——給他更多工作。當克拉克給他更有挑戰性的工作時，韓考克會前往實驗室的世界級圖書館做研究。克拉克說：「我知道許多在這所實驗室工作數十年的科學家，從未到過我們的圖書館。」

韓考克在大學一年級時再度為克拉克工作，他要求做一項困難的計畫以便他申請念研究所的獎學金，所以克拉克指派他降低噴射引擎飛越音障（譯註：飛機超越音速時的障礙）時內部的震波強度，而這是一個通常保留給研究生的計畫。克拉克界定問題的內容並提供指導，然後韓考克獨立工作以解決問題，當需要知道更多時就到圖書館找資料。每當他陷於困境時，他帶著問題回報克拉克。

韓考克以這項計畫參加一項知名的全國科學研究獎，當評審宣布這位大學新鮮人獲得這項全國性大獎時，他眼裡閃著淚光說：「以他接受的教育，他的成就遠超過他所能達到的。」韓考克後來一直與克拉克保持連絡，讓他的導師知道那些實習工作和研究計畫為他帶來的新機會。

儘管缺少電腦程式設計經驗，韓考克後來申請到約翰霍普金斯大學的實習，為電腦科學系副教授德雷茲（Mark Dredze）工作。韓考克在報到前先上完一門線上程式設計課程，以便他很快進入狀況。來到實驗室後，他用自然語言程序技術分析社群媒體，以研究公眾對槍枝管制等公共健康問題的態度如何改變。他尋求指導、解決問題，並且在陷於困境時尋求具體的指引。當他有進展時，他回報他的教授以確認接下來的步驟。這段實習經驗打開了一條新生涯道路，帶來史丹佛大學的電腦科學博士課程。韓考克在每個階段都回報德雷茲，讓他知道他的指引和教導帶他來到什麼地方。

在他的博士課程中，韓考克尋找指導人時，很快注意到著名的教授兼科技創業家克里斯托弗·雷（Christopher Ré）。克里斯托弗·雷給韓考克他給所有研究生同樣的建議：參加實驗室成員每週一次討論他們計畫的午餐會，傾聽並尋找適合自己的計畫。一些研究生聽了後很失望沒有被指派參加計畫，另一些研究生則找到適合他們既有興趣與技能的計畫與角色。韓考克的方法不同。他注意到第二年研究生雷特納（Alex Ratner）是克里斯托弗·雷倚重的助手，所以提議幫助雷特納。韓考克拿出一直以來的本事：很快解決第一個問題，然後提出下一步驟的構想，在困住時尋求指引，進而採取行動然後回報回饋意見的結果。經過幾個循環後，他已經加入克里斯托弗．雷的實驗室最熱門計畫——開發後來造就 Snorkel AI 的技術，即現在韓考克、克里斯托弗．雷和雷特納三位博士一起工作的公司。

這位工程師兼創業家的成就和讓機會最大化的方法有一個模式：他尋找做大事的人，然後加入他們全心投入的計畫。他事先做功課、解決問題，然後做更多。他持續回報回饋意見，讓他的經理人知道工作已做完，和他們的建議的成果。這是刻意且可靠的貢獻方式，可以啟動他人的教導基因和觸發一個投資循環。在韓考克貢獻影響力的同時，他的導師則再一次投資在他身上。

德雷茲承認看到有人成長帶給他滿足的感覺，他說：「我最近參加一個網路座談會，有人談到 Snorkel 這個主題。我立即加入聊天，告訴大家韓考克曾經是我的學生！」克拉克表示：「他是個人才，你會希望他能一展所長。優秀的人不一定能出頭，但韓考克脫穎而出，而我希望他繼續成功。」他繼續說：「韓考克不會浪費好機會。他是那種你願意給他珍珠的人。」

經理人都願意投資，但他們想投資在一個會回報回饋意見的系統，而不是一個黑盒子。當你尋求指引然後回報回饋意見時，你讓別人知道他們對你的投資已得到成果。

韓考克在進入勞動力市場時確實擁有高學歷和機會的管道，但這些方法讓他不斷進階。不管你從哪裡開始，回報回饋意見可以讓你更上層樓。

假餌和干擾

在影響力成員順應改變的風向時，以一般貢獻者心態運作的專業工作者尋求穩定和自保。在這種模式下，我們繼續照舊方法做事。正如一位經理人說，這是學習者和知道者（knowers）的差別。我們會避開不穩定、不確定的情況，不相信令人不安的資訊。我們會對像是顧客導向的創新、新科技、調整組織架構、意外的新職責，和三百六十度回饋（360-degree feedback）抱持戒心。當這心態走到極端時，我們會開始避開可以給我們迫切需要的糾正性指導的人，例如一位思愛普員工不喜歡上司給她的回饋意見，以至於只要她上司在辦公室她就不進來。

避開不舒服情況的傾向代表一種定型心態，即相信我的能力是固定的，不會有多大的改變。[14] 當我們抱持定型心態時，目標就變成是表現我們很聰明，和要盡力別讓自己看起來很笨。這種心態導致原本聰明能幹的人固守在他們最知道的事，或是在感到脆弱時，堅持自己最懂。這種績效動機可能導致兩種截然不同的對回饋意見的傾向：一種是逃避，一種是自戀。兩種極端都包含假餌——也就是看似有幫助、實際上侵蝕我們貢獻的價值的做法。

堅持做擅長的事

「善用你被讚揚、而非你勉強及格的能力」，這似乎是個不錯的職涯建議。所有人都喜歡做能發揮自己獨特優勢的工作並受到讚賞，得到一連串肯定的回饋意見肯定比遭到批評和糾正愉快。但當我們跟隨掌聲時，我們會逐漸脫離現實，並避開暴露我們缺點的情況。當只做我們擅長的事時，我們可能不敢做我們沒有把握會贏的事。我們甚至可能嘗試操縱遊戲規則以有利於我們的強項，就像瑞典足球隊員和守門員移動球柱幾英吋，以使對手更難得分。[15]

領導人當然應該發掘和利用他們團隊成員的天分，但只做我們擅長的事可能限制我們成長的能力。在不斷變遷的環境中，我們都需要持續成長。我們最有價值的貢獻將來自我們假設真正的優點是順應和調整的能力。

假裝認真

當我們難以跟上不斷改變的腳步時，我們很容易想表現出我們很優秀的假象。我們想表現出好像我們掌控了情勢，所以我們在工作裝出認真的表情：我們說正確的話，使用最新穎的用語，做出我們知道自己在做什麼的樣子。當我不知道該怎麼做時，我只好頻頻點頭，表現得好像我知道。不過，這種「假裝直到我們成功」策略的問題是，雖然剛開始它可能激勵信心，它卻會壓抑學習和阻擋別人給予我們需要的教導。假微笑和虛張聲勢製造出回饋意見的障礙，形成我們不需要指導的假印象。

與其嘗試假裝有信心，我們應該讓人們知道我們清楚了解艱困的情況，並展現願意接受指導的態度。承認困難的程度和你需要多少協助，實際上能提高同事對你的信心。而承認你還不知道什麼但願意學習，將打開你完成工作所需要的回饋意見和教導的大門。

不斷尋求回饋意見

但當我們轉向另一個極端，不斷尋求回饋意見，不斷問我們的上司「我表現得如何？」時，會是什麼狀況？我們可能變得太依賴回饋意見，讓我們尋求反應到趨近自戀。這種過於急切的方法，問題在變得總是牽涉到個人，就像是說「**我表現得如何？**」而不是「這項工作達到要求標準嗎？」對我們的同事，這種問題似乎更像是乞求肯定而非要求回饋意見。這種從自我出發的方法對經理人來說是沉重的負擔。他們不再是在教導一個人的工作，而是在餵養一個人的自尊。

更好的方法是定期獲得對你工作的回饋意見，不是靠要求特別的關注而獲得，而是工作過程的自然副產品。而且別只是問你的經理人。你的經理人只是資訊的來源之一，你可以從多重的觀點尋求指引。最重要的是，別要求別人對你績效的回饋意見，而是尋求能幫助把工作做好的資訊和見識。

倍增你的影響力

在我們的訪談中，數十位經理人惋嘆他們的員工不肯改變或修正他們的問題，但在後來的訪談承認他們從未真正和那個員工談論問題。為什麼經理人會保留這種重要資訊？當經理人感覺給回饋意見太令人挫折時，他們就會停止這麼做。所以，真正的問題不是大多數人不尋求回饋意見，而是他們無法接收到。

無法獲得糾正不但限制一個人的成長，也限制組織改變的能力。當尋求肯定而非回饋意見變成組織內部的常態時，這種文化會成為改變的阻力。組織的熱情將被內部吶喊著「我

建立價值：尋求回饋意見並調整

影響力成員尋求回饋意見，獲得更多指導，然後被視為可教導的成員。

影響力成員	利害關係人		影響力成員	
行為	獲得	行為	獲得	現在可以做
尋求並依照指導和回饋意見做	達成目標的績效，和教導的投資獲得高報酬率	再投資於影響力成員	持續的指導和再投資	順應並在曖昧不清的情況中完成任務

影響力成員	組織		影響力成員	
行為	獲得	行為	獲得	現在可以做
把回饋意見和糾正視為重要資訊	學習和創新的文化	認可貢獻和提供機會	作為可教導的成員和能快速學習的信譽	成功完成困難的任務

們做得很棒！」的公關機器淹沒。簡單地說，當我們堅持做我們知道的事，我們會被困住。個人和整個組織將被框在限制他們成長的角色。

對照之下，對影響力成員只要一點指導就能帶來長期的效益。由於他們尋求並按照回饋意見做，他們得以達成目標並持續獲得指導，以幫助他們把工作做得更好、發展更創新的方法，和順應曖昧不清的新情況。他們的工作方法不但提升他們的遊戲等級，也為團隊其他成員提高標竿——我們將在第八章進一步探討這個主題。

羅巴茲（Jason Robards Jr.）在回憶他多產的演員生涯時說：「我們要每天成長，否則就會不成長……我們隨時都是一個不同的人。」[16]頂尖的貢獻者和卓越的創造者隨時都在改變，隨時都在順應。

終點線不是終點，它是個轉折，是邁向新旅程的過程。蜜雪兒・歐巴馬（Michelle Obama）以她的回憶錄書名《成為這樣的我》（*Becoming*）抓住這個真理。她在書中的結尾寫道：「我還在進步，而且我希望我將永遠在進步。對我來說『成為』不是抵達某個地方或達成特定的目標。我把它視為前進的動作、一種演進的手段、一種持續朝向更好的自己之方法……『成為』是永遠不放棄可以再成長的想法。」[17]

當我們在成長時往往必須放慢速度，喘口氣，盤點一下我們的經歷以便再往前進。我們可能需要學雪瑞沙的榜樣，做一次重開機散步。你是否應該拋棄某些你知道的東西並改進你的信念？你是否需要放棄某些過去管用的方法，以便發掘一種在目前的現實中效果更好的方法？

有時候最小的調整就足以讓我們維持正確的方向。與其追求大改變，不如掌握小改變的技巧。邀請回饋意見和尋求糾正。要求指引並採取行動，然後回報回饋意見，讓你的指導者知道他們的協助讓你找到正確的方法。那將提醒他們，他們做了一項好投資，他們智慧的種籽撒在了肥沃的土壤。

教戰手冊

這篇教戰手冊包含給渴望領導的人的祕訣，以供他們練習並強化**尋求回饋意見並調整**所需要的心態和習慣。

聰明玩法

1. **尋求指導而非回饋意見**。由於回饋意見與評價有關而與改進無關，當人們要求建議或指導而非回饋意見時，他們往往獲得在量和質上都較好的回饋意見。[18]與其要求人們對你的表現給予回饋意見，你應該要求可以協助你把任務做好的資訊和洞識。使用如下的問題：「如果我想把某事做好，你會給我什麼建議？」「你有什麼看法可以幫助我在下一次做某事時做得更好？」「我應該多做一點什麼？」「我應該少做一點什麼？」「如果我下次做這件事時只改變一個做法，你有什麼建議？」

2. 散個步以緩和情緒。即使是對最有自信的學習者，回饋意見仍可能傷害我們的自尊心。就像運動員那樣，我們可以藉由散步來驅散小傷害的刺痛感。下列的技巧可以協助你在接受和回應回饋意見間創造一些空間，以協助你避免過度反應。

- **做一次重開機散步**。真的走出門散個步以緩和情緒，讓腦袋恢復清晰。
- **說出來**。在反應之前與朋友或同事談論你聽到的回饋意見。
- **假設善意**。設想給你回饋意見的人是完全出於善意。假設他們站在你這邊，想協助你改善你的工作。
- **重新整備**。要求給你時間，以消化你收到的指導，並在擬好計畫後做回報。務必展現對回饋意見的感謝。
- **保持真誠**。承認你剛開始的反應是有防衛心。讓他們知道你想了解他們的看法並採取行動，等你的情緒緩和下來會很快想清楚，而且能降低你的防衛心。

3. 創造正向循環。別讓別人不知道你怎麼處理他們給你的回饋意見或指導。展現回饋意見的效果，並描述你如何善用他們對你的投資。你可以在回報回饋意見時說：(1)這是你們給我的指導，(2)這是我據以採取的行動，(3)這是結果，(4)這個經驗如何讓我和其他人受益，以及(5)接下來我計畫做什麼。

當你回報回饋意見時，人們可以看到他們對你的投資帶來成功，並持續讓你和其他人受益，因此他們將更可能進一步投資你。

安全祕訣

1. 協助他人說出來。不管哪個層級的人都可能對提供糾正性的指導感到不自在。嘗試用下列的方法讓其他人感到自在。

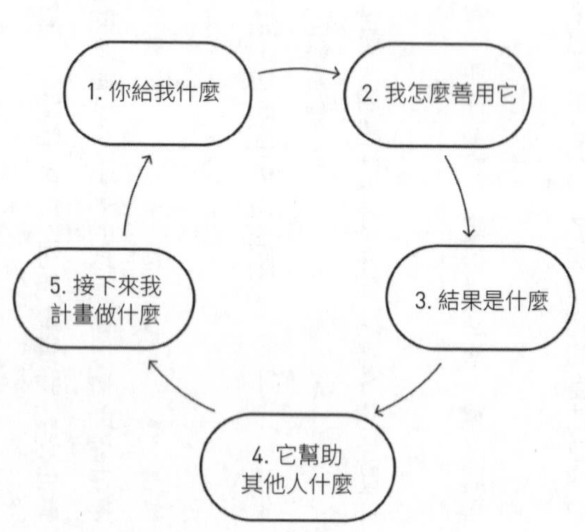

邀請。讓他們知道為了達成目標，你需要知道你可能在哪些方面做得不好。

反應。別有防衛心，別找藉口，別報復。只要傾聽和問有助釐清的問題。

回應。謝謝別人提供意見，並讓他們知道他們的回饋意見將如何幫助你達成目標。

2. 公開你的進展。首先，讓人們知道他們個別的回饋意見促使你做了什麼。再進一步把你的整個學習變成公共紀錄的一部分。讓你的同事知道(1)你從內部或外部顧客聽到什麼，(2)你學到什麼，以及(3)你根據學到的事做了什麼調整。

給經理人的指導祕訣：你可以在第八章末「教練的教戰手冊」找到協助你的團隊成員尋求回饋意見並調整的指導方法。

SUMMARY

第5章摘要

尋求回饋意見並進行調整

本章描述影響力成員如何處理變動的目標和改變的邀請，以及為什麼他們比同儕更能順應且學習得更快。

	一般貢獻者心態	影響力成員心態
工作方法	堅持做他們最擅長的事	要求回饋意見並順應
假設	我的基本能力不會改變多少，所以改變是一種威脅（小心翼翼）	我有價值，能成長和演進（信心） 努力可以增進能力（成長心態） 我本身就有價值與能力（內在價值）
習慣	尋求肯定 做擅長的事	尋求指導 調整方法 回報回饋意見
結果	這種心態限制個人的專業成長和組織的改變能力	個人建立作為可教導玩家的信譽，不但提升自己貢獻的層次，也提高團隊所有人的標竿。這強化了學習和創新的文化，協助組織保持競爭力
要避開的假餌：（1）堅持自己的強項（2）假裝認真（3）不斷尋求回饋意見		

無盡的需求

領導人怎麼說……

一般貢獻者	影響力成員
「她用掉我許多時間。我必須提供她許多支持，幫她做她應該能做的事。」	「他頻繁地找我說：『我可以幫你做什麼事？我如何才能讓你的工作更輕鬆？』」
「她讓自己和別人做的每件事都變困難。她可能會把事情做完，但總會留下許多麻煩事等著收拾。」	「她避免把事情搞複雜。糾紛不會扯上她。她有同情心，但拒絕當肥皂劇的演員。」
「我必須很努力才能和他一對一談話。那很累人。我總是希望能免則免。」	「她散發正面的能量。和她共事就是很愉快。」

第6章

把困難的工作變簡單

人性裡似乎有一些違背常理的特性，像是喜歡把簡單的事變困難。

——巴菲特（Warren Buffett）

一九六四年的阿拉斯加大地震是北美洲有史以來最強的地震，也是全世界歷來第二的強震。它震裂阿拉斯加中南部的許多土地，導致建築物倒塌，形成許多裂縫，並醞釀多次二十世紀的海嘯。[1] 震央位於有四萬五千名居民的首府安克拉治外海。

錢思（Genie Chance）當時是安克拉治居民，一位妻子，以及三個小孩的媽，在當地廣播電台擔任兼職記者。當大地震在三月二十七日下午五點三十六分襲擊時，她正帶著兒子開車出外辦事。他們正開車進城時，汽車開始搖晃蹦跳。他們看到停在路旁的汽車彼此碰撞，行人幾乎無法站立，建築物的窗戶爆裂，道路急遽起伏。錢思知道這絕不是小事。當四分半鐘的顛簸震撼結束後，錢思的記者本能立即啟動。她開車到警察局和消防局去蒐集細節以便發布快報。然後她和兒子前往市中心，他們目睹破壞的程度。一座新蓋的五層樓百貨公司已倒塌，有兩個街區整個掉入裂開的地縫。

錢思的報導都收錄在莫阿勒姆（Jon Mooallem）的書《這就是錢思！》（*This Is Chance!*）。莫阿勒姆寫道：「錢思知道安克拉治的居民散居各地，彼此距離遙遠。電力網已經癱瘓。大多數電話線不通。沒有方法知道到底發生什麼事、整個地區已變成什麼樣的廢墟。」[2] 錢思先很快回家一趟，在確定其他的小孩安全後，她立刻開始工作。

廣播電台開始用輔助電力播送消息，錢思使用一具攜帶式無線電在汽車上做她的第一次報導。她把聽到的訊息播報給所有人，並呼籲聽眾檢查他們的鄰區。她建議警察局和消防隊用她的無線電做廣播，但他們反而把廣播的工作交給她。正如莫阿勒姆的敘述，她很快將成為凝聚這個城市的聲音。電力已斷線，氣溫低於零度，人們被困在家中和建築物裡，但錢思冷靜的聲音帶來希望，避免大眾陷於恐慌，進而團結了社區，帶領大家度過最難熬的時刻。

剛開始她播報地方當局提供的基本訊息。她列出公眾庇護所的地點，並告知淨化用水的指示。很快她開始做報導新聞以外的事：她協調初期的緊急應變行動。官員和志工遞紙條給錢思，而她呼籲大家幫忙：「所有里奇堡（Fort Ridge）的電氣匠和水管匠立即前往七〇〇大樓。」她連結資源與最需要協助的人和地方。社區成員同心協力，形成一群組織鬆散但效率極高的大眾緊急救援隊。隨著愈來愈多人獲救和破壞被修復，錢思安慰聽眾最動盪的情況已獲得控制。實體危險逐漸消退，但人們的情緒驚魂未定，仍擔心親人的安危。錢思開始傳遞數千則訊息（例如「給甘迺迪・薩德勒的訊息，薩德勒太太安好。給在基奈（Kenai）的華特・哈特，李・哈特安好。在希望角（Point Hope）的提姆・墨菲和比爾・桑默維爾，你的家人一切無恙。」）[3]錢思在每一則報導真正傳達的訊息是「你並不孤單」。[4]一名研究人員指出：「即使在一片斷壁殘垣中，人們似乎很快樂。人們感覺彼此連結，有一種日常生活往往缺少的緊密關係，而這種凝聚感似乎讓他們較能忍受面對的問題。」[5]

錢思堅守她的工作並持續廣播五十九個小時（除了小睡幾次），以奉獻精神、智慧和堅強為她的社區服務。一位同事描述她的報導「避免民眾陷於恐慌和困惑」，並指出她鼓舞了其他人，始終保持鎮定，「在如此長的時間裡承擔了沉重的責任，但她的聲音從未顯露出疲倦」。[6]莫阿勒姆寫道：「資訊帶給人寬慰，傳達資訊的聲音也是如此。」他也指出：「她變成人盡皆知的阿拉斯加之聲，代表整個州的應變能力和冷靜自持。」[7]錢思的報導在黑暗的時刻照亮了天空，讓社區艱困的工作變得較能忍受。

想想你的工作：你是否傾向於讓簡單的事變困難，或者你讓團隊每個人的困難工作變簡單？當情況艱困而負擔沉重時，團隊中最有價值的成員會讓工作變輕鬆。雖然他們可能無法減輕工作負擔，但他們讓工作過程更簡單和更有趣。他們就像一束帶來歡樂的氦氣球。

第五項、也是最後一項工作方法是有關頂尖的貢獻者和領導人如何處理壓力和無盡的需求。我們將探討一些人如何設法把工作變得不像工作，以及為什麼影響力成員能為團隊的每個人（包括自己），創造一種正向和有建設性的工作環境。我們將看到一系列精彩案例，來自世界各地高價值、低維護成本的超級明星——從德國華爾道夫、波士頓、杜拜到舊金山灣區。在探討這些全明星如何讓困難的工作變輕鬆後，我們將回到安克拉治，思索像錢思這樣的人如何帶來歷久不衰的影響力。

隨著你繼續閱讀，你將發現輕鬆之道——與人輕鬆共事，同時讓他人也與你輕鬆共事。最重要的是，我們將探討為什麼低維護成本被視為高績效的原因，特別是在這個時代，領導人和團隊面對永不停止的需求和持續的壓力與耗竭，而這些壓力可能像野火般蔓延，危及一大部分的工作人員。

選擇題：被壓垮或提供助力？

我們的工作負擔感覺像愈來愈多的債務，不斷增加且如影隨形跟隨我們。大多數專業工作者某種程度有這種感覺：每週有太多工作要完成，有太多新工具和技能需要熟練，以及有太多資訊要處理和保存——而且這些還只是日常的工作。在二〇一九年，美國的全職員工週間平均每天工作八・五小時，超過三分之一的全職員工在週末或假日需要工作。[8]《哈佛商業評論》報導，一般主管、經理人和專業工作者平均每週工作七十二小時。[9]過去季節性高壓的工作負擔現在已成為常態。一位大公司經理人談到他們的工作負擔：「那就像背著一個小孩和一隻狗爬山坡，而且每次我停下來喘口氣，就有人再放一塊石頭到我的背包。」

但是，我們在工作中感覺到的重擔，真正來自工作的只占一部分。在一項研究中，超過半數的回應者說，他們的主要工作壓力來源與工作負擔無關，而是人的問題、工作與個人生活的平衡，和缺少工作安全等壓力因素。[10]辦公室政治和情緒反應製造了摩擦，複雜的協作和開不完的會議占據大部分時間。另一項研究發現，美國員工平均每週花二・八小時處理職場衝突。[11]克羅斯（Rob Cross）、黎貝利（Reb Rebele）和格蘭特（Adam Grant）做的一項研究估計，在過去二十年，協作活動所花的時間增加了五〇%以上，為協作者製造出氾濫的額外會議和電子郵件通訊，並可能導致組織運作癱瘓。[12]這些因素造成的沉重負擔可能使人為之耗竭。

在此同時，讓我們可以在任何地方工作的科技，也催促我們在任何地點和任何時候工作。創意領導中心（The Center for Creative Leadership）發現，有智慧型手機的員工表示他們平均每天有十三・五小時與他們的工作互動。[13]在過去二十年，工作就像升高的洪水那樣滲入我們的家，其中負責照顧家人（等同上第二輪班）的專業工作者承受最高的壓力。工作和家庭界線的模糊化在二〇二〇年達到高峰，當時正值全世界嘗試躲避新冠疫情的威脅。在家工作突然蔚為潮流，導致一些人留在工作場所以應付太多工作，而其他人則像與世隔絕那樣單獨工作。

我們的工作——包括真正的工作和所感受的沉重工作負擔——可能讓人感覺無處逃避和筋疲力竭。根據二〇一九年蓋洛普公司（Gallup）的一項研究[14]，十個全職員工中有八個感覺身心耗竭。如果我們花費額外時間和精力，是與團隊一起克服艱鉅的挑戰也就算了，然而，大多額外的精力卻是花在沒有生產力的事情上，像是無法跨越的障礙和頑固的同事。克服挑戰令人振奮，但處理沒有益處的衝突完全只是消耗精力。我們浪費太多精力和才智應付辦公室政治、衝突以及高維護成本的同事上。

我們可能在不知不覺中讓這個問題更加惡化。當壓力升高和工作負擔增加時，一般貢獻者傾向尋求協助而非提供協助，會依賴他們的上司以減輕他們的負擔。當他們這樣做時，他們是把另一個石頭放進他們經理人的背包。有些人真的很難共事，他們會加重同事的負擔。但大多數人不會主動挑起衝突；他們只是在實際工作的周邊參與喧鬧和增添雜音而使壓力升高。

例如，愛爾（Isle）[15]是一家全球科技公司工程部門的營運長，她既能幹又賣力工作，常常是最後一個離開辦公室的人。她負責任地完成所有份內的工作，但她也喜歡修正和完成其他人的工作。她告訴她的上司（工程部的主管）：「他們的工作品質太差，我不得不修正它。」

其他人經常發現她輕視他們，因此想盡各種方法扭轉她對他們工作成果的修改，以至於她的上司常被捲入爭論的仲裁。她的上司說：「她可能把工作完成了，但也在過程中惹惱了五個人。她做的事看似人在增添價值，實際上卻是反價值。」

當有人開始製造雜音多過於價值時，他們對領導人和同事就變成額外的負擔，並進而讓自己的工作也變更困難。但有些人面對相同的工作負擔和無盡的要求，卻能幫助大家減輕負擔。在其他人增加負擔時，最有活力的成員卻提供時段優惠（time rebate）。他們讓困難的工作變輕鬆些；工作未必變得更容易，但工作的過程變得更輕鬆和更有樂趣。他們提供助力，不是藉由承擔他人的工作，而是藉由減輕感受上的工作負荷。他們培養輕鬆的環境以降低壓力和增進工作的快樂，而這兩者都能減輕耗竭。這些關鍵玩家會減少情緒反應和辦公室政治，強化協作和包容的文化。在此同時，他們建立一種高績效、不說廢話的成員的信譽，每個人都喜歡與他們共事。當他們為同事而把工作變輕鬆時，工作對他們來說也變輕鬆。

以下是讓工作變輕鬆的工作方法。

華德（Cathy Ward）是英國思愛普創新服務公司的全球營運長，杜斯（Karl Doose）是她團隊裡的業務經理。大多數思愛普的主管都有一位業務經理為主管做財務和商業分析，以協助確保獲利和營運順利進行，不過不是每個人都有一位像杜斯這樣的業務經理。

杜斯擔任這個職務時只有二十三歲。儘管年輕，他認為自己的角色對業務成敗很重要，並表現在他的工作上。當他開始做這個工作時，他請教「幕僚長」——一個比他高一、兩級的職務——以了解這項工作承擔的職責。然後他為華德製作一個三頁投影片的簡報。第一頁細述他認為他的職務完全做好時應該是什麼情況。在第二頁，他評估自己目前的能力。第三頁列出自己的發展計畫。

杜斯說：「我的工作是讓我的上司成功。對她重要的事，就是對我重要。如果她覺得滿意，我也覺得滿意。」因此杜斯不只是做業務經理的工作，他也一直思考華德的工作，和她需要團隊怎麼做才能成功。他不會等待華德或團隊其他人要求他做分析。他預先看華德的時間表，並從過去的需要來預測她會想要的資訊和分析。例如，如果她即將和客戶面談，他會在她要求前準備一套簡報並以電子郵件寄給她。他會說：「下週你有一個客戶面談，這些表格應該有幫助。」

杜斯的聰明有一部分是他有能力快速消化資料，並濃縮資訊成最相關的重點。華德說：「杜斯會傾聽並了解問題，然後回報完成的工作，有時候只過了三十分鐘；他的工作成果往往達成目標、表達恰到好處，而且看起來漂亮。」他了解簡短而清晰的溝通可以傳達給更多人和更有價值。例如，如果他發現一篇三十頁的報告對華德或團隊其他人有幫助，他會在寄出時附上一段註解：「我知道你不會有時間閱讀這篇報告，所以以下是五個重點。」華德說，杜斯學習的速度和溝通的效率「不斷地為公司營運節省時間」。

杜斯不只為他的經理人綜合關鍵資訊，他也大方地分享他的強項給團隊成員和其他人。例如，華德剛在德國開完一整天的會，她收到公司產品發展部主管的一則緊急訊息，說他要對思愛普的董事會做一項重要報告，想知道她的團隊能不能幫他製作一份主管摘要。公司上下都知道她的團隊在這方面做得很好。華德簡短地向杜斯說明此事，杜斯也剛開完整天的會議，但他對這項邀請很興奮，而且還有精力接受這項挑戰。華德飛回倫敦。一個小時後飛機落地，她發現收件匣裡有一封電子郵件，附件是杜斯的新報告。杜斯已整理出那位主管的詳細報告，並抓住重要訊息，製作出一套新投影片簡報。華德說：「整篇報告完全經過改寫，摘要十分完美。」同一天，杜斯接到來自發展部主管的訊息：「杜斯，我一直到今天早上才知道你……我個人已變成你的粉絲——你是怎麼如此快速把一個PPT檔變成一篇如此優雅的說明？謝謝你，我將期待更多與你合作的機會。」

杜斯為每個人減輕負擔，不只限於他上司。華德說：「我很容易把杜斯當成平輩的夥伴，因為他就是這樣做事的。」其結果是，他獲得許多機會，能以超級速度學習公司事務，且被視為晉升的候選人。最近他被拔擢為幕僚長，而且完全順理成章，因為他早已在做這個角色的工作。

當工作負擔落在肩上時，你是尋求上司減輕它或把工作推給同事，讓其他人的負擔加重嗎？或者你讓所有人的工作變輕鬆？

心理素質

當工作負擔達到高峰且持續不減，經理人通常尋求外部增援——額外人手——以趕完工作。他們的邏輯是：我們的團隊有更多工作，因此我們需要更多人手。雖然招募新人能提供紓解，但額外人手也增加管理負擔：有更多人需要指導，更多要解決的問題，更多一對一會談、更高的協調成本和更多的情緒。

影響力成員不像來自招募的增援，他們是結構性的增援，就像強化鋼筋的水泥樑柱和可以承受更大重量的強化結構。在其他同事增加負擔時，他們讓工作變輕鬆。他們的工作方法讓整個團隊可以承受沉重負擔。

影響力成員把無盡的需求視為支援和協助他人的機會。他們想協助的傾向源自一種歸屬感，一種他們不只是團隊的一員、而且被團體所需要、他們獨特的優點被承認，和他們的工作是必要且有價值的觀念。他們抱持的根本信念是，**我是團隊重要的一部分**。他們認為自己是社群中有價值的成員，正如他們的同事也是。

Adobe 公司歐洲、中東和非洲地區（EMEA region）西區的解決方案諮詢部總監倫萬尼（Lionel Lemoine），工作是建立社群並創造歸屬感，不只是在他的團隊，而且是整個辦公室。倫萬尼的經理人塔普林（Chris Taplin）說：「倫萬尼平易近人，他為辦公室創造巨大的能量。

他四周的人可以感覺到他關心他們所關心的事。」大家都知道倫萬尼在桌上放了一碗巧克力——這在職場就像鋪一張歡迎地墊。在巴黎工作的法國人倫萬尼承認：「我愛吃巧克力。我隨時都有十種不同的口味。」那可是高級巧克力，真正的好貨。人們會順道到倫萬尼的辦公桌來喝咖啡，吃巧克力和談話，氣氛輕鬆而友善。那碗巧克力就像在說：「來吧，坐下，跟我聊聊，這裡歡迎你。」

與他相對照的是一家大型活動公司的會計專業工作者，她也以在辦公桌上放一碗巧克力聞名。但她不像倫萬尼那樣輕鬆和友善，一旦她用巧克力誘惑同事進入圈套後，她便把他們吸進肆無忌憚的抱怨。她的同事很快學到這種大方的表現是個陷阱。巧克力是她的羅網，訪客是她的獵物。傳達的訊息好像「此刻我擁有你」。她不是在建立社群，而是為自己建立非自願支持系統。

當人們感覺歸屬於一個社群時，他們會變得更活躍，並在升高的群體責任感中運作。這就是研究人員兼提倡者布坎南（Ash Buchanan）所說的利益心態（benefit mindset）——一種成長心態的延伸，在其中我們不但尋求成長，也發揮我們的潛力，但是同一種出於為所有人福祉服務的方式。[16]布坎南寫道：「在利益心態中，我們了解我們不是獨來獨往的個人。我們與他人相互依賴，屬於一個廣大的全球生態系。」[17]這個信念是：**我可以改善所有人的福祉**。

這個信念是倫萬尼領導和協作方式的核心。倫萬尼說：「我工作的根本心態是：我有用，而且我可以發揮影響力。」他解釋他的方法的基本原理：「當我協助別人成功，當我協助別人解決問題或推動計畫時，我感覺更有影響力。」這其中不只牽涉利他主義。倫萬尼承認：「如果我的上司成功，我在公司的日子也會好過。」他的經理人感覺到他的支持，但也知道倫萬尼在照顧所有他的利害關係人的需求——他的上司、他的部屬和他的內部顧客——他說：「我知道他會做對 Adobe 有益的事。」事實上，倫萬尼電子郵件的結尾語正是「為了 Adobe」。

這兩個傾向，歸屬感和為更大社群謀福利的渴望，形成了**「我的努力可以讓我團隊中每個人的工作更卓越」**的信念。如果懷抱著這種信念，困難的工作負擔就不是我們單獨承擔的重負。我們既不是旁觀者，也不會增添其他人的苦難。我們可以發揮自己的力量以減輕工作負擔，讓所有人的工作更輕鬆。

高影響力習慣

當工作充滿挑戰時——特別是在改變、不確定和危機時期——能夠輕鬆共事的團隊成員最是奇貨可居。而能讓所有人的工作變輕鬆的人更是不可或缺。

當經理人告訴我們他們最欣賞的是什麼，「有人幫助他們的團隊成員」是清單排名第三的項目。這種行為不但被喜歡，而且是必要，就像照顧一大群小孩的父母所需要的。他們不可能同時幫助所有的小孩，他們需要年長的孩子幫助年幼的小孩。此外，經理人希望和能輕鬆相處的人（容易共事、容易溝通、容易交涉），以及願意合作、輕鬆前進的人一起工作。你不希望嗎？如果你能從一群同樣聰明、能幹的人挑選你偏好的人，你不會挑選能輕鬆共事的人嗎？

相反的，製造困擾、破壞或情緒化的團隊成員是經理人不歡迎的負擔，也是團隊的負債。基本上，經理人希望他們的部屬能幫助他們完成團隊的工作，而且不製造額外的工作；減輕他們的負擔，而非增加負擔。下頁圖表揭示在你面對沉重的工作負擔時，增加（或只是不降低）你信譽的方法。在下一節，我們將探討影響力成員讓工作變輕鬆的三種方法，包括為自己和為其他人。

習慣一：降低你的維護成本

經理人往往描述一般貢獻者很能幹，但花很多時間。這些人可能消耗而非節省他們經理人的時間，或者他們說得頭頭是道，但做起來並不俐落。他們就像笨重、耗油的悍馬（Hummer）汽車：它能帶你到目的地，但在過程中消耗大量資源。一位經理人形容這樣一個員工說：「他博學多聞而且是優秀的表現者，但做事總會製造許多問題和負擔。所以很不划算。」

另一方面，經理人描述高影響力貢獻者是高績效和低維護成本的員工——就像性能卓越的夢幻汽車，只需要很少的努力就能達到並維持表現。我們調查的資料顯示，影響力成員持續展現低維護成本、少情緒化的行為頻率比一般貢獻者高四．五倍，比低貢獻者更高出二十一倍。[18]這些精力旺盛的人能承擔高工作負擔，但他們不會讓工作變得比原本更困難。正如「美國心理學之父」詹姆士（William James）寫道：「聰明的藝術就是知道該忽視什麼的藝術。」同樣的，祕訣不只是這些玩家做什麼，也是他們不做什麼：他們不會讓事務變複雜、不會製造摩擦或過度溝通。他們偏好創造價值勝於玩弄政治。和杜斯一樣，他們靈活且容易共事。就像一輛好車，他們可靠、有效率、經濟實惠，能做很多事但不用費力照顧。

在領導人和利害關係人間建立信譽

信譽殺手	不斷問下次升遷或加薪的時間 寄冗長、沒有重點的電子郵件 說同事壞話，製造糾紛和衝突 要求重新考慮已經確定的決定 遺漏不喜歡的事實或故事的另一面 開會遲到、同時做許多件事，然後打斷別人的工作
信譽建立者	協助其他團隊成員 帶來正向的能量、製造歡樂，讓其他人笑 與領導人合作 說重點，並直截了當地說 事先做研究，並做好準備

參考附錄 A 以了解全部排名。

■低摩擦

根據我們訪談的經理人，影響力成員避免喧鬧、增加負擔，和徒勞無功的努力，像是推諉責任、抱怨、賣弄和搶地盤。他們遠離會製造衝突卻不製造成果的權謀和鬧劇。這些描述都是沒有建設性的活動，都是阻礙進展或不利於協作的摩擦點。人們可以信賴他們絕不會做這類事，所以他們創造出另一類績效保證——一種效率因素。

最有活力和價值的貢獻者採用一種低摩擦的工作方法。他們藉由把工作流線化、減少衝突，和避免過度執著於自己的想法，來減少阻力。他們可能有明確的意見和採取某種立場，但他們的意見有彈性，讓他們得以更容易改變方向。那就好像他們的辦公室貼了一張牌子，上面寫著**「對回饋意見保持開放（不管我多麼堅信自己的看法）」**。想想本書前面幾章介紹的幾位影響力成員。

佛基（第三章介紹的目標公司供應鏈主管）被形容為「有話直說先生」（Mr. No Drama）。他的副總裁說：「佛基不會讓八卦或辦公室政治阻礙工作。你永遠知道佛基的想法，但他願意學習和改變方向。」

當費奧娜．蘇（第四章的Google媒體實驗室計畫經理人）和她的上司圖奇登哈根，對一項新媒體策略的意見相左時，費奧娜希望圖奇登哈根了解雖然她有不同的觀點，但她不會堅持己見。她以書面形式向他提出她的想法，用手作圖卡而非漂亮的數位呈現。她把計算紙撕成四分之一，以簡單的形式手寫她的想法，只用關鍵字和基本圖像。他們輕鬆地逐一討論十個大致成形的構想，並擬定一項他們都支持的計畫。

查克．凱普蘭（第五章的 Google 品牌行銷經理人）接受他的同事批評他提出的構想和他們的回饋意見。即使在開過激烈辯論的會議後，他仍不忘稱許團隊的進展，並感謝他的同事讓構想更完善。

影響力成員的效率因素

影響力成員幾乎永遠不會：

1. 涉入辦公室政治
2. 引發與同事的糾紛或爭議
3. 浪費時間
4. 抱怨、怪罪他人，和懷恨在心
5. 賣弄、爭功，或與隊友競爭

這種低摩擦的策略讓影響力成員得以避免陷於停頓，並讓他們的領導人能更快速和更自由地行動。正如一位 Adobe 的經理人說：「他讓我的工作變輕鬆，讓我有餘裕應付其他無法做到這樣的人。」

■精簡有效的語言文字

這些貢獻者達成高績效，但他們以合乎經濟效益的方式達成，團隊從他們的努力獲得高效果。他們說話深思熟慮，不衝動，而且用簡潔的字詞——用較少的話說更多事——特別是在團隊的場合。他們可能有很多話要說，但他們不一定說出來。反而他們以深思熟慮的方式貢獻，保持注意什麼時候該進取、什麼時候該沉潛。他們不會一次透露所有他們的想法，而是分次少量釋出他們的想法，專注於他們可以產生最大影響力的問題。

第一章介紹的《扶手椅專家》Podcast 共同主持人佩德曼承認，她必須在訪問時面對追問受訪者或適可而止的權衡。當訪問有趣的對象時，想追問和深入挖掘是自然的傾向。但她學會克制並問自己：我說的是必須說的話，或者我只是想讓聽眾聽到我自己的聲音？佩德曼沉思後說：「你不必把腦袋想到的事全說出來……我想我們都覺得必須說出當下的所有想法……不，我可以有一些想法，而且那可能是有趣的想法，但別人沒聽到這些想法也沒有關係。」佩德曼指出，要創造最大的影響力必須知道「什麼時候該說，什麼時候不說」。[19]

你的聲音是否完全被聽到，而它是否有分量？你是否讓自己更容易被了解？如果你想增進影響力，那就使用較少的文字語言，並限制你在會議上發言的次數。專注在貢獻重要、獨特和有證據支持的想法和意見上。為了確保你的論點被聽到，要簡明扼要。使用二六〇頁「善用你的籌碼」的聰明玩法，以幫助你讓貢獻更有效益，並提供雙重利益：你將創造更大的空間以供別人貢獻，你的語言文字也將變得更有影響力。

影響力成員專家級提示

如果你希望你的語言文字有更大的分量：⑴只說一次，但清楚地表達；⑵提供一個相反觀點以增加可信度；和⑶加一個簡短的前言，以便讓人知道你將表達一個重要概念（例如「我有一個見解想提出來」）。

■ 隨時準備好

如果你曾擁有一輛性能不可靠的汽車，你就知道車子發動不了時會有多惱人。你會一直感覺有股壓力，只希望它在你需要時能運作良好。呈鮮明對照的是，如果你開的是一輛可靠的汽車，你就可以放心它一定能發動。隨時準備好在需要時發動是低維護成本汽車的重要特性。對專業工作者來說也是如此：永遠準備好加快速度或採取行動，可以增添我們貢獻的價值。

影響力成員保持隨時發動的狀態：他們在參加會議時已準備好被徵召和做出貢獻。如果我們想說話有分量，我們必須隨時準備好做出貢獻——提出計畫、報告情勢、影響重大的決定，或挺身遞補同事的空缺——在無預警的情況下。當我們被視為可靠和隨時準備好時，我們就能在重要時刻發揮影響力。

美式足球員傑克·「鋼鋸」·雷諾茲（Jack “Hacksaw” Reynolds）以他的備戰狀態著名，他完全體現了何謂隨時做好準備。團隊的其他球員會在比賽日聚集吃早餐，他們會穿T恤和運動褲，然後在球場更衣室著裝。雷諾茲不是這樣，他會在來吃早餐時就全副武裝：護墊、頭盔戴上，眼部的黑油彩畫上、手部膠帶綁上。他之前在舊金山四九人隊的隊友羅特（Ronnie Lott）在坎貝爾盃高峰會（Bill Campbell Trophy Summit）上演講時回憶：「他等於是在對我們說：『嘿，老兄，我已準備好現在就上場。讓我們開始比賽吧。』」[20] 最有價值的球員總是能立即上場比賽。

如果你想加入遊戲，那就準備好上場。

習慣二：減輕負擔

安迪（Andy）是一家科技公司的財務經理人，他的經理人要求他分析該部門的支出模式。他分析數字後把試算表寄給他的經理人，附上的訊息是「請見附上的試算表」，然後把這項任務從待辦清單刪除。但他的經理人感覺安迪增加了他的待辦清單。那位經理人說：「好極了，現在他給我出家庭作業了。他給我數字，但沒有做定性分析。」

與之對照的是一位我在甲骨文公司有幸共事，機靈、能幹的專業工作者索莫佳（Hilary Caplan Somorjai）。身為全球人力資源發展部主管，我有沉重的行政工作負擔，外加為公司管理委員會主辦的眾多額外專案。我在辦公室和在家都工作滿檔，我有兩個年幼的小孩，另一個等著出生。我必須權衡取捨以兩頭兼顧。我向來熱愛閱讀管理期刊，但現在我已不再有閒暇時間。我幾乎停止閱讀電子郵件和小孩床邊故事以外的任何讀物。不過，我知道我必須與時俱進地吸收最好的工作方法和新觀念，以便讓我的工作有效率。索莫佳有她自己的工作負擔，但她了解我面對的挑戰。有一天她順道到我的辦公室，並聊到我的困境，然後她問：「如果我代你閱讀會不會有幫助？」她告訴我，她會閱讀《哈佛商業評論》和每天看《華爾街日報》，並寄給我重要文章的摘要。這與她的工作無關，所以是一項很特殊的提議，遠超過她的正式職責，並以很謙虛的方式提出。我心懷感激地接受了。這發生在二十多年前，而我至今記得我感到如釋重負。

那位財務分析師增加了他經理人的負擔，相對於索莫佳協助我減輕我的負擔。影響力成員不但把他們的工作做好，他們也幫助同事做好工作，從而減輕經理人的負擔。當他們為上司和同事減輕負擔時，他們自己也獲益。

■ **伸出援手**

回顧原本以為自己接受了一份輕鬆閒差的卡倫（Karen Kaplan），但藉由讓其他人的工作變輕鬆，她為自己贏得一路攀升到公司最高職位的機會。當一九八二年卡倫應徵廣告公司 Hill Holliday 的工作時，她想找的是一份輕鬆、低影響力的差事，讓她能有時間準備法學院入學考試（LSAT）以進入法學院。公司提供給她的接待員工作很完美。但創辦人賦予她比職務更高的工作內容時說：「恭喜你，卡倫，你現在是 Hill Holliday 的門面和聲音。」她回憶說：「我很驚訝。他似乎認為這個職位很重要，所以我想我應該更嚴肅看待這個角色，更全心投入工作。」在接待櫃檯區，卡倫沒有上司管她，所以她決定變成「接待處執行長」，以確保整個接待區運作順利。例如，當旅行社的機票用快遞送來時，她不只是用電話通知同事來取票，而是送去給他們。接著，她開始提供訂機票的服務。

很快卡倫被指派更重要的職務，為肩負沉重客戶負擔的人分擔工作。她提議幫他們減輕一些工作負擔，而大多數人欣然接受。一位上司經常在客戶會議打瞌睡，所以她同意為他主持會議。很快她就開始接手重要的生意——接著是整個營運。在她擔任總裁二十年後的二〇一三年，她被指派擔任 Hill Holliday 董事長兼執行長。她回憶說：「我最欣賞的上司都是真正很聰明但有點偷懶的人。他們讓我接手他們的工作負擔，但在我需要協助時，他們可以給我很好的指導。」藉由協助和承擔領導人的負擔，她發展出高階主管的心態和個性，為自己的升遷做準備，並成為領導公司的可靠人選。

■貢獻天賦

在阿拉伯聯合大公國（UAE）工作的年輕內容創造者梅爾卡（Jhon Merca），別名「吉拉茲」（Jruzz），他曾為由執行長傑克森（Hazel Jackson）領導的杜拜培訓和顧問業者 Biz 集團（Biz Group）工作。和最優秀的領導人一樣，傑克森最擅長的就是發掘她團隊成員的「天賦」（native genuis）——一個我用來描述一個人天生具備令人驚異的卓越稟賦的詞。天賦是指人可以輕鬆做到、不需要太刻意努力，而且可以免費提供，無需有人支付錢、報酬，甚至不必要求。當她團隊聚集討論如何善用公司裡每個人的天賦時，他們給了吉拉茲「創意笑匠」（Creative Comic）的綽號，因為他為他在媒體部的工作團隊帶來了無限歡笑和想像力。幾年後當吉拉茲創立自己的影片製作公司（他的前僱主 Biz 集團成為他的最佳客戶）時，他就以自己的天賦為公司取名。我見到吉拉茲時，他穿著一件黑色與土耳其綠色馬球衫，左胸上印著他的公司名稱「創意笑匠」（Creative Comic）。在我問到這個名稱時，他眉開眼笑說：「這是我的天賦。」那是他向全世界做廣告的方式：「這就是我，和我的工作：我有創意，我很有趣，我很好笑。別只是僱用我，也讓我的創造力為你工作。」他讓其他人更容易看到和利用他的天賦。

你如何才能讓你的上司和同事更容易從你卓越的工作獲益，並充分利用你的才能？你當然不需要把你的天賦印在襯衫上，或用它作為你公司的名稱，但你可能需要給你的同事一些引導和簡單的指示。把它看做是「你的使用指南」。就像一項好產品的操作手冊告訴使用者產品的功能和如何使用它，你的使用指南將讓人們知道你擅長做什麼——你的天賦——和如何發揮你最大的功用。

當我們在自己的天賦範圍工作時，我們能輕易且漂亮地做好工作，那也表示我們能以最少的努力發揮最大的影響力，而且讓所有人變輕鬆些。此外，當我們伸出援手、提供我們的天賦時，我們的名聲也隨著我們的影響力成長。你如何提供你的天賦以使其他人能輕易利用你擅長的能力？

習慣三：讓氣氛變輕鬆

人們喜歡在影響力成員的四周工作，因為他們提供協助且能與人輕鬆共事。在一些成員製造凝重、沉悶的氛圍時，他們帶來徐徐微風。他們幫助他人發揮長才並創造晴朗的氣氛，進而有助於減輕不勝負荷的感覺。雖然正向的工作環境包含無數因素，但影響力成員有三種方法可以改善氣氛，讓所有人工作時感到更輕鬆和愉快。

■帶來輕快

如果工作場所是一個劇院，那麼影響力成員將全部是喜劇演員，不會製造糾紛。他們為緊繃的氣氛帶來迫切需要的輕快，讓困難的工作變好玩和輕鬆，避免權謀鬥爭吸乾我們工作生活中的活力。有一些人是能逗得每個人開懷大笑的真正喜劇演員，像飲水間那位機智的同事用一個笑話化解緊張的氣氛，但大多數人單純是有幽默感。從科學研究到銷售工作的無數經理人，都形容他們團隊的高價值貢獻者為「有趣」、「滑稽」、「會開自己的玩笑」、「讓我大笑」、「讓我們所有人大笑」。這些幽默的同事大笑著度過難關、趕走絕望，並以幽默凝聚大家。一位經理人告訴我們：「他是結果導向的貢獻者，能達成目標，但他也非常好笑、會自我解嘲，而且討人喜歡。與他共事的人都感覺真正受到重視。」

史丹佛大學教授阿克（Jennifer Aaker）和巴格多納斯（Naomi Bagdonas）在她們的書《正經談幽默》（*Humor, Seriously*）談到，幽默是我們完成嚴肅工作可以用上的最強大工具。她們宣稱，幽默讓我們看起來更能幹和自信，能強化關係、釋放創造力，並在艱困時候提振我們的韌性。[21]在她們和我自己的研究中，我們發現高階主管喜歡與有幽默感的人共事（這可能也只是因為當高階主管大部分日子不好過）。我們的研究顯示，「開玩笑和讓我們大笑」在經理人最欣賞的特質中排名第八高；而阿克和巴格多納斯也發現，九八%的高階主管偏好與有幽默感的員工共事，八四%的高階主管則認為幽默的員工把工作做得更好。[22]

萬一你還不相信幽默感有這麼多好處：管理顧問戈斯蒂克（Adrian Gostick）在他的書《輕佻效應》（*The Levity Effect*）裡援引許多職場研究，得到的結論是幽默可以強化關係、減少壓力，和增進同理心，使人在有趣的環境工作得更有生產力，並帶來人際效益和降低曠職率。[23]

當一些明星貢獻者以他們的幽默增添輕鬆的氛圍時，一些影響力成員更把困難的挑戰轉變成輝煌的經驗——比較像是一起攀登高山的樂趣，多過於在海灘同樂。另一些人可能像電影《歡樂滿人間》（*Mary Poppins*）裡的神仙保母說的：「每一項必須做的事都有樂趣的成分。」他們藉由把日常工作變成遊戲、讓苦差事變輕鬆，而創造一種輕快的感覺。

例如，當達茲（Hannah Datz）接任思愛普北美預售業務主管時，她繼承的是一個來自併購而尚未整合的部門，底下有約一百名部屬。他們的背景互異、彼此沒有關聯，而且士氣低落；達茲知道她必須徹底改變這個團隊的文化，而且速度要快。她把併購的單位混合，並將他們分成新團隊，給每個團隊一項專案：為他們的產品解決方案擬定一套創意文案大綱。每個團隊的成果將彼此相關，並提供整個部門使用，但達茲也引進一個她的部門反應熱烈的樂趣成分：每個團隊必須以競賽的形式呈現成果給部門。思愛普全球副總裁、也是達茲的上司瓊斯（Sara Jones）說：「我從沒見過一個公司內部專案得到這麼多成果。他們現在已經完成十一個研究專案，而且當我視察辦公室的這些人時，發現他們堅強的團隊精神和同志情誼。」併購後的員工離職率通常很高——往往高達四〇%。在達茲兼具趣味和建設性的領導下，該部門一百名來自併購的員工有九十八人留下來。

■認可其他人

戈斯蒂克和艾爾頓（Chester Elton）在他們合寫的《用感恩領導》（*Leading with Gratitude*）中指出，領導人表達對團隊成員的感激可以提高團隊的績效。[24]但感恩對施者和受者都帶來益處。感恩可以降低焦慮和抑鬱、強化免疫系統、降低血壓，並提高快樂感。[25]專注、運動和表達感恩那可以減輕職場內外壓力的負面效應。[26]此外，感恩有傳染性：當我們在工作場所表達感恩時，我們可以創造把組織文化推向積極性的漣漪效應。[27]我們以影響力成員心態讚揚同事的成功就像我們自己的成功。我們彰顯別人卓越的工作，讓人們知道他們的工作受到激賞。

前面提到的Google品牌行銷經理人查克．凱普蘭不只是工作表現卓越，他也讚揚他的團隊成員的卓越表現。他的前經理人巴爾解釋說，查克．凱普蘭總是稱許他人的工作，而且喜歡給他的同事數位「擊掌」（high fives）——巴爾團隊使用的正式認可方式之一。巴爾說：「在過去六年，我持續追蹤團隊成員給予擊掌的紀錄。查克．凱普蘭在六個月內送出六十九次擊掌。」巴爾說，比起其他人，「查克．凱普蘭在六個月送出的擊掌次數比其他人六年送出的還多。我知道有人六個月中只發過一次，自己婚禮的感謝函。」這些做法為查克．凱普蘭帶來熱烈的回報：人們喜愛與他共事。當被問及時，查克．凱普蘭說：「我喜歡獲得擊掌，所以我想其他人也一樣。」他也分享他從觀察他母親卡倫．凱普蘭從接待區執行長成長為 Hill Holliday 執行長過程學到的一個觀念：當你的蠟燭點燃其他蠟燭時，它本身並不會耗盡。

■有人情味

我們訪談的經理人指出，他們的頂尖貢獻者照顧他人福祉和安全的頻繁程度超過同儕——影響力成員的頻繁程度是一般貢獻者的二．三倍。[28]經理人敘述的不是一個愛管閒事、大驚小怪或幫倒忙的人。影響力成員藉由在工作場所展現人情味、尊重每個人，和讚許同事承擔職責以外的壓力（和帶來歡笑）而促進福祉。

渥恩卡（Sue Warnke）是 Salesforce 內容體驗部資深總監，她是那種充滿活力、能挑起許多項責任而還能有剩餘精力的人；她是個強悍的領導人和舉足輕重的貢獻者，致力於讓 Salesforce 變成一家更具包容性的公司。她也是三個正值青春期孩子的母親，最小的孩子正和複雜的心智病症博鬥。當他的症狀在二〇二〇年初加劇時，她請長假以便她和她丈夫——已經在家照顧家人——可以在這段艱困時期全心照顧兒子。她離開前在公司的內部網站分享她的故事。那是一則令人動容的文字，她分享她家庭遭遇的困難是希望其他有類似經驗的人不會感到孤單。有一萬三千名同事閱讀、分享她的文章，或留下評論；那是一個迴響遍及世界的人性展現。

一個月後她兒子的病況改善，渥恩卡重回工作崗位。她正在參加一個會議時有兩位員工走進會議室，拿著一根長度像掃把的十字竿，上面掛著數百隻紙鶴。那些紙鶴被繫縛成串，形成渥恩卡形容的一面琳瑯滿目的彩色簾幕。在她還沒意會到發生什麼事時，更多人走進來，舉著另一面摺紙鶴簾幕，和一個裝著更多未串接紙鶴的大盒子。為什麼有這些紙鶴，還有為什麼這麼多？

看到渥恩卡部落格貼文的一萬三千名員工之一是李維（Lynn Levy）。在渥恩卡回家照顧兒子期間，李維決定為渥恩卡的兒子摺紙鶴。這是一項稱作千羽鶴（senbazuru）的日本傳統，象徵平安和病痛得以療癒。李維的點子在 Salesforce 內部引起一股迷你運動。團隊開始討論在午餐休息時間和聚會時摺紙鶴。他們一邊摺紙鶴一邊談笑交誼。

李維以圖表和鼓勵追蹤摺好的紙鶴數量，希望渥恩卡在三月回來工作前達到一千隻紙鶴。世界各地的員工開始把紙鶴寄給她：慕尼黑、紐約市、倫敦、丹佛、達拉斯、薩里（Surrey）、新加坡和紐澤西。李維一度每天要跑三、四趟郵件收發室。很快的，紙鶴已超過一千隻、兩千隻，然後三千隻。舊金山的員工聚集在一起將它們串起來。最後的數字是數百名參與者摺出的三千一百二十二隻紙鶴。

紙鶴是一個很恰當的支持象徵，因為它有雙重的意義：鶴的翅膀製造飛行的升力，而與鶴（crane）同字的起重機（crane）可以舉起極重的負擔。渥恩卡描述這個象徵的影響力：

「昨天晚上我看著這片繽紛的色彩，我想像摺它們的許多手。一個人撥出一天中的一個時刻愛另一個他們甚至不認識的人。然後我聽到他們社群的聲音，他們聚集、談話、分享和一起歡笑。許多人說，摺紙聚會是他們在 Salesforce 最快樂的時光。我認為這些由來自各種背景的員工製作的色彩繽紛的紙鶴，代表的是真正的美和悲憫和多樣性。」[29]

當我們把同事視為人而非資源時，我們形成的連結就能讓其他人更輕鬆地扛住他們的負荷。我們也創造社群並建立集體的力量以承受艱辛和克服危機。莫阿勒姆闡釋兩位研究自然災害如何影響人類的社會學家的觀點：

「在日常生活中，我們通常單獨受苦。任何掙扎、任何痛苦都會讓我們與他人隔絕，甚至讓我們憎恨所有其他人，因為他們似乎活得更輕鬆。但在災難中，整個社群一起受苦。創傷甚至死亡，和我們日常生活壓抑的東西，冒出來變成每個人都能看到的公眾現象……一股強大的心理力量讓所有那些有相同經驗的人團結在一起。」[30]

莫阿勒姆的結論是，對抗混亂最有效的力量是連結。

■說出來

雖然影響力成員讓其他人——包括他們的領導人——工作變輕鬆，並創造正面的工作環境，但那不表示他們規避重要的話題。他們會利用自己的影響力以提出棘手的話題，並為可能在組織中缺乏聲音的同事說話。但他們做的不只是抗議；他們把領導和解決方案帶進原本棘手的問題。

這就是在Salesforce服務十多年的資深副總裁席卡（Leyla Seka）做的：她關心公司的女同事薪資比男同事低，並感覺有責任為此貢獻一己之力。她與人力資源部執行副總裁蘿賓斯（Cindy Robbins）一起會見公司創辦人兼執行長貝尼奧夫（Marc Benioff），提出她們關切的事。貝尼奧夫剛開始質疑她們提出的證據，因為那若屬實，將違背公司的價值觀，任何領導人都很難接受。最後，他同意調查公司當時一萬七千名員工的薪資。調查結果顯示男女薪資確實存在差距，因此公司花三百萬美元為六%的員工加薪，其中包括女性和男性。[31]

席卡和蘿賓斯提出一個棘手的話題，這當然會增添執行長的煩惱。不過，她們也藉由說出來而讓他更容易看到落差，進而確保公司遵循它的價值觀。我們可能也需要運用我們的影響力去促進棘手但重要的對話，尤其是那些能讓每個人完全發揮能力，並使他們的貢獻獲得報償的對話。

假餌和干擾

以一般貢獻者心態運作的專業工作者不見得是差勁的員工，他們未必是加戲大師、問題兒童或推諉慣犯，而只是消耗經理人的注意力，增加領導人和同事原已沉重的負擔。不過，當我們感覺增加的需求危及我們的福祉，並認定需要領導人的幫忙時，我們將被視為依賴者而非領導人。

面談時間

我們很容易以為與領導人有更多面談的機會是出人頭地的好方法。那就像描寫一九六〇年代紐約市麥迪遜大道廣告業主管的連續劇《廣告狂人》（*Mad Men*）的場景。在那個世界裡，你藉由不時造訪上司或客戶的辦公室來巴結他們、和他們說八卦、下班後一起飲酒作樂。這麼做的假設是，打關係勝於工作績效，花時間和上司談話代表你的重要性和成功的保證。

不過，資料顯示，經理人花高得不成比例的時間在低績效者身上（根據一項研究，占他們二六%的時間）[32]。不難想見，他們討厭這麼做。正如一位NASA經理人描述一個老派、油嘴滑舌的任務經理人。「他會和你閒聊，以為你也會想跟他聊那些無關緊要的事。他以為如果跟你打好關係，你就會忽視問題。」這位經理人承認，每次他看到這個人的名字在他的會談行事曆上，他就會嘗試避免那場會談。而且他不是唯一這麼做的人；馬斯克創辦的航太公司SpaceX的幕僚打電話來抱怨，這位任務經理人浪費他們的時間，並危及他們的任務，迫使上述NASA經理人採取損害控管措施。與其尋求更多面談的機會，不如降低你的維護成本但保持能見度。充分利用你擁有的面談時間，弄清楚現在重要的是什麼（W.I.N.），協商你需要什麼才能抵達終點，並尋求指導以確保你正中目標。

大音量

我們可能因為音量太大而減損自己的影響力。當我們太常說話或說話太冗長時，人們就會停止傾聽。我們變得像白噪音；我們的聲音逐漸變遠，變成背景的叨絮。當賭注很高且我們熱烈談論某個主題時，我們特別容易落於過度貢獻。我們可能以為別人還在傾聽——大多數人仍禮貌地點頭——但我們已被關靜音，就像一隻對每件事和每個人吠叫的狗。要被聽到的祕訣是有意識地貢獻和知道什麼時候放大或縮小音量。如果你想發揮最大的影響力，那就低頻率但高劑量地給予你的意見（參考第二六〇頁的聰明玩法）。

失敗的玩法

四種常見的下錯注而導致降低你的聲音與信譽的行為：

1. **附和：**重複別人的說法而並不真的贊同。
2. **順帶提一下：**忍不住偏離主題，談論不相干的事情。
3. **加倍押注：**為了強調而重複你的論點。
4. **獨白：**自言自語，只為嘗試弄清楚你自己的重點。

全部披露

大多數專業工作者喜歡工作場所變得更休閒——不單是寬鬆的服裝規定，而是我們不必拋掉真正自我的環境。不過，我們都認識一些在「休閒星期五」時放縱得太過火、分享太多自我的人。他們沒有表現出自己是「全人」（a whole person）——並知道所有人都有各自的人生和興趣——而是對他們的同事傾吐他們的整個人生。一位經理人描述某個分享太多自己的人說：「我們都聽說他的共同監護權慘事，和他的前妻如何不會帶小孩。那就好像他要把他的所有人生苦酒倒進一個杯子裡。」那個杯子滿溢出來，並讓團隊其他人感到不舒服。你可能不必穿西裝打領帶上班，但不要像準備去泛舟那樣穿著速比濤（Speedo）牌泳裝出現在辦公室。創造一個自在的工作場所不需要完全披露個人的事。我們可以認同人有工作以外的生活而不必分享，或不必問所有的細節（參考二六三頁「避免過度曝光」的安全祕訣）。

啦啦隊時間

幾年前，一位同事和我在亞洲共同籌辦一場全球領導人論壇。那是一項大膽、富挑戰性的活動。當我們達成每一項里程碑時，我的夥伴稱讚我的努力，並誠摯地表達他對每一項成功的快樂。剛開始那讓我感受被肯定，但漸漸我感覺很累，因為我發現我一直在賣力做事，而他只是在旁邊為我加油。我說出我的想法，他同意並解釋說：「但我帶來的是希望和信心——我們可以辦到的信心和對你的信心。」原來如此。我告訴這位可愛的同事，雖然我感謝他的支持，但我已經有充足的自信。我們最需要的是他自己加把勁。公平地說，他也照著做了——然後我們一起慶賀完成了一項成功的計畫。為正在進行困難工作的同事加油是令人欽佩的事，但當他們需要我們也站在前線時，那將難以激勵人心。而當有人被錯誤對待或發生違背工作倫理時，更是該說出來而非喝彩的時候。當你的同事真正需要隊友或支持者時，別只是當啦啦隊員。

倍增你的影響力

當我們在艱困時期把自己視為依賴者而非增援者時，我們不但為我們的領導人帶來壓力和挫折，還會把他們推向貶抑其他人的道路。我們的請求協助等於在鼓勵他們採取事事過問的權威模式，並把他們拖入微管理，也就是我稱為「貶抑者」（Diminishers）的首要領導特徵。

在最極端的情況下，依賴心態變成權利，即認為**我需要的協助和資源是其他人欠我的**。這將耗損經理人的精力並對團隊文化造成侵蝕效應，摧毀凝聚力和協作，因為有權利心態的員工會吸走能量和資源，而且無法對廣泛的社群做出貢獻。當其他人試著遠離吸取者時，摩擦將浮現，情緒反應衍生，毒性也悄悄滲入文化。

對照之下，試想影響力成員的價值主張（參考二五七頁的表）。他們藉由容易共事而能更快做好工作且避免摩擦，這表示人人都能節省時間。而當他們利用自己的強項協助團隊中碰到困難的隊友，他們也使經理人得以專注於領導而避免微管理。他們被視為領導人和利害關係人的助手，這意味他們可以獲得寶貴的領導經驗和影響力。因此當他們晉升到更資深和更有挑戰性的領導角色時，他們已做好準備——而且其他人想為他們工作。

此外，影響力成員藉由創造讓人們感覺被接納和想歸屬的有利環境，他們協助塑造組織的文化，強化協作和包容的價值觀，並降低耗竭的毒性效應。這麼做的副產品是，他們建立起人人想與他們共事的低維護成本、高績效玩家的信譽。他們將是最先被挑選擔任重要的職務和參與最關鍵計畫的人選。

美式足球是一種對體力要求嚴苛的運動。雙方球員的對抗不只取決於球員的進攻，也在於瓦解對方的防線。承擔最大壓力的球員莫過於四分衛，他們必須判斷球場態勢，尋找沒有被防守的球員，在對方防守線成群向他鋒衝的毫秒間做決定。一個四分衛可能不會期待那些防守的對手球員會減輕他的負擔。

但發生在史提夫・揚（Steve Young）身上的正是這種情況。史提夫・揚是代表舊金山四九人隊榮登名人堂（Hall of Fame）和兩度入選為NFL最有價值球員的四分衛；他的對手雷吉・懷特

建立價值：做需要做的工作

影響力成員讓困難的工作變輕鬆，因而被視為領導人和真正能做事的成員

影響力成員	利害關係人		影響力成員	
行為	獲得	行為	獲得	現在可以做
容易共事且協助其他人	節省時間，讓他們能領導而非微管理	再投資於影響力成員	被視為助手並獲得領導經驗	輕鬆跨入領導角色

影響力成員	組織		影響力成員	
行為	獲得	行為	獲得	現在可以做
創造一個低辦公室政治、高生產力的環境	一個協作和包容的文化	認可貢獻和提供機會	作為有真正實力、其他人樂於共事玩家的信譽	被納為參與重要計畫的人選

（Reggie White）是一位令人望而生畏的防守球員，也是曾榮膺NFL歷來擒殺次數最高的球員——二〇〇〇年退休時總共一百九十八次擒殺四分衛。他身強力壯、速度快，個頭大——六呎五吋（一九五公分）、體重三百磅（一三六公斤）。雷吉．懷特嗓門也大——在球場上推進時又吼又叫。史提夫．揚說：「雷吉．懷特把阻擋他的每個人撞翻。我必須後退繞過他，然後我會聽到雷吉．懷特向我衝過來。」

史提夫．揚解釋，讓雷吉．懷特變成一位神奇球員的原因是：在緊張、刺激、競爭和幾近瘋狂的球場上，雷吉．懷特仍然為史提夫．揚的安危著想。史提夫．揚說：「他爆發出所有的力量，嘗試做好他的工作。他會在剎那間抱住我，然後一個翻滾以確保我會跌倒在他身上。」是的，他達成他的任務，不過他也盡其所能避免史提夫．揚受傷。史提夫．揚又說：「然後他會對我說：『嘿，史提夫，你還好嗎？』」史提夫．揚會回答：「這個嘛，現在不怎麼好。」或者雷吉．懷特會問：「嘿，你老爸還好吧？」[33]

工作可能很緊張，但它仍然可以輕鬆。如果這位巨無霸球員都可以讓對手更能承受他的撞擊，那麼在工作團隊中的同事們一定也能辦到。影響力成員——不管是在球場或辦公室——能讓沉重的工作變輕些。

當工作滲入我們生活的每個面向時，我們已經沒有餘力來應付額外增添的工作負擔，但我們應該竭盡所能讓工作更輕鬆、順暢、減少傷害和更快樂些。我們可能無法減少工作內容，但只要有正確的心態，我們可以讓所有人感覺工作負擔減輕。而且當我們讓其他人感覺挑戰變得較能忍受時，我們會發現工作體驗變好了一點，負擔也隨之減輕。

教戰手冊

這篇教戰手冊包含給渴望領導的人的祕訣，以供他們練習並強化**讓工作變輕鬆**所需要的心態和習慣。

■聰明玩法

1. 抓住重點。容易共事的人往往容易了解。他們抓住重點並清晰地表達他們的想法。如果你想說話能抓住重點，試試下列的技巧：

- 寫出你的重點，就像寫一則一百四十個字元的推文。
- 在你撰寫的文書報告或口頭簡報中，添加一段摘要。這可能是一段列出重點的文字，或是只包含結論的一個句子。當做報告時，先從摘要開始，然後視需要增添細節。

- 當轉寄一封長電子郵件鏈給領導人（或其他同事）時，提供一份討論內容的摘要並隨附在電子郵件鏈中。然後加上你的問題或要求。
- 藉由以三個重點來摘要你的想法（或一次更有內容的討論）來投進一個三分球。

2. 善用你的籌碼。在開重要會議前，設定你的「撲克籌碼」預算，每一個籌碼代表對會議的一段評論或貢獻，值得花特定秒數的說話時間。節約地使用你的籌碼，在你的意見符合如下的性質時才表達：

- **直接相關**。這個話題是否與你上司或利害關係人直接相關？如果它與會議的具體議程無關，它是否與更廣泛的議程（是上司或利害關係人的前三項優先議程之一）有關？
- **根據證據**。你的見解是否根據資料或其他證據？你是否根據資料提出平衡的觀點——同時表達論點的另一面？
- **獨特**。你的論點是否能增補別人已表達的論點，或者它只是重複別人說過的話？你的論點或見解是否反映你獨特的角色、觀點或技能？
- **簡潔**。你的論點是否精簡和清楚？有些人可能需要更節約地使用他們的籌碼，有些人則可能需要更大方地使用籌碼。不管哪一種情況，籌碼——你口袋中的真實籌碼，或在你腦子裡想像的籌碼——是你的護身符，提醒你刻意地且珍惜地做貢獻。

3. 發現你的天賦。如果你不清楚自己的天賦是什麼，你可以藉寄出一則電子郵件或簡訊給六個朋友或同事，以快速獲得一個三百六十度的觀察。使用以下的樣板以便他們更容易回覆：

嗨！我會很感謝你的意見。我正嘗試更了解我如何在工作上善用我的「天賦」，意思是說我可以自然、輕易且不費力地為別人做什麼。從你的觀點看，你認為我有什麼「天賦」？如果你需要提示，以下是幾個可以刺激你思考的問題：

- 我做什麼事比我做的其他事都好？
- 我可以不費力地做什麼事？
- 我不需要別人要求就會做什麼事？
- 我做哪些事常常比我周圍的人做得更好？

謝謝你。你的意見將協助我了解如何完全發揮我的才能。

4. 製作一本你的使用指南。如果你感覺自己被當作一把鐵錘那樣使用，而實際上你是一把瑞士小刀，你可能需要讓你的團隊知道如何善用你。製作一本你的使用指南，內容包括：**(1) 天賦**：你的心智能輕鬆且不費力地做什麼？**(2) 用法**：你的天賦可以用哪些不同的方式應用在工作？**(3) 指示和保養**：你需要其他人提供哪些種類的資訊、回饋意見和支持，以便你在工作上有最好的表現？**(4) 警告**：你最常困在什麼情況或出差錯，和其他人如何協助你保持在軌道上？

■ 安全祕訣

1. 傳達你的天賦。當傳達你的天賦時，記得：

- **說明你的意圖**。解釋「天賦」的意思——它是人天生的聰明或天分，可以輕鬆且自然地做得很好。讓人們知道你真的享受且能得心應手地做發揮你天賦的工作，而且你渴望利用它來做出更有意義的貢獻。
- **不要自大**。別只做你擅長的事。儘管你已發現自己的天賦，那並不表示你不能做非你的天賦所擅長或你並非特別感興趣的事。
- **給它時間**。當要求別人考慮讓你以別的方法運用你的天賦時，給他們時間思考。嘗試把談話分成幾個步驟：(1)表達你的意圖，(2)討論你的天賦，(3)討論應用你的天賦的新方法。
- **也認識別人的天賦**。除了討論你的天賦外，利用機會認可並表達你對團隊其他成員的天賦感興趣，包括你的上司。

2. 避免過度曝光。大多數人希望被當成一個完整的人，而不只是員工；不過，每個人對把工作和個人生活摻雜在一起有不同的接受度。如果你能自在地與人談論你的個人生活，不妨採用如下的安全方法：(1)只分享你願意公開分享的事，(2)分享但不要詢問（如此可以讓別人的分享也出於自願），(3)只有在你的分享受到歡迎和回應時才繼續分享。如果有一位同事沒有回應，那可能是不受歡迎的跡象。

3. 確定你的幫助真的有幫助。參加派對時，你不希望自己提早到達並提議幫忙做最後準備，卻需要主人給你許多指示、關注和確認，以至於你變成了累贅或拖累。嘗試下述三個祕訣以確保你提議的幫助確實幫上忙，而不是負擔：(1)與其問：「我能幫上什麼忙？」，不如問：「如果我為你做（這件事）會不會有幫助？」(2)與其問：「你希望我怎麼做它？」，不如問：「有沒有什麼我該知道的具體要求，或者我自己判斷怎麼做？」(3)讓主人知道你做了什麼，並告訴你他們是否希望你用不同的方法做它。

給經理人的指導祕訣：你可以在第八章末「教練的教戰手冊」找到協助你的團隊成員讓工作變輕鬆的指導方法。

PART 02

運用影響力

IMPACT PLAYERS

第7章

增進你的影響力

有些人認為絢麗的燈光會讓你在大舞台上變耀眼，但燈光只會照亮你在黑暗中做的事。

——前美國職棒投手巴傑納魯（Jeff Bajenaru）

▲

截至目前我們已經解析了影響力成員的心態。我們檢視了影響力成員的心態和工作習慣，我們也知道它們創造的種種益處。在本章，我們的焦點將轉向你，和你如何為自己加強這種心態——不只是改變你的行為，也包括改變你行為底下的信念。我們將從一個相當極端的例子著手，談談一個證實這些說法，但卻以很辛苦的方式達成的例子：藉由克服真正的困境、努力培養新信念，和做出艱難的行為改變。

卡里略（Fernando Carrillo）是一家非營利組織的執行長、一位Podcast主持人，也是住在英國倫敦的聖公會（Anglican）牧師。他平易近人和樂觀進取，並全心全力奉獻於他的事業。他把工作做到完美，且是出於一種能鼓舞他人一起努力的心態。在他主持的 Podcast 節目《倫敦領導》（*London's Leadership*）中，貴賓們都對他的準備工作和提出的深入問題印象深刻，並感覺他們和他們的意見受到尊重。他的非營利組織 WellWater 的協作者都很欣賞他的積極進取和對事務的嫻熟，以及他為團隊創造的歸屬感與使命感。一位協作者說：「他在面對艱困挑戰能保持幽默感，並鼓舞所有人的精神。」

卡里略看起來像一位天生的影響力成員，但他並非天生如此。他的心態和工作習慣是辛苦得來的，而且這番改變歷經漫長崎嶇的道路。卡里略出生於邁阿密一所他母親服刑的監獄；他父親很快就從他的人生消失。卡里略四歲時，母親仍在勒戒所裡，他被帶到倫敦並住在親戚家。

卡里略十五歲輟學，沒有工作資歷，前途茫茫且幾乎沒有其他成人的支援。他十七歲時被關到一所少年犯觀護所，以為等他出獄後情況就會好轉，但在他獲釋後一切只有更加惡化。他更加深陷於毒品和犯罪的世界，到了十九歲他已經染毒極深。在最糟時他曾連續五天沒有進食和睡眠。他在勒戒所待了四個月，離開時帶著重新做人的計畫：遠離毒品、找工作，和上大學。然而面臨現實，他的意志力很快屈服，他也隨之跌倒；當面對不確定性和壓力，他所知的因應機制只有逃跑。在接下來的兩年，他不斷在戒勒所進進出出。每踏錯一步，沒有人愛他、孤單、他是失敗者，和他永遠不夠好的想法，就更深刻烙印在他的信念系統。

後來卡里略在一家餐廳的廚房找到工作。嚴格的上班時間給了他迫切需要的常規和保持在軌道上的理由。他生活在一個毒品橫行的環境，所以仍然很容易故態復萌，但他開始累積小成功。他看到自己有能力累積一些什麼的證據，因而開始相信他能改變、學習和適應。一個朋友邀請他到教會，他接受了。在倫敦那所服務拉丁美洲人的小教會裡，他受到一個支持社群的包圍。他仍然在與毒品的後遺症搏鬥，但一位導師出現並變成他的人生指引，教導他承擔責任和被無條件地愛的感覺是什麼。卡里略註冊了一個大學先修課程，並發掘他的學習能力和進入大學的途徑。每一次成功都強化他萌生的成長心態，於是自己開始看到新可能性。當他專注的焦點從自身的挑戰轉到周遭人們的需要時，他的觀點也隨之改變。他開始思考他能對社會有所貢獻，並且真正讓世界變更好。

當他自己的生活穩定後，便把注意力轉向他曾太熟悉的、身陷困境的年輕人。他開始教導年輕人並發現自己對服務的熱情。他感覺到自己的力量逐漸增長，於是開始站出來嘗試改善情況。在一位朋友協助下，他在倫敦一個資源匱乏的地區為問題青少年開了一家健身房。他以西班牙語在西敏寺大學修習國際商業學士學位後，又取得另一個神學學位。他開始在信徒眾多的聖公會位於倫敦中心的教會，布朗普頓聖三一堂（Holy Trinity Brompton）擔任學生牧師。為了協助年輕人把他們的技能用在社區服務，他創建了 WellWater，目標是培養領導人以協助消滅世界上的貧窮。在此同時，他繼續自己的學業，並在密德薩斯大學取得基督徒領袖訓練碩士學位。二〇二〇年九月一個寧靜的週日早上，卡里略在倫敦聖保羅主教座堂被委任聖公會教會侍奉職務。

正如卡里略將告訴你的，他的行為得以大幅改變是因為他的心態歷經幾次根本的改變。最早開始的是他認同意識的改變。「我經歷從感覺沒有意義到知道我有意義。」他說：「我知道我的價值，以及我能給予他人。」塑造這種新認同意識的是他新發現的靈性。每天早上他會唸誦一連串有關他自己的宣言，這些宣言表述出他內在的價值和真正的認同感。當他工作的動機源自他深信自己身為一個人的價值時，他也開始以不同方式看待自己的能力。現在還不到三十歲的他回憶說：「我不記得確切的日期，但我記得我早上醒來並感覺到自己的能力。我感覺強大，能夠面對更大的挑戰。」

隨著他更加了解自己的力量，他開始以不同方式詮釋挑戰和困境。他不再把困境看成是威脅，而是成長的機會。這一點的最佳寫照也許是他對回饋意見的態度。他解釋說：「我走過漫長的路才終於能夠接受回饋意見。」過去他逃避回饋意見，因為那只會讓他感到痛苦。他認為那是針對他個人，是對他自我的攻擊和對他能力的輕蔑。他說：「負面的回饋意見證實我對自己的負面信念。它們提醒我，我是個局外人，我永遠不夠好，我很脆弱。」經過一段時間後，他的態度出現轉變。每天唸誦自我宣言確認了他的力量，給了他改變行為的自信。今日的卡里略對回饋意見有大不相同的態度。他說：「現在我隨時尋求回饋意見。我渴望別人告訴我如何改善我自己、如何做得更好。那是最好的成長機會。」

卡里略繼續培養想改變世界的年輕領導人——透過 WellWater、他的 Podcast，和透過他的教會服務。他的工作熱情也建立在人人都可成為領導人的信念，不管他們現在是誰和過去做過什麼事。在此同時，他也不曾懈怠於追求自己的成長。他每週與他的導師見面，並養成每天寫日記的習慣。他與主管教練合作以教導其他領導人，而且最近被接納為馬歇爾．葛史密斯一百教練（Marshall Goldsmith 100 Coaches）之一。這是一個有高成就的主管教練、作者和領導人的社群，他們運用各自的才能讓人才和組織變更好。

走上一條新行為的道路需要時間，在這條道路上可能偶爾出現頓悟或覺醒的經驗，但大部分改變是漸進的，發生在幾乎感覺不到的積累。但每一個連續的步伐強化了萌生的信念和新行為。正如卡里略指出：「你愈是繼續走在道路上，你的步伐就愈自然。幾乎在不知不覺中，它就變成了你的生活方式。」

雖然我們對環境沒有多少控制力，包括在個人生活和在職場中，但我們可以控制自己的反應，並改變我們的行為和信念。有無數種模式可以用來改變我們的思想和行動模式。大多數專家主張，信念決定人的行為，所以我們必須改變心態，然後新行為就會隨之而來。其他人則援引實驗說，新行為可以帶來新心態。但有一件事大家都同意：改變我們的信念和修改我們的行為不是易事，改變別人對我們的看法也一樣困難。本章將提供你幾個讓困難的改變變得容易一點的方法。我們先化繁為簡，從直接探討影響力成員心態的根源著手。

掌握根本的信念和行為

在我教導領導人的經驗中，我注意到無法改變的原因通常是野心太大，而不是太小。我們一次嘗試採用太多新行為往往會失敗。凱勒（Gary Keller）在他的書《成功，從聚焦一件事開始》（*The One Thing*）中寫道：「你可以用比你以為需要的還少的紀律就能成功，這只有一個很簡單的原因：成功的關鍵是做正確的事，而不是做對每一件事。」[1]這同樣適用於當你嘗試改用影響力成員的態度和工作方法。雖然你可能受到本書描寫的許多個人的激勵，並相信使用類似的方法可以為你和你的同事創造更大的價值，但嘗試使用我們討論的所有心態和行為可能讓你不勝負荷，且幾可確定會失敗。我向你保證你不需要全套方法才能躋身頂尖貢獻者。事實上，我們研究的影響力成員通常展現五種工作方法的三或四種（精確地說，平均是五種中的三・一七種）。但即使只培養三種工作方法或執行幾種聰明玩法的效果，就可能很驚人。

有一種更強大且持久的方法能培養影響力成員心態。與其嘗試同時執行許多種外在行為，不如專注於一種根本的內在練習。我們稱它為大師技能（master skills）——我們所研究中高影響力貢獻者擁有的兩種核心能力。正如速度和手眼協調等身體能力是各種運動的根本，大師技能是所有影響力成員工作方法的根本。如果確實遵行，這些大師技能自然可以創造正確的行為。第一個大師技能是，透過你工作所服務的人和社群的觀點看事情；第二個是把其他人眼中的威脅視為機會。我們將開始探討改變觀點如何自然地改變行為和影響力。

大師技能一：改變你的觀點

當面對問題時，聰明、行動導向的專業工作者自然會評估情況、承擔責任並迅速行動。不過，他們可能很容易瞄準錯誤的目標。有太多專業工作者受困於自己的思維，只專注在**自己**認為重要的事，看不到**自己觀點以外**的東西。他們的意圖是好的，但卻從錯誤的視角看事情。當視野受限時，影響力也受限。

要想增進我們的影響力，我們必須知道別人重視的是什麼。我們必須訓練自己的心智透過別人的眼睛看情勢。我們必須透過從我們工作受益的人的眼睛看事情。我們的視力不見得能藉由更用力和瞇著眼而看得更清晰；但透過改變觀點、從不同的角度觀察情勢，我們改善了視野。正如詹姆斯・迪肯（James Deacon）所說：「你看到什麼不只取決於你注視什麼，也取決於你從哪裡看。」

這是一個我從我最欣賞的教授瑞奇（J. Bonner Ritchie）學來的道理。瑞奇不只是一位影響許多人的導師，他也藉由自己做一個學生，而在促進世界和平上扮演一位有影響力的成員。

■ 新的觀點

瑞奇是楊百翰大學商學院組織行為學教授，也是該校位於耶路撒冷古城東邊斯科普斯山

（Mount Scopus）的分校駐校學者。他在東耶路撒冷居住和工作了數月，教授領導學和在當地社區主持訓練課程。有一天在開車回家時，瑞奇走捷徑穿過東耶路撒冷一個稱為伊薩維耶（Issawiya）的巴勒斯坦人居住區。當他穿過鄰區時，一群青少年圍住他的汽車並開始丟擲石頭——不是小石頭，而是大到足以當武器的岩塊。道路很窄，所以他無法前進。有幾顆石頭擊穿駕駛座側邊的窗戶，他感覺到肩膀被擊中。他低頭看自己的白襯衫沾滿血跡。他設法倒車上山丘，趁著情勢惡化前離開。他開車回家，然後到醫院就醫，那裡的醫師從他手臂和臉部取下三十片玻璃碎片。

經過一天的休養後，包紮著繃帶的瑞奇再度前往伊薩維耶，想「獲得攻擊者的更多資訊。」[2]兩天前石頭飛來時他感到憤怒，但現在他回到這個村莊是想了解情況而非報復。他帶著一名翻譯者，而且這次他走向小鎮而非開車。他要求和村長談話，並解釋他想和那些男孩聊聊以了解他們的意圖。村長為該事件道歉，並聚集了三名很緊張的男孩。瑞奇解釋他想和他們交朋友，並問：「為什麼？什麼原因讓你們這麼做？」男孩解釋說，他的汽車掛了黃色的以色列車牌（而非藍色的巴勒斯坦車牌），並說：「我們感謝你做的事，但你的汽車該死。」對那些男孩來說，那面車牌是占領的象徵。瑞奇傾聽並與男孩和村裡的其他人談了許多。他回憶當時的情況說：「我傾聽他們的挫折和絕望。雖然我不接受暴力的理由，但我了解他們需要自由和獨立。我們變成朋友而不是敵人。」[3]

那是瑞奇在耶路撒冷同時與猶太人和阿拉伯人社區建立深厚關係的許多經驗之一。伊薩維耶的三位男孩偶爾會帶著禮物到大學中心來拜訪他。他繼續在大學做研究和主持領導研討會，同時帶進阿拉伯和猶太人社區的領導人。他建立了架起雙方橋梁的思想領導人之名聲——一位能從雙方觀點看而不選邊站的人。

在一九九三年春天，巴勒斯坦解放組織（PLO）領導人阿拉法特（Yasser Arafat）的一位幕僚出乎意料地打電話給瑞奇，告訴他阿拉法特已聽說瑞奇身為橋梁建立者的名聲，並希望在突尼西亞的巴解總部會見他。幾天後，被矇上眼罩的瑞奇換乘了許多趟汽車，穿過幾座祕密地道後，終於被帶到阿拉法特面前，阿拉法特表達對他的歡迎，並解釋當時的情況。阿拉法特首次獲邀與以色列進行和平談判。不過，巴解執行委員會的半數成員堅決反對與以色列談和的想法。阿拉法特一週後將與以色列總理拉賓（Yitzhak Rabin）會談，他要求瑞奇未來幾天和他的團隊相處，協助改變他們對和平的態度。瑞奇接受他的請求，一週後，阿拉法特和拉賓舉行會談，並在一九九三年秋季簽訂了奧斯陸協議。

瑞奇不只治療自己的傷口，同時也擴大自己的視野——設法了解另一個族群如何看待他的存在，並考慮另一個制高點。雖然和平協議是無數人努力促成的，瑞奇還是做了一項重要的貢獻，因為他願意透過其他人的眼睛看世界。更廣闊的觀點讓他得以扮演重要的角色。

你可以做什麼來擴大你的見解和改善你的視界？你是否依賴只看到一面的價值觀，或者你能透過利害關係人的眼睛看事情？當我們選擇看別人看見的事時，我們就擴大了自己的視野，而當我們把對別人重要的事當成對我們也重要，我們就能對準方向並增加我們的影響力。

當我們透過利害關係人的眼睛看時，什麼對他們重要便變得很清楚，我們也更了解他們的優先事務和需求。我們能從更好的角度看到真正需要做好的工作。當我們了解真正的需求和優先事務並碰上領導真空時，我們不必等候邀請就能站出來領導。當我們了解領導人承受的負擔時，我們無需到他們的辦公室去蹭更多面談時間，我們可以採取行動讓他們的工作變輕鬆。簡而言之，當我們改變觀點，我們就能增加影響力。

以下的表顯示了改變觀點這項大師技能，如何幫助養成數種影響力成員的工作方法。此外，它顯示了這種擴大的視野是如何使我們得以看

影響力成員的大師技能：改變觀點

改變觀點可以帶來其他高影響力工作方法：

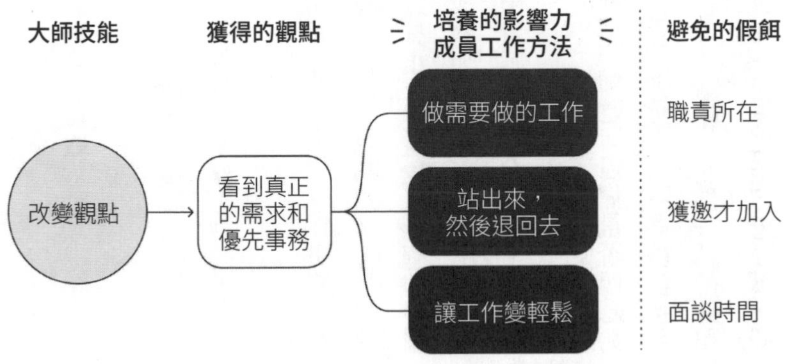

到、並避開絆倒一般貢獻者的陷阱。

以下是幾個簡單的方法，可以用來改變你的觀點，獲得更好的角度以採取行動：

放大視野。嘗試從你在組織或工作流程的位置往後拉開，並透過一個廣角鏡看你的情況。問自己：還有哪些其他成員，他們需要我怎麼做才能成功？誰是下游受到我工作影響的人？誰從我做的工作獲益最大？怎麼做能讓他們獲益最大？

改變座位。不同於放大和縮小視野，而是改成從別人的觀點看。要這麼做，你可能只需要簡單地提問：從他們的觀點，這是什麼樣的情況？他們看到什麼是我可能忽略的？這些問題對他們有什麼影響？對他們來說，怎麼樣才是成功？或者你也可以真正改變座位以了解利害關係人在某個情況下的觀點。你可以在會議中換一個不同的座位，或參加一個你通常不出席的會議。你可以跟隨一次客戶拜訪，花一天時間扮演你自己產品的使用者，或自願在別人不上班時代理職務。這麼做將協助你了解並改善你所服務對象的體驗。

傾聽更久些。大多數人知道做有影響力的工作始於好奇、同理和傾聽，但你是否傾聽夠久到足以獲得你創造影響力所需的見解？《你是來帶人，不是幫部屬做事》（*The Coaching Habit*）作者史戴尼爾（Michael Bungay Stanier）問：「你能保持好奇久一點，並慢一點行動和提供建議嗎？」在第一章提到來自巴西的思愛普軟體架構師布登班德（Paulo Büttenbender）就是這種方法的寫照。和大多數企業應用軟體架構師一樣，布登班德研究客戶的需求，得到一個既有應用軟體模組將如何符合客戶企業需求的觀點，然後訪問客戶或使用者以確保完全了解他們的需求。在傾聽時，大多數架構師的心裡會從蒐集資訊轉向解決問題，並開始思考修改和提供解決方案。讓布登班德與大多數架構師不同的是他傾聽多久——「我經常傾聽一整個星期，」他告訴我們。雖然他預先做了準備，也對軟體解決方案有豐富的知識，他還是保持傾聽，克制想分享他的專業知識或轉向解決問題的自然衝動。這是一種刻意的努力。他解釋說：「我嘗試花全部時間和他們相處，以了解問題而不先給出任何解決方案。我等到下一次機會才提出一套解決方案。」他承認一天要傾聽四、五個小時，連續五天很辛苦，但值回票價。他的同事和客戶都知道，他設計的軟體更好、更符合他們的需要，也發揮更大效用。

如果你忍住並傾聽更久，你的工作會如何改善？你能否只藉由改變座位、獲得新觀點，和保持好奇更久一點就增加你的影響力？

大師技能二：改變你的透鏡

我從瑞奇教授學到的許多教訓之一是，管理曖昧性是卓越領導的基本技能。在不確定的時期，最好的領導人藉由吸收曖昧性而為他們的團隊創造穩定性。他們必須習於不確定性——達到他們可以保持鎮定夠久的時間，以便把未知轉變成機會。這種對不確定性（以及它的親戚：

逆境）的掌握是我們研究的影響力成員的標記之一，也是他們與一般貢獻者的主要差別。事實上，第一章介紹的五項日常挑戰（棘手的問題、不確定的角色、意料之外的障礙、變動的目標和無盡的需求），就好像羅夏克墨漬測驗（Rorschach test，**譯註：一種心理投射測驗，經由受試者對墨漬圖的描述來分析精神狀況**）。在相同的情況下，大多數人認為應該逃避威脅，但影響力成員視之為增添價值的機會。前美國女童軍執行長海瑟班（Frances Hesselbein）恰如其分地描述這種心態：「我們視改變為挑戰，而不是威脅。」[4]

把挑戰的情況詮釋為機會而非威脅的能力，對有效因應壓力的能力可能帶來根本的影響。認知心理學家拉薩魯斯（Richard Lazarus）和福克曼（Susan Folkman）形容這種能力為「評估」（appraisal），也就是個人因應和詮釋生活中的壓力因素的方法。他們認為，在初次評估時，個人會根據個人目標來詮釋一個事件是有利的或危險的。在第二次評估時，個人將判斷自己因應特定情勢的能力或資源。[5]例如，如果我們把團隊中沒有正式領導人視為機會，我們就能看到填補領導真空的機會。當我們認為自己有足夠能力領導一群同儕時，我們會站出來領導。不過，如果我們評估同樣的情況是威脅時，我們會把問題推給領導人，希望他們能處理不確定性並提供方向。

兩種世界觀的差別很像凸透鏡和凹透鏡的差別。看待曖昧性為威脅就像從一個凸透鏡觀看，光線聚集在單一的焦點，而那通常是自己。當我們使用威脅透鏡時，我們變成近視；我們往內看，考慮情境性的影響，並傾向於視自己為孤獨的，沒有能力掌控或缺少組織的支持。

當透過機會透鏡看待曖昧性時，得到的影像更廣大，而我們傾向於看到發生在四周的事。這類似於凹透鏡把光線散射所製造的效應。透過機會透鏡，我們看到更廣大的背景；可以看到我們選擇之做法的優點和缺點，以及對我們的利害關係人的益處。

■ 高風險情況

讓我最後一次回到我在甲骨文管理領導人論壇的時候，也回到我把一個高風險情況變成有價值的機

威脅透鏡

透過這種透鏡，我們變成近視，看到自己孤獨且無法掌控。

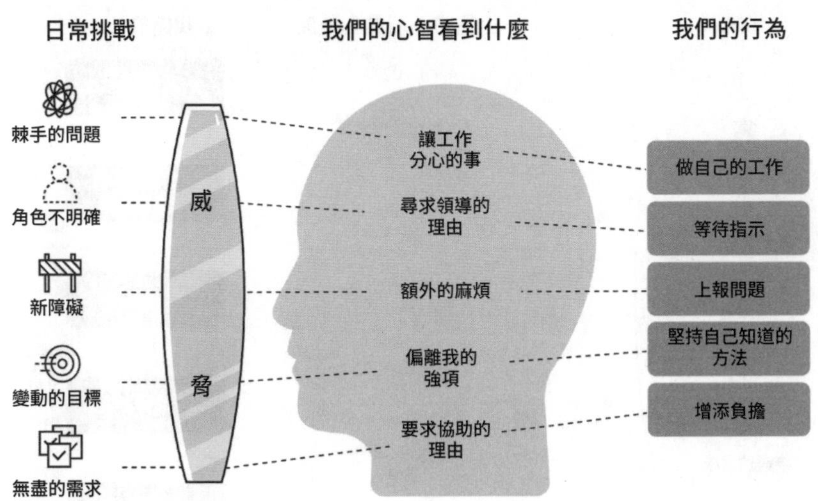

會之經驗。我們進行首個為期一週的計畫到一半時，原本一切都很順利，但現在參加者正在使用所了解的公司策略來處理一項真實的重大專案。我就在當時察覺到不滿的聲音。課程領導人把我拉到一旁，告知我：大家覺得與其進行指派的專案，他們可以藉由給公司高層主管有關如何改善公司策略的回饋意見，來做更大的貢獻。那可不只是稍微改變一下計畫。我們已投資大量時間和資源在準備這項專案，而且高層主管期待隔天就提出解決方案。此外，那會偏離主題。改善公司策略看似立意良善，但可能輕易

機會透鏡

透過這種透鏡，我們採取更大的視野，看到採取行動的選項和理由。

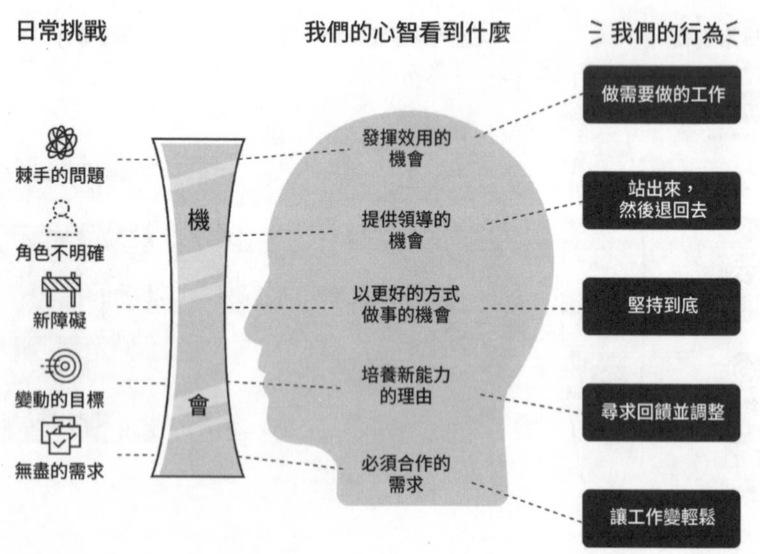

走調成抱怨大會和揭瘡疤。很少高層主管喜歡意外，國王也絕少喜歡聽到他們其實沒穿衣服。

我深感敬佩的一位外部顧問提醒我：「我強烈建議不要這麼做，讓團隊保持在軌道上。」我的團隊成員指出，這不只是高風險的學習——這是「他到底嗑了什麼」那種賭注。我當然明白他們的看法；這很可能下場悽慘，特別是我。不過，也有許多可以往好處想的理由。它可能幫助我們真正精簡公司策略，讓公司每個人更容易了解它。事實上，那正是主管們真正希望領導人做的事——讓公司上下了解策略。當我考慮他們的要求時，我想像各種可能性：如果這場兵變實際上是忠誠的表現？這次改變可不可能帶來突破？如果改變實際上是我們需要的呢？我可不可能控制情況，讓它製造一場大勝利而非大災難？我無法連絡上高層主管，而我是當時情況的最高管理人。我應該打安全牌，還是走可能為更大的進步鋪路的高風險路徑？

最後我決定讓論壇的學員討論公司的策略，而站在高層主管的立場去想，這是磨練他們的策略思維技巧的最佳方法。當我告訴他們可以自由修改各自的專案時，學員們大為振奮（而且可能有點意外）。不過，我也清楚表達自由意味伴隨而來的義務。「要成為價值創造者，而不只是現狀的批評者，」我提醒他們並且補充：「我信任你們，別讓我失望。」我很清楚新方法的益處大於風險，但我必須確保職階遠比我高的高層主管會同意我的決定。我急忙打電話到三位主管家裡。現在要求他們的許可已經太遲，所以我陳述我的理由，並要求他們保持開放的心態。是的，他們剛開始有點惱怒，但他們的興趣也被勾起。

學員們挑燈夜戰並提出令人信服的報告——囊括分析和解答。已經有所準備的高層主管做出完美的回應。有出現幾次尷尬的情況，但那些未來的領導人激起的漣漪形成了一波改變，達成了一套更清楚、更有說服力的策略。這場原本可能的兵變成了一波運動，只因為我們走了一條沒有鋪路面的道路。

當我們把威脅透鏡換成機會透鏡時，我們可能把高風險的情況轉變成回報豐碩的經驗。

把威脅重新建構成機會。你可以利用認知重構（cognitive reframing，一種辨識、挑戰和改變如何看待情況的心理技巧[6]）來協助你看到原本被視為威脅的機會。改變根深柢固的信念，尤其是牽涉恐懼的信念，可能需要下苦功和尋求教練或治療師的協助。不過，重新建構情況可以透過練習而變容易，就像改變用智慧手機拍照時的濾鏡，例如把陰暗的濾鏡換成鮮明濾鏡。使用下列四個步驟來協助你重新建構威脅為機會：

1. 認識曖昧性。注意充滿不確定性和困難的情況；在這類情況下，影響力成員的想法和回應方式往往與其他人大不相同。這五種情況（棘手的問題、角色不明確、意料之外的障礙、變動的目標和無盡的負擔）可以當作訊號，讓你停下來檢視你使用哪一種透鏡。

2. 檢查你的透鏡。注意你的想法和反應。利用二七九頁標題為「威脅透鏡」的圖表或回答下列的問題，來檢查你是否有透過威脅透鏡看待情況的跡象。

- 我是否主要關心不利的風險，而非有利的機會？
- 我的思維是否向內縮小，而非向外放大？
- 我是否認為自己缺乏才能、力量或資源，而非自認有足夠的能力和資源？

3. 重新建構情況。考慮透過機會透鏡看情況會是什麼樣子。辨識目前感覺威脅你的情況，並問：

- 影響力成員會如何把這看作一個增添價值的機會？
- 這對你自己的目標會有什麼有利的影響？
- 我能運用哪些能力和資源來克服這種本來就會存在的曖昧性？

4. 以機會透鏡取代威脅透鏡。現在想想如果你把這種情況視為機會，你會有什麼不同的做法。你可以參考標題為「機會透鏡」的圖表（二八〇頁）來辨識影響力成員的信念和採用的方法，或只是簡單地問：當我透過機會透鏡觀看時，有哪些信念和行為將自然產生？

重新建構不確定性為機會，將協助你大膽地行動，但只是重新看待情況可能還不夠。這些情況往往牽涉一些（至少在專業上）合理的危險，所以你會希望用別的方式承擔風險。例如，在前面提到的例子，我打電話到甲骨文高層主管家裡，解釋我的理由和重新設定他們的期望，就是在為可能有危險的情況降低風險。

改變我們對無法控制情況的反應，始於重新建構我們對壓力情況的觀點和詮釋。改變我們的觀點和透鏡讓我們得以看清楚和採取正確的方法。不過，要持續努力，我們需要的不只是信念；我們需要影響力成員心態確實能達成更大價值、增進效用及影響力的證明。

冒聰明的風險

讓高風險行動降低風險，和把不確定性轉變成機會的三種方法：

1. **認識風險。**辨識潛在的危機，隨時注意情況發展，觀察問題浮現的跡象。
2. **設定期望。**告知大家風險的利弊，讓他們知道你需要他們怎麼做。
3. **設定界線。**建立門檻和停損點，以使負面結果最小化，並準備好備援計畫。

蒐集支持的證據

許多關於改變的嘗試一開始都很成功，但能抵達終點的卻很少。為什麼？因為我們嘗試用意志力來推動改變，而非以改善的證據來確認我們的進展。

我的一位前同事曾收到大量的回饋意見，說他是強力的領導人，卻是差勁的協作者，特別是對支援他的同事而言。他聽到回饋意見並了解到這個問題將限制他的職涯發展，於是擬定一項解決這個問題的計畫。他打了一份提醒自己的字條，並用尺寸七十二點的粗體字印出來，貼在他書桌前的牆上。上面寫著：**找到需要做的事，並不計功勞地去做**。

貼出這張字條後不久，我注意到他刻意地努力幫助其他人。他的行為顯得虛假又不自然，但他是在做正確的事。兩個星期後字條不見了，我以為那是好兆頭，他已經發現團隊合作的樂趣，所以不再需要一直提醒。不過，不久以後他故態復萌，只顧追求自己的目標和搶著出鋒頭。他原先嘗試「假裝直到它成真」，最後卻無法成真，因為還未茁壯的新心態被舊心態壓倒了：**我當領導人能搶到更多功勞**。

哈佛大學的凱根（Robert Kegan）和拉海（Lisa Lahey）描述這種心理為「對改變免疫」。他們在《哈佛商業評論》一篇標題為「人不願意改變的真正原因」（The Real Reason People Won't Change）的文章中寫道：「許多人即使真誠地承諾要改變，他們仍然不自覺地把精力用在相對抗的、隱藏的心態上。兩股力量抵銷的結果使得努力停滯不前，看起來像是抗拒改變，但實際上是某種個人對改變的免疫。」[7]從表面看，我的同事扮演的是支持的角色，但他對支持同事的承諾卻與另一個根深柢固的心態對抗。他無法看出支持其他人能帶來他個人的成功，所以他重回自己的舊信念。他有意願，但他缺少證據，並因此而放棄。

十八世紀的蘇格蘭哲學家休謨（David Hume）說：「智者……斟酌證據來確定自己的信念。」為了這麼做，我們將討論三種方法讓你可以用證據來培養影響力成員心態，和強化你是影響力成員的名聲。第一種是蒐集證據以支持實驗性的行為。

1. 實驗和蒐集證據：剛培養的行為和信念很脆弱，它們需要支持的證據來強化，否則很容易被舊心態壓垮。支持的證據會成為初萌芽心態四周的支撐，就像小樹苗四周的支架提供穩定性，直到樹苗壯大到獨自豎立。與其依賴意志力支撐你的承諾（或在你辦公桌前貼字條），你可以藉由蒐集證據、為新萌芽的心態或行為建立支撐來創造持久的進步。正如凱根和拉海建議，一旦我們了解舊心態可能阻止我們堅持新行為，我們就必須積極尋找質疑舊心態正確性的經驗，和證明新行為功效的經驗。[8]

當你嘗試一種新工作方法或採用新信念時，把它想成一個實驗；別不假思索就開始，而要像已經建立一套假說的科學家那樣，進行驗證心態的實驗，蒐集支持或推翻理論的證據。由於影響力成員的框架是以科學方法建立的，許多工作已經為你做好。這些心態和行為對我們研究的影響力成員已證明有效。不過，你不必相信我的話，你可以自己做實驗。把這些工作方法視為假說，並自己證明它們。

例如，紐西蘭企業策略家里奇（Andrew Ritchie）決定測試在會議中說少一點話可以增進影響力的假設。他藉由在公司的每季策略規劃會議上嘗試「善用你的籌碼」的聰明玩法（二六〇頁）來實驗這個主意。這些會議都是進行一整天的密集討論，充滿紮實的辯論，而身為公司的策略專家之一，里奇通常是話說最多的貢獻者之一。

里奇確認三個絕對需要貢獻他的觀點的主題，並使用籌碼來管理他的發言。有兩個籌碼將用於兩項他想推動的專案，有一個將留給一項他想討論的重要主題。他事先規劃他的籌碼，準備分享獨特的觀點與支持證據，並用要點條列來協助他保持簡潔扼要。當一位同事傳訊給他，問他為什麼不同尋常地安靜時，他回答：「我正在善用我的籌碼。」他得到一個豎大姆指的回應。

他以外科手術般的精確使用他的籌碼，到了一天結束時，他推動的兩項專案已經獲得通過，而另一個主題也一如他希望地經過熱烈討論。此外，由於他仔細傾聽其他人的觀點，他能夠清楚看到其中牽涉許多議程。他說：「當我過度專注在辯論時，我可能錯過這些潛在的重點。」

里奇與我們分享他的實驗結果：藉由節約使用他的籌碼，他不但達成他想要的結果，而且也獲得新觀點和見解。這個證據已足夠有說服力讓他再度嘗試這種方法。這些經驗挑戰了他認為不斷鼓吹可以增進影響力的舊信念。

蒐集證據。當你實驗一種影響力成員的行為或心態時，採取最小可行動作，然後蒐集證據。使用下列的問題來蒐集證據，和了解新行為的效應（和效力）。

- 你將採取什麼不同的做法？
- 其他人對你的行為有什麼不同的反應？
- 它是否製造出你希望的結果？
- 有哪些跡象顯示它的效果比你以前的做法更好？
- 有哪些跡象顯示它的效果比你以前的做法更差？

重複這項實驗直到你有絕對的證據證明新信念是對的，或者視情況調整你的方法。記下被強化或證明為真實的假說。除非一項實驗的工作方法獲得較好的結果，不然我們終究會回到舊的、深信不疑的的心態和行為模式。當你實驗新行為時，尋找能削弱頑強的舊心態、並支撐更強大的新信念和新習慣的證據。

2. 彰顯和證明你的貢獻：透過一個簡單（且可能為人熟知）的思想實驗，哲學家一直討論著關於感知與意義的命題：如果一棵樹在森林裡倒下但沒有人聽到，那麼它真的發出聲音了嗎？類似的，我們可能問：如果有人做了一項沒有人注意到的重要貢獻，那個貢獻還有價值嗎？也許有，但價值必須被顧客或利害關係人接收和感知。

我們在本書從頭到尾一直談到低貢獻的不幸——當聰明、能幹、勤奮的人誤信價值假餌，因而稀釋了他們的影響力。但更大的不幸可能是未被看到的影響力成員——體現影響力成員理想的高貢獻個人，但他們的工作卻被忽視或認為理所當然。他們可能是幕後工作的無名英雄，或他們可能來自少數族群，比起多數族群缺乏優勢。他們的工作往往不被看到，他們的聲音不被聽到。顯然建立一個包容性組織的責任在於組織的領導階層。此外，經理人必須負起深入認識員工的責任，以發掘團隊成員多樣的才能（我們將在第八章討論此一主題）。不過，協助你的領導人和利害關係人更清楚地看見你的能力肯定沒有壞處。那麼，你該怎麼做以確保你的努力不被忽視，讓其他人看到你貢獻真正的價值和影響力？

內含英特爾（Intel Inside 貼紙）。英特爾公司面對一個類似的問題：顧客看不到它最有價值產品之一的價值。當時是一九九〇年代個人電腦革命如火如荼展開的時候，全球各地的企業和個人從ＩＢＭ及許多ＩＢＭ相容電腦製造商如康柏（Compaq）和東芝（Toshiba）購買個人電腦和筆電。這些電腦裡都裝著一顆微處理器，也就是扮演電腦的大腦功能的積體電路單元。英特爾公司是微處理器的市場領導廠商，所有ＩＢＭ相容個人電腦約有八五％使用英特爾微處理器[9]，所以需求的爆炸性成長代表英特爾的龐大商機。但這也帶來一個問題。

英特爾的處理器在電腦製造商和科技迷間享有盛名，他們了解並喜歡英特爾技術的優越性和高品質。不過，愈來愈多終端使用者直接購買個人電腦，其中大多數人不知道主機板（motherboard）和大型主機（mainframe）的不同。英特爾必須在終端使用者間建立類似的知名度，以協助他們了解一台裝設英特爾四八六處理器的電腦比起使用其他處理器的電腦執行速度更快，且能做更多運算，因此比他牌更有價值。

內含英特爾（Intel Inside）這項具有里程碑意義的品牌廣告活動因而誕生。它的商標很簡單——一個圓圈內有「內含英特爾」的文字。製造商被鼓勵把「內含英特爾」商標貼在它們的電腦產品上。這個商標讓非科技迷可以輕易辨識，並很快了解採用英特爾微處理器電腦的價值。[10]內含英特爾的廣告活動把英特爾轉變成家喻戶曉的品牌。消費者現在購買沒有內含英特爾的筆記型電腦會再三考慮。英特爾的高性能微處理器創造真正的價值，但它隱藏在電腦內。這項廣告確保消費者看到並了解它的價值。

渴望發揮更大影響力的人也需要這麼做。

彰顯你的貢獻。和英特爾一樣，你可能需要協助其他人看到你的貢獻，了解它們的價值。你不需要推出數百萬美元的廣告活動，或厚著臉皮自我推銷或建立個人品牌。但你可能需要更積極地公開你的貢獻，特別是如果你的工作是在幕後默默進行的。

觀察高級餐廳裡技術嫻熟的侍者傳達的微妙訊息，可能讓你看出如何做到這一點的祕訣。優秀的侍者在背景有效率地工作，但在關鍵時刻也會站到前景（而且經常就在遞上帳單前）來讓你知道他為你做的事。他可能會說：「我怕你沒有注意到，我特別催他們為你上菜，好讓你能準時到達劇院。」他的口氣很溫和，那只是提供資訊，提供證據，而且那是以很聰明的方式提醒，他為顧客默默做了有價值的事。

許多在工作上扮演支持角色的人說，他們從協助他人的滿足感受到真正的自我實現。不過，即使你有強大的內在力量，當你優秀的工作沒有被別人注意和賞識時，你難免會感覺不公平、未被賦予更多成長的機會，甚至更容易淪為被裁撤的冗員。即使是職場的聖人也應該被認可和賞識。

有無數種方法可以有技巧地吸引人們注意你的努力（參考下表的完整清單）。這些做法可以像提供一則「供您參考」（FYI）的資訊一樣簡單，例如「我處理了昨天任務小組會議提出的嚴重問題清單，你可以不必再擔心它們了」。如果你的工作牽涉例行程序，不妨嘗試改進那些程序。當你成功地採用新方法後，人們會注意到它是新的和改善的。如果失敗了，他們也會注意到並更重視舊方法。如果你的工作經常不被看到，你可以在你休假時，讓你的同事或經理人處理你未被看到的部分職務。

彰顯你的貢獻

幫助他人看到你貢獻的影響力的祕訣

1. **提供一則「供您參考」**。讓其他人知道你做了什麼讓他們的工作變輕鬆。別過度注意細節，只要讓他們知道他們不必擔心，因為有你在做事。
2. **增添一些驚喜**。比別人預期你做的更多做一點。別人將會注意到。
3. **創新和分享**。改善一個流程，然後分享這項創新給你的同事或團隊。你的努力將得到認可，你的同事也將獲益。
4. **分享成功的證據**。定期分享你獲得的讚美和榮譽（或讓你的顧客和協作者直接分享它們），或單純地讓人們知道你做了什麼——不是為了誇耀自己，只提供是純粹的事實。
5. **打造共贏**。與你的同儕和利害關係人建立互相支持的關係。讚美彼此的成功，並在你們共同的利害關係人面前彰顯彼此的工作。
6. **讚揚工作，而不是你自己**。把你自己和你的工作分開，讓你更自在地分享（和聽到）成功的消息。

史戴普（Debra Steppel）是一家金融規劃公司的資深副總裁，負責管理所有後台辦公室技術和行銷功能。她也是一位得兼顧家庭責任的高階主管。當她被迫因為懷孕相關問題在家臥床數個月時，她丈夫必須做更多家務，包括洗家人的衣服。他發現提一大籃衣服上下兩段樓梯對身高只有五呎（一五二公分）的嬌小妻子很辛苦，所以他繼續洗家人的衣服，並在此後每週一次持續洗了二十年。史戴普回憶說：「有些事必須真的親身經驗過才能感同身受。」

除了確保自己的貢獻被看到外，我們可以、也應該為我們傑出但未受重視的同事做同樣的事，特別是在我們的同事是少數族群，或者我們有更大權力、更多管道的情況下。我們可以放大他們的聲音，以確保他們的點子被聽到，而非被劫持和被歸功給別人。我們可以公開為他們背書，談論他們的成就，並提到我們從他們身上學到的東西。當他們不在場時，我們可以推薦他們，和建議把他們的觀點納入考慮。領導力作者克魯斯（Kevin Kruse）聰明地描述了結盟（allyship）的重要和潛在益處：「藉由在會議中放大和提倡弱勢的同事，你將協助確保所有聲音能被聽到，附帶的好處是協助每個人知道他們是團隊中有影響力和有價值的成員。」[11]當所有人的貢獻被承認時，我們不只是善用了可得的所有才能，也激勵每個人做出最大的貢獻。

建立影響力成員的績效保證

身上帶著「總是」的力量的人——那些**每一次**都能把工作做好的人——不斷增進他們的信譽和影響力。要想建立這種強大的保證，要從一開始就全力以赴：在你為上司或客戶做的第一件事就把工作完全做好，不需要別人提醒，也不要得罪其他人。當你重複這個循環，你將建立被信賴能完成使命，並讓別人的工作變輕鬆的信譽——你也將被你的同事和利害關係人視為可以投資時間和資源，而沒有風險的高收益投資對象。

3. 為你的成長尋找證據：除了協助其他人看到我們在做什麼，我們可能需要協助同事和上司看到我們是誰，特別是當我們希望他們注意我們專業上的成長時。根據我當主管教練的經驗，我見過許多人迅速地做出改變，卻發現他們的名聲改變很慢，甚至沒有改變。哈佛大學教練研究所（Harvard University's Institute of Coaching）創辦人考夫曼（Carol Kauffman）估計，從做出有意義的行為改變，到其他人察覺該改變的時間落差可能長達幾個月。雖然改善浮出表面的落差時間可能只有約一個月，但如果過去的行為被認為是負面的，那可能要六個月到一年其他人才發現新行為。為什麼？

大多數人隨時都面對遠超過我們所能處理的資訊和改變。麻省理工學院整合學習計畫（MIT Integrated Learning Initiative）的戴芬巴克（Jeff Dieffenbach）說：「改變可能速度很快，大腦的神經可塑性卻不是如此。換句話說，世界改變的速率可能超過人類心智處理這些改變的速度。」[12]此外，即使你的同事注意到你的新行為，他們可能還不願意看到你的不一樣，特別是如果過去你一直是他們痛苦的來源。在他們心中，可能已經為你貼上難相處、頑固，甚至自我中心的標籤。他們已把你關在懲罰籠裡，還不準備釋放你。

你如何協助你的同事、上司和客戶看到並賞識你的成長？除了耐心以外，你可能需要推銷你的努力，並提供證據以強化你的訴求。公司宣布將推出產品更新和服務改善的方式提供了一個有用的例子。通常一家零售店進行裝修時，店經理人會立即告知顧客，往往是張貼一面「即將重新開幕」的橫幅廣告。他們可能預告更新店面的圖像，或豎一面「敬請原諒整修期間造成不便」的告示。藉由建立對進步的預期，讓顧客更能忍受整修期間的凌亂，並在新店開張時更能注意到改善之處。

新建一個文件夾。同樣的，如果你希望你的同事注意到你工作方法的改善，讓他們知道即將發生的事。告訴他們該期待什麼，能促使他們打開一個新的心理文件夾——就像一個檔案櫃——以便他們蒐集你行為改變的證據。例如，尤利（Yuri）的上司似乎認為他常把問題推給上級而非自己解決。如果尤利獨自解決問題，他的經理人不太可能注意到（畢竟，這位經理人必須先發現尤利沒有推給上級）。因此，尤利先傳達他想「把事情做完」的意圖，並負責整個問題直到它完全解決。在下一次員工會議，尤利的報告提到有一個問題，但告訴團隊他正在處理中，讓這件事放進文件夾。又過了一週，他的經理人得知尤利不等人要求就與其他團隊合作，修正了一項流程問題。這也被放進文件夾。尤利甚至探頭到他經理人的辦公室，禮貌地提醒他出現一個狀況。一週後他寄了一封電子郵件說「我正在處理它」。他的經理人現在有一個裝滿證據的文件夾可以拼裝成一幕新形象：尤利是把事情做完而非推給上級的人。現在尤利不但做事方法不一樣，在別人心目中也大不相同。

改變你的名聲和改變你根本的行為一樣重要——而且它值得深思熟慮的努力。所以別只是改變你的做事方法，也要向關鍵的利害關係人推銷那些改變。讓關鍵人物知道即將發生什麼改變，以便他們新建一個蒐集資料的文件夾。你將縮短他們發現事實的認知時間差。

當然，有些情況是認知差距太大而無法縮短。或者你可能喪失了扭轉情況所需要的精力。在這類情況下，你需要的不只是一個新方法，你可能需要在別的地方重起爐灶。

承擔責任

我們在本章討論幾種你可能想做的改變，以便你能完全接受影響力成員心態，但採用這種高影響力、高價值的工作方法重點不在於矯正；重點在於成長和進步。簡單地說，在我們培養這種心智能力時，我們是承擔起自行做出貢獻的責任。我們可以藉此擺脫微管理的上司，因為我們開始積極地管理自己。我們把自己放在完全貢獻自己的位置，以做最有價值的貢獻。正如人道主義者兼作家戈夫（Bob Goff）所言：「限制我們的不是我們沒有什麼，而是我們沒有使用什麼。」

為了承擔他做貢獻的責任，聖公會牧師、Podcast 兼執行長卡里略必須先承擔他人生的責任。但即使是已攀至職涯最高峰的專業工作者也可以做更大的事，即使人生最春風得意的人也有餘裕——和渴望——以更有影響力的方式貢獻。聞名全世界、演過數十部賣座電影，包括《醉後大丈夫》（*The Hangover*）、《派特的幸福劇本》（*Silver Linings Playbook*）和《美國狙擊手》（*American Sniper*），並在《星際異攻隊》（*Guardians of the Galaxy*）中為變種浣熊（Rocket）配音的布萊德利·庫柏（Bradley Cooper）就是一個好例子。

在二〇一六年，庫柏是頂尖大咖演員之一——他已獲得四次奧斯卡金像獎提名，是好萊塢片酬最高的演員之一，並曾兩度名列《時代》雜誌「最有影響力人物」名單。但他感覺自己還沒有真正發揮長才，還有更多能力可以貢獻。《紐約時報》記者布羅德瑟—阿克納（Taffy Brodesser-Akner）寫道：「在他演完《美國狙擊手》後，他感覺自己已當夠了演員。他喜歡演戲，很喜歡。他仍準備繼續演戲，但該是做更多事的時候了。他說：『我想我的感覺是我沒有完全發揮我自己。』」[13]

儘管他作為一個演員已功成名就，但想跨足導演角色的機會並不多。布羅德瑟—阿克納說：「有人告訴他，他就只是一個演員，沒別的了。在他當演員時，人們會把他想像成他在電影中扮演的角色……然後他跑去向華納兄弟公司（Warner Bros）推銷《一個巨星的誕生》（*A Star Is Born*），接下來在那個房間不知發生什麼，就讓華納兄弟的人同意給他三千八百萬美元，不包括行銷成本。」庫柏導演的第一部電影《一個巨星的誕生》在二〇一八年上映，它獲得八項奧斯卡提名，包括最佳影片。對初次執導來說，成績確實亮眼——畢竟他才剛開始。

大多數人想要一個能一展長才並且每天都做出滿滿貢獻的工作。雖然一定程度的例行工作必不可少，但一個人的職涯中有一些關鍵的轉折點需要特別注意。它們可能包括你剛展開你的職涯時、當你換工作時、剛從失業重返勞動市場時，以及在陷於負面或平庸的思考和工作模式時。但最困難或最關鍵的，莫過於在我們似乎達到頂峰時，更新對自己的期望，以及說服自己和其他人，我們能以更高的新方式做出貢獻。

我們可以好整以暇地等待有人發現我們真正的天分和才能，或者我們可以積極參與這場遊戲。我們不需要當老闆才能承擔自己做貢獻的責任，我們也不需要擔任最重要的職務才能決定增添價值。影響力成員心態便是在邀請你做出完全的貢獻。如果你還不能確定是否要踏上領導和更有影響力的道路，請接受這輕輕一推：只管開始。從任何地方開始。藉由嘗試改變心態和實踐習慣，你將更能判斷你的情況和建立覺識。

你可能惋嘆你沒有在職涯更早的階段就了解這些原則，但現在還不會太遲。正如中國的諺語所教導的：種一棵樹最好的時間是二十年前；其次是現在。所以現在就開始，不要停止。別滿足於只是擁有一份工作；要努力工作，在你扮演的任何職位上發揮有意義的影響力。你創造的價值將加倍、再加倍，並回報給你。

SUMMARY

第7章摘要

增進你的影響力

本章描述個人和經理人能做些什麼來培養第二章到第六章討論的工作方式。它提供兩種方法以使困難的改變變得更輕鬆些，因為改變信念和修正行為並不容易，改變別人對我們的看法也非易事。

1. 掌握根本的信念和行為。與其嘗試同時採用許多種工作方法，不如專注在兩種影響力成員掌握的根本能力。

- **大師技能一：改變你的觀點。**這種技能牽涉從別人的觀點認知情況和問題，並有助喚起幾種影響力成員的習慣。它讓你得以看到並避開絆倒一般貢獻者的陷阱。你可以藉由放大視野和改變座位來改變你的觀點。
- **大師技能二：改變你的透鏡。**這種技能涉及在曖昧和不確定的情況下看到機會而非威脅，而它正是影響力成員心態的根本。你可以藉由重新建構威脅成為機會，來改變你的透鏡。

2. 蒐集支持的證據。與其嘗試憑藉意志力來完成改變，不如以改進的證據來確認你的進展。因此，你要蒐集和分享你做出貢獻的證據，以使別人知道並有所感受。

- **實驗和蒐集證據**。把本書介紹的方法視為假說，並自己進行測試。執行實驗並蒐集證據來確認結果。
- **彰顯和證明你的貢獻**。為了確保你的工作不被忽視，你可能要讓別人知道你在幕後做的工作。
- **建立證明你成長的證據**。如果你希望同事注意到你專業工作上的成長，讓他們知道該預期什麼。告訴他們即將發生什麼，並協助他們新建一個心理文件夾，讓他們用來蒐集你行為改變的證據。

第8章

打造一個高影響力團隊

一個人無法改變整個組織，但文化和優秀的人才辦得到。

——前美國女童軍首席執行官海瑟班（Frances Hesselbein）

「夢幻隊」這個名字被用來稱呼一九九二年美國奧林匹克籃球隊，因為這支球隊由一些史上最偉大的球員組成：麥可．喬丹（Michael Jordan）、魔術強森（Magic Johnson）、賴瑞．柏德（Larry Bird）、查爾斯．巴克利（Charles Barkley）、卡爾．馬龍（Karl Malone）、約翰．史塔克頓（John Stockton）……等等。我們也在其他運動看到夢幻隊——一九七〇年贏得世界盃的巴西男子足球隊、一九八〇年蘇聯的奧運冰球「紅色機器」隊（red machine），還有二〇一九年贏得女子足球世界盃的美國女子足球國家隊——我們都看過歷來各領域聚集眾多明星級人才的夢幻隊，在卓越的領導人帶領下一起工作，像是義大利文藝復興時期的藝術家，和五度獲得諾貝爾獎的居里家族。

我們也在現代職場中發現夢幻隊，例如ＮＡＳＡ的探測車團隊（參考第四章），或《週六夜現場》（*Saturday Night Live*）的兩位台柱演員蒂娜・費（Tina Fey）和愛咪・波勒（Amy Poehler）。如果你很幸運曾在這樣的團隊工作，甚至有榮幸領導這種團隊，你會知道最優秀的領導人不是靠運氣擁有這種團隊，而是他們知道如何建立夢幻隊，甚至是在困難的情況下。

在二〇一三至一四年籃球季結束時，費城七六人隊在他們的八十二場比賽只贏得十九場，是他們加入ＮＢＡ以來第二差的表現。在球場外他們的表現也一樣糟——在協會的三十個球隊中，他們的廣告贊助排名殿底，季票銷售在超過兩萬座位的球場只有寥寥可數的三千四百張。該球隊必須大刀闊斧以扭轉頹勢，所以他們請來歐尼爾（Scott O’Neil）擔任執行長以進行這項計畫。你可能還記得第二章談到的歐尼爾，他在此後的四年領導費城七六人隊經歷一場大轉型。到了二〇一七至一八年球季，七六人隊贏得五十二場比賽，在協會中排名第五。此外，該球隊的銷售從殿底竄升到第一，在廣告贊助、上座率和客戶滿意度及留存率都名列前茅。

籃球隊的發展是這項變革的核心，但歐尼爾知道後台辦公室的機能——球隊背後的團隊——也需要大幅改善。他引進雷諾茲（Jake Reynolds）擔任門票銷售與服務部副總裁，並讓他負責一項艱鉅的任務：為一支敗場次數是勝場三倍的球隊想出賣門票的方法。雷諾茲領導費城七六人隊的銷售團隊一路攀升至頂峰——而且令人難以置信的，大部分的銷售成長是在球隊還沒開始贏球前創造的。[1]他們怎麼辦到的？

雷諾茲是一個熱情、全力以赴型的領導人，他的精力來自人，來自投資人、幫助人和看著他們成長。歐尼爾形容他是「我見過最優秀的領導人」。雷諾茲知道費城七六人隊管理團隊無法控制球場上發生的事，但他們可以控制人、程序和文化等其他因素。他認定這些因素的組合造成的影響可以超過產品。他認為如果他和他的管理團隊「僱用正確的人，經過正確的訓練和培養，讓他們擔任正確的職位，並讓他們沉浸在有趣、競爭、高能量的環境，他們一定會成功。」[2]

雷諾茲讓銷售變有趣，即使球隊仍在輸球。他說：「你銷售兩樣東西的其中之一：不是銷售冠軍，就是銷售希望。」[3]他們銷售希望，而且和歡樂一起銷售。銷售人員在賽前會議受到懸浮滑板、造霧機器、抽獎和啦啦隊表演的激勵。他們感覺那更像參加ＮＢＡ比賽而非公司會議——這種方法在一個幾乎完全由千禧世代人才組成的團隊獲得共鳴。他們的日常工作環境向來是高分貝、充滿笑聲和歡呼聲。事實上，他們被迫用彈手指取代拍手以使隔壁的部門能專心工作。《運動畫刊》（*Sports Illustrated*）的一篇文章引述雷諾茲的話說：「我們在找樂趣和找太多樂趣之間拿捏得挺好。」[4]雷諾茲讓「在逆境中銷售」變有趣，即使在球隊輸球的情況下，門票銷售還能成長。

通常輸球的球隊會裁撤銷售人員，但七六人隊的做法反而是踩油門，把銷售團隊從二十八人擴張到一百一十五人，成為NBA中銷售人員最多的球隊。[5]雷諾茲審慎地召募有正確心態的人才，引進有競爭心（competitive）、好奇心（curious）和可以教導（coachable）的人，雷諾茲稱為「3C」人才。如果他能帶進想贏、在工作完成前不會停止，和願意傾聽與學習的人，他認為領導團隊就能教導他們其餘的技能。

隨著這個團隊向前衝刺，執行長歐尼爾鼓勵雷諾茲更新他的管理團隊，以更有經驗、能幹的領導人取代既有的一些團隊成員。歐尼爾說：「我們沒有六個月可以等待和觀察哪些人能做什麼。我需要雷諾茲讓一些人走，建立一個真正的管理團隊。」有一位特定的經理人，歐尼爾希望雷諾茲換掉他。歐尼爾承認，「我一直跟雷諾茲嘮叨」，堅持他讓那個人走。雷諾茲以同樣的堅持抗拒壓力。他反駁說：「我需要你信任我，讓我做自己的工作。」歐尼爾很驚訝——但很高興看到雷諾茲已經完全進入狀況。雷諾茲繼續說：「我告訴你我已經在處理。我已經換了四個經理人，但我不想換這個人。我認為她有潛力。讓我跟她談談。」他真的談了。歐尼爾驕傲地承認：「現在她是我們的超級明星之一。」

培養團隊成員在當時是（現在仍是）雷諾茲的優先要務。他估計自己花高達五〇%的時間在培養和教導他的團隊。除了無數小時的一對一指導外，整個管理團隊每週會聚在一起一個小時只為了學習——他們閱讀和討論文章、觀察談話技巧，或聽一段Podcast。（巧合的是，我連絡雷諾茲想訪問他時，他的團隊剛討論過《乘數領導人》和《菜鳥聰明人》〔*Rookie Smarts*〕。）雷諾茲深信在他領導過的所有全明星團隊中，他一開始做的最關鍵工作都是創造一個空間讓同事間彼此學習。雖然他是團隊的總教練，但團隊成員都被允許挑戰彼此——特別是當有人需要調整心態時。雷諾茲說：「我們隨時在檢討和修正這種心態。外部因素可能讓我們偏離我們的中心思想。」這對所有人都是如此。如果我們很注意，我們自己就能察覺。不過，我們很容易看不到自己的弱點，所以我們需要隊友來彌補我們、挑戰我們，並使我們為自己的承諾負責。

費城七六人隊的轉型是持續多年的過程，嘗試創造好業績的後台辦公室團隊可能因為球場記分板上令人失望的成績而感到挫折。因此雷諾茲在銷售辦公室布置一面自己的計分板。他創造了象徵進展的視覺符號：掛在牆上的一面英雄榜，展示出頂尖貢獻者的姓名和頭像，天花板懸吊橫幅布條，上面印著獲得升遷的銷售代表姓名，作為最高成就的紀念。他和他的管理團隊每週頒發獎項，包括一項由銷售代表自己投票選出的最有價值成員獎；他們也舉辦每季一次的升遷日活動，熱鬧的氣氛有如NBA的選秀日。這種文化助長競爭，但銷售代表們了解他們不是互相競爭，而是以整個團隊競爭世界第一。[6]在每次競賽後，雷諾茲提高標準以讓挑戰升級。他了解如果停止給他們新挑戰會有什麼後果：「當你進入高原期時，你就會流失人才。」

經過一段時間後，一些好手離開七六人隊的組織以追求新機會，但後台辦公室團隊的後勁依然十足，因為雷諾茲和他的管理團隊建立了一個能處理挑戰，和持續超過任何球季和任何一組貢獻者的文化（雷諾茲本人亦繼續追求更好的機會，出任紐澤西魔鬼曲棍球隊總裁）。「費城七六人隊銷售團隊的文化一直是他們成功的主要推手，」NBA行銷與商業營運部資深副總裁唐諾修（Brendan Donohue）說：「它充滿活力、歡樂且有感染力，聚集了一群努力工作的專業者，他們都想成為一個超越自己的更大群體的一部分。」[7] 這個團隊培養了影響力成員的心態和工作方法。

大多數經理人對他們團隊有一、兩個影響力成員就已經很高興，但最優秀的領導人希望整個團隊都是這種明星玩家。這看起來很困難，但冠軍團隊不是僥倖得來，也不是在正確的時機剛好有一群正確的玩家神奇地湊在一起。夢幻隊不是夢，它是源於審慎地招募有正確心態的玩家，一一培養他們成為一個團隊，並以紮實、健康的文化滋養它。這是一種大膽、充滿熱情的領導的展現。它需要有目標的發展和正確的教導。

本章是為經理人而寫的。我們將探討領導人如何才能建立一個夢幻隊，在這種團隊中影響力成員如何一起共事，沉浸在一種可以比任何單一超級明星持續更久的文化。我們將討論經理人能怎麼做以⑴為團隊僱用更多這種人才，⑵強化團隊成員的影響力成員心態，⑶複製這種行為到整個團隊，和⑷建立正確的文化——一種包容多樣才能和讚揚那些可能被忽視的影響力成員的文化。此外，我們將討論一個影響力成員團隊在乘數領導人的帶領下工作會激發什麼魔法，以及為什麼它創造的不只是一個絕佳的工作環境——它還創造卓越的工作成果。

我們將從探討經理人如何為團隊找到這種人才開始。

招攬影響力成員

本書討論的每一項特質都很重要和有價值，不過有些特質顯然更容易培養。有些信念是根深柢固的人格特徵的展現，因此較難改變，例如你相信你能控制你的人生事件的結果（也就是內在控制觀）；另一些信念則是人生經驗的副產品，且它們傾向於隨著新經驗和支持證據而演變（例如韌性）。

簡單地說，建立一個影響力成員團隊的最佳策略是僱用已擁有最難培養特質的人，然後積極地培養其他特質。當然，這需要先知道哪些心態是個人最難培養的。雖然有無數著作描述各種心態和行為的好處，但很少人研究它們能否透過學習獲得。為了深入了解哪些心態和行為最容易或最難改變，我找到幾位能針對這個提供有用觀點的專業人士——主管教練。特別是我也請教了我在MG100（一個由一百位世界各地頂尖的主管教練組成的協作公會，創立者是著名的教練兼多產的作者高德史密斯〔Marshall Goldsmith〕）的主管教練同事。

我問這群人他們在世界各地，根據本書提出的信念和行為教導領導人的真實經驗。我問他們的教導約有多少成功率：被教導的個人是否能改採較理想的行為或心態？他們能不能長期維持？那對他們的行為和信念是一個小調適還是大改變？我們用他們的回答來訂定十二位行為者的「可學習性」，和影響力成員架構的十一種信念。雖然我們需要更多研究來證明影響力成員特質的相對可教導性，但我們在他們的回答發現明顯的模式。對每一種心態和行為來說，都有各自的例子顯示有渴望和決心的人能達成顯著的進步；不過，整體來看，對某些心態和行為的教導呈現更一致的成功。他們的洞見反映在下頁的表，包括三類從最難教導到最容易教導的信念和行為的可學習性。

了解哪些心態是最難改變的，能讓經理人與組織在招募人才和培訓員工上步調一致和最優化。我們從頂尖主管教練蒐集的洞見顯示，企業應僱用即使在面對壓力時也能自動自發、有群體感、對曖昧性有高容忍度，和共事愉快的人。

當這些變成團隊成員普遍具有的特質時，領導人就可以投資訓練和教導的資源在他們能創造真正收益之處。這種較聚焦的才能發展方法，能協助經理人打破無法變成積極教導者的常見障礙。人才發展專業者往往假設，經理人不教導員工的原因，在於他們缺少技能或時間。然而，經理人經常是嘗試教導但在看不到進步後才放棄的。如果你希望你的經理人變成積極的教練，那就導引他們，把教導的努力投入在能看到明確回報的地方。

影響力成員心態的可教導性

根據頂尖主管教練的經驗，改採影響力成員信念和行為的難易度

最難教導		最容易教導
	信念和心態	
內在控制觀：我可以控制我的人生事件的結果 **非正式性：**我不需要當領導人就能承擔責任 **機會：**我把曖昧和挑戰視為增添價值的機會（而非威脅） **利益：**我可以增加所有人的福祉	**內在價值：**我生來就有價值和能力 **自主感：**我可以獨立行動和做決定 **毅力：**我可以堅持把事情做完（注意：容易達成但較難長期持續）	**成長心態：**我可以透過努力來發展能力 **歸屬感：**我是團隊重要的一分子 **積極主動：**我可以改善情況 **韌性：**我可以克服逆境
	行為	
領導和跟隨：可以領導，但也可以跟隨別人的領導 **知道什麼重要：**不必別人告訴你就能想出什麼是重要的事 **帶來樂趣：**有幽默感、有趣和愉快，讓困難的情況變輕鬆	**預期挑戰：**預期會有問題並找到解決的方法 **保持負責：**為結果承擔責任而非把問題推給上級 **改變觀點：**透過別人的觀點看事情	**尋求回饋意見：**尋求別人的回饋意見、糾正，和相反的觀點 **提議協助：**向同事和領導人提供協助與支持 **影響其他人：**透過影響力（而非權威）與他人共事 **看到大局：**了解大局而非只做自己的事

以行為為主題的訪談可以協助你辨識長期抱著影響力成員心態工作的候選人。這種被很多人使用的訪談技巧，側重候選人過去對特定情況的對應方法，這是基於一種假設：過去行為是未來行為的最佳預測。行為性的訪談傾向於有指向性、刺探性和特定的問題，而且目的是探尋可驗證的具體事實，以了解候選人過去如何處理某種問題。

你可以使用行為事例面談法，來決定某個候選人如何回應五種影響力成員與其他人差別最大的情況（參考三一二頁）。領導顧問公司DDI設計了廣為使用的STAR訪談格式，鼓勵受訪者描述一組情況（Situation）、任務（Task）、行動（Action）和結果（Result）。我建議略加修改成為SOAR，把「任務」改成「展望」（Outlook）。例如，你可以用下頁的問題和標準來判斷候選人如何處理棘手的問題，以及他是否主動用自己的方式做最有用的事，或是否只管做自己的工作。

我在前言中提到的普特曼（Ben Putterman）現在是電動汽車製造商Rivian學習與發展部副總裁。普特曼把這種針對行為的面談方法用在最近的一次大規模徵才上，這一次他需要在兩個月內僱用十名新員工。Rivian是一家由創投基金支持的高成長公司，因此普特曼想找的人是能夠在快速變遷和不確定環境中靈活工作的人，那是這類產業不可或缺的才能。他決定深入了解每個候選人如何處理棘手的問題和不確定的角色（區別影響力成員與一般貢獻者的五項日常挑戰中的兩項）。在進行最開始的六場面談後，他表示：「我不確定我已經知道如何看出影響力成員，但它已幫我知道不要僱用誰。」

隨著他繼續進行面談，他不但聽出各候選人工作方法的明顯不同，他也注意到他們身體語言的差別。他說：「那些在曖昧情況表現良好的人，在我問他們如何處理棘手問題時，似乎都會傾身向前和微笑。認為這類挑戰具有破壞性或威脅性的候選人，傾向於往後靠，然後兩手一攤。」做

SOAR僱用技巧

發現候選人處理五種日常挑戰的方法：

步驟	問題	影響力成員側寫	一般貢獻者側寫
情況	你能告訴我你是否曾注意到一個工作上的問題影響了許多人，但該問題卻不屬於任何人的職務嗎？	曾經處理過這類棘手的問題。	沒有處理過或注意到這類棘手的問題。
展望	你對這種情況有何看法？你有什麼處理它的選項？	把這種情況視為發揮用處的機會	把這種情況視為從真正的職務分心的事
行動	你如何處理它？你做了什麼？	做需要做的事（了解什麼是重要的事，並熱心地做最需要他做的事）	做他職務範圍的事（採用狹隘的觀點，做他被指派做的事）
結果	結果如何？	專注於對利害關係人有利益的事	專注於對自己有利益的事

完這項測試後他下結論說：「我需要可以把曖昧性轉變成機會的人，所以知道要尋找哪些心態和行為模式很有價值。」

領導人專家級提示
影響力成員不會答應與差勁的教練共事，所以你招聘頂尖人才的最佳策略就是當一個能激發人們最大潛力的領導人。

培養影響力成員

有時候你可能招募到影響力成員並讓你的團隊實力大增，特別是當你為一家積極引進新人才的組織工作時更是如此（例如一家快速成長的新創公司、員工流動率很高的企業，或是大學的運動隊伍）。不過，很少企業經理人擁有從一開始就親自挑選和組合他們的夢幻隊的奢侈。較常見的是，他們必須藉由激發繼承而來的一批員工、一支不受約束的跨部門團隊、或公司高層意外「奉送」的一群暑期實習生的聰明才智，來打造一支夢幻隊。在這種情況下，領導人的職責是培養既有員工的才能。

此時領導人的角色較類似於明智的父母，更甚於人才獵人。作為父母，你沒有機會挑選你的團隊；你只能從既有的團隊著手。的確，我會很樂於培養一群有奧林匹克級運動員潛力和走秀模特兒外表的高智商天才。不過，每個孩子就像他們的父母那樣，都有各自不同的天賦。聰明的父母不會按照無法企及的理想來塑造他們的孩子，而會協助他們發展各自的強項，並變通他們的弱點。

你可能無法完全掌控你團隊的人選，但藉由在他們已經具有的才能下功夫，你也可以打造一支心態和行為像影響力成員的團隊，一支能打勝仗的團隊。本書各章結尾的教戰手冊提供了教材——經理人可以用來引導他們團隊成員的心態和習慣。不過，培養人才牽涉的不只是一本教戰手冊。經理人必須創造一個環境，讓正確的心態和行為能夠成長。正如我們看到的雷諾茲和費城七六人隊，如果你希望團隊成員有正向的態度，你就必須創造一個正向的環境。

創造能伸展的安全感

最傑出的領導人會培養一種既舒服又緊張的氛圍。他們排除恐懼並提供能邀請員工貢獻最好點子的安全感。在此同時，他們建立一個充滿活力和張力的環境，要求員工全力以赴。正如哈佛商學院教授艾德蒙森（Amy Edmonson）在《心理安全感的力量》（*The Fearless*

Organization）中寫的：「如果領導人想釋放個人和集體的才能，他們必須培養一種心理上的安全氣氛，讓員工感覺能自由地貢獻創意、分享資訊和報告錯誤。」[8]

只不過，光靠有安全感的環境不足以產生高績效。艾德蒙森又說：「領導人不只需要建立心理上的安全感，還必須設定高標準和促使部屬達成它們。」[9]最好的領導人創造達成高績效所需的緊張，例如建立高預期心理、提供坦誠的回饋意見，和要求員工負責任。換句話說，一旦領導人創造優良的工作環境，他們預期員工做卓越的工作。

當領導人只創造這些條件之一，那會是什麼情況？當領導人不先建立安全、信任和尊重的基礎就讓員工自由施展會如何？接連而來的挑戰會製造削弱戰力的焦慮，而無法帶來成長。另一方面，當領導人建立支持的環境而不要求員工有更好的表現，員工將感到受賞識但停滯不前。在安全和伸展兩種條件兼具時，員工就能有最好的表現和成長。

五個高影響力的教導習慣

創造一個既安全又能伸展的環境，讓個人感覺能安全地實驗和失敗，但接受發揮最佳績效的挑戰，這是經理人、教練和導師的根本任務之一。建立一個能處理曖昧性和困境的團隊也是基本任務。這五種讓影響力成員脫穎而出的情況都牽涉潛力的伸展，意即領導人需要先建立安全感，然後藉由伸展潛力的挑戰來引導員工。

下列五種領導習慣將鼓勵團隊中的正確行為——前兩種可以建立有安全感的環境，後三種引導潛力的伸展。

1. 定義現在重要的是什麼（W・I・N・）。如果你希望你的團隊勇於跨越指定的職務範圍，**做需要做的事**，那就協助他們看到在特定時間中最重要的是什麼。告知策略上的優先事務和年度目標是好的開始，但我們都知道這些目標往往隨著環境改變而改變。你可以藉由定義W・I・N・來幫助團隊了解該專注什麼，並把它列為優先和核心項目。例如，在我擔任甲骨文大學的副校長時，我們主持的大量課程讓我們難以訂出明確的優先目標。但當時我們需要轉移精力到數項新倡議。我沒有召開管理會議或分發文件給所有員工，反而在我的辦公室門口公告三項最優先計畫。這張清單很簡短，總共可能不超過十個字，而且完全不花俏或加框。它只是以白板筆寫在一面白板上，但讓每個人知道最重要的是什麼，和他們最能幫上忙的地方。讓人們知道什麼事重要，並不需要冗長的報告或昂貴的溝通活動——你只需要分享你的待辦事項最優先的是什麼。它不需要講究地刻在石板上——只要公告在明顯的地方並保持更新，以便組織在需要改變時順應改變。

2. 重新定義領導。創新愈來愈變成一種團隊運動，需要多樣的觀點和集體的智慧。這些團隊往往很短暫，它們形成、協作並很快解散，而且大多數運作像臨時湊隊比賽而非聯盟運動隊伍。團隊成員必須能一樣容易地站出來和退回去。要參與這種快速流動的領導模式，較沒有自信的員工（和對管理職涯較不感興趣的人）可能需要協助才會站出來。要讓這些不情願的領導人**站出來、然後退回去**，就要提供後退的路。讓他們知道擔任指派的領導人只是暫時的任務，只在專案期間或單一會議有效，不是永久的職務。

雖然一些團隊成員需要鼓勵和支持以站出來領導，其他一些貢獻者需要的卻是教導他們退回來和支持其他人。團隊經理人（或資深主管）可以藉由示範健全的跟隨工作方法，來協助後面這種員工發展更流動的領導作風。讓他們觀摩你與其他組織協作，或你參與比你管理階層低的人領導的專案。向你的團隊展示你在扮演跟隨者時，工作的熱情不亞於你扮演領導者，而且跟隨者的卓越表現不是職涯的死路，而是成長為領導人的必經過程。

3. 要求他們堅持到完成工作。如果我們希望為我們工作的人**堅持到底**，我們可能必須要求他們做完一項工作才轉移到另一項。想想 Coatue 創投公司（Coatue Ventures）董事長羅斯（Dan Rose）在推特上述說他在為亞馬遜公司（Amazon）的皮亞震蒂尼（Diego Piacentini）工作時，學到的重大教訓。[10]

在二〇〇四年，羅斯把握機會加入亞馬遜的新 Kindle 團隊；剛推出的 Kindle 令人振奮，他感覺自己也需要改變。過去兩年來他管理亞馬遜的手機商店，他讓這個小業務免於遭到裁撤的可能，並將它轉變成亞馬遜中快速成長的部門，不過經過一段時間後，它的競爭者開始逼近，成長逐漸停滯。就在此時為Kindle部門效力的機會出現，而且羅斯接受了。他寫道：「我不但有機會推動一項新業務，而且可以擺脫目前的業務，讓別人來收拾爛攤子。」

在他預定開始新工作的前一週，亞馬遜的全球零售部主管皮亞震蒂尼召喚羅斯到他辦公室。羅斯回憶：「他解釋說，我不能因為把事情搞砸而獲得新機會的獎賞。他會讓我加入Kindle團隊，只要我能讓目前的業務回到正軌，並僱用一個比我還行的繼任者。」

這肯定是很難聽的話。「不但我的新機會已經被無限期擱置，而且很明顯的我目前的角色是失敗的。」羅斯寫道。他把接下來的六個月花在扭轉情勢。等到部門再度恢復成長並找到取代他的能幹繼任者，皮亞震蒂尼才同意他加入Kindle團隊。

「一年前我還在世界頂端。」羅斯寫道：「……每個人都說我是一顆上升的明星。然後情況惡化，我嘗試逃避到一個新部門的新工作。但好公司和好領導人要求員工負責任……嘗試逃避到新工作很誘惑人。但要抗拒這種誘惑，留下來直到你的工作做完，為修正你搞砸的事感到驕傲，不要逃避問題，展現出你負責任的樣子。」

當我們要求人們為做完工作負責時，我們發出的強烈訊息是他們的工作很重要，我們相信他們有能力堅持到底，即使面對艱困的情況。

4. 批評工作而非批評人。人通常需要兩種資訊以達到最佳績效。第一種是明確的方向：目標是什麼，和為什麼它重要？（換句話說，就是W．I．N．。）第二種是績效的回饋意見：我真的在達成目標嗎？我的做法對嗎？大多數經理人看待回饋意見是批判，是個人工作的評量，或個人能力的宣告。這往往導致人們不願意回饋意見。畢竟，大多數人不喜歡傳達壞消息。但這種逃避也可能發生在肯定的意見回饋。為什麼？大多數人對扮演別人工作的唯一仲裁者感到不自在。把回饋意見想成重要資訊——人們校準和調整方法的資料——而非批評。當回饋意見只不過是迫切需要的資訊時，我們將更容易分享和接受。

如果你希望你的團隊成員**尋求回饋意見並調整**，那就提供績效的資訊，並看待它為實用的資訊而非個人批判。就像我的少年兒子喬希，最近屢次建議我改變我智慧手機的一項設定被我拒絕後，他對我說：「我不是在說你是笨蛋，我只是給你重要的資訊。」

5. 說出你欣賞什麼。在研究訪談時，我很驚訝有許多經理人能明確且熱烈地描述員工做了哪些經理人最欣賞和不欣賞的事，但是他們也承認從未與員工溝通這兩者的差別。這些經理人通常在結束我們的訪談時決心與他們的團隊分享這些心得。對經理人來說，如果你希望你的團隊成員讓你和其他人的**工作變輕鬆**，那就刻意彰顯你欣賞的行為。當有人做了讓你的工作變輕鬆的事，告訴他：「當你做……時，我就能輕鬆地做……。」

例如，「當你轉寄一封冗長的電子郵件鏈時附上一段摘要，我就能更快做出反應。」「當你犯了可笑的錯誤時能自我解嘲，就能讓其他人更容易擺脫自己犯錯的挫敗感，並很快從失敗中學習。」或者「當你協助遭遇困難的同事時，就讓我更容易抗拒救援他們和接管他們工作的衝動。」你可能不想張貼一長串會讓你惱怒的事，但你可能會想製作一份簡單的「你的使用指南」（參考二六一頁），讓人們知道能做什麼來讓你的工作有效率，進而為他們提供最好的指導和支持。

努爾達（Elise Noorda）是一個三百人的少年交響樂團和合唱團的總裁，團裡的管理者都是內華達州拉斯維加斯的志工。就在一場表演之前的幾個星期，氣氛十分緊張，因為這群青少年的表現就像青少年，而這讓成年的志工感到挫折，進而使努爾達的管理工作更加困難。原本應該充滿歡樂的事，做起來卻讓每個人感到壓力沉重。一天晚上在排練後，努爾達與志工開會，她對負責夜間排練休息時間供應點心的荷莉（Holly）說：「荷莉，你做得很好。你在十分鐘內餵飽三百個人，而且讓它充滿歡笑。當你在休息時間創造歡樂氣氛時，那幫助剩下的排練更加順利。」下一次排練時間是在萬聖節，而荷莉把點心時間帶到一個全新的層次：節慶主題的宴會、嚇人的裝飾，加上一具造霧機。輕鬆的氣氛瀰漫在整場排練，整個團隊接收到訊息並跟隨荷莉的榜樣，所有人克制的自己的脾氣，為這一季的剩餘時間打起精神。努爾達說：「我在一大群人前面讓荷莉知道：『我喜歡你做的事。』而這影響了我們工作的每個方面。」

當領導人能很快與團隊打成一片，透過動態的情況教導團隊成員就變得相對容易。不過，當團隊很分散和個人以遠端方式工作，成員就容易脫離情境、偏離議程和被障礙困住。經理人可以藉由提供下列的基本條件來協助團隊成員一起全力發揮最好的績效：

- **背景情境。**藉由提醒團隊這份工作如何融入一個更大的目標，以錨定談話和會議。告知工作的理由，並讓人們知道為什麼他們的貢獻很重要。把它想成一幅路徑地圖上的「你在這裡」標記。
- **清晰。**當簡短的談話無法釐清期望時，障礙就可能放大，導致員工把問題推給上級。為了協助員工繼續承擔責任，提供一份清晰的工作聲明（SOW，參考一七三頁的玩法一）。
- **協作。**遠距工作的員工通常要參加大量的線上會議，但很少有機會與同事深入協作，因此要在建立討論會特別下功夫，讓困難的問題得以解決，也讓員工提出最好的點子。
- **連結。**遠距工作可能讓員工陷於孤立，因此要刻意創造連結以蓄積關係資本，因為你日後在進行困難的談話和共同處理艱困的挑戰時將需要它。嘗試簡單的「問候然後才開始工作」的方法，藉由分配時間舉行員工會談以了解每個人的情況；確保讓每個人感覺自己先是一個人，其次才是員工。嘗試以下面的問題之一開始進行會談：「你對什麼感到自豪？」「現在特別感到困難的是什麼？」或者只是簡單的「最近還好嗎？」此外，當你無法定期見到員工，很容易就會忽略發生了什麼好事，因此要藉由加倍頻繁地彰顯好績效和給予正向回饋意見，來加強表達你的感謝。

不管團隊是在一起工作或散布在全世界，當領導人能同時創造安全和能伸展的雙重環境，他們的員工就能站出來、加快速度，並堅持把工作做完。有了正確的教導方法，員工就能學得更快，變得更強大，並能成長到超越他們自己的想像。

培養一個冠軍團隊

作為企業領導人或社會創業家，你可能習慣於辨識和稱讚一個特定的超級明星，或認定某個人是你團隊中的最有價值成員（MVP）。不過，你可以藉由以下的問題來建立一個更強大的團隊：**我該怎麼做才能找愈多愈好的MVP到我的團隊？我如何培養一整個團隊成為能創造價值和發揮影響力的人？**我們將在本節中探討建立全明星團隊的策略，讓每個影響力成員發揮各自的長才，扮演不同的角色，擁有獨特的技能和功能，但又能一起共事——不是藉由招募新人才，甚至不是分別教導每個玩家，而是藉由提高整個團隊的視界和燃起每個人的熱情。

正確的起步

還記得第六章談到的美式足球員傑克·「鋼鋸」·雷諾茲在比賽日早餐時就全副武裝現身，準備隨時上場嗎？他的高標準具有傳染力並且傳達給他的隊友。榮登名人堂的角衛洛特

（Ronnie Lott）在史丹佛大學的坎貝爾盃高峰會演講時，回憶他第一次見到雷諾茲。[11]

那是舊金山四九人隊訓練營的第一天，洛特是菜鳥，剛從南加州大學的第一輪選秀被挑出來。雷諾茲打職業美式足球已經十年，但他是四九人隊的新人。洛特回憶說：「我坐在他旁邊，轉頭看著他。他有一百枝鉛筆，每一枝都削得很尖。我心想：『這傢伙是誰？』」這時候教練沃爾什（Bill Walsh）走進來，站在球隊前面，稱讚洛特並宣布：「我們終於完成第一輪選秀，而且他簽了合約。」球員都歡迎這位備受期待的新人。沃爾什繼續報告並說：「我們現在要開始記筆記了。」

洛特感到驚慌，因為他沒有筆記本。他轉向雷諾茲問：「能借我一枝鉛筆和一些紙嗎？」他的新隊友搖搖頭，看著洛特說：「不能。」

「別這樣，老哥，你有一百枝筆，你一定要給我一枝。」

「不行。」雷諾茲說，「你知道嗎？我愛足球賽。我把我的一切都給了美式足球賽。如果你想跟我一起打比賽，你最好做好準備。」

洛特大感震撼。四十年後洛特還記得雷諾茲說了什麼、他怎麼說，還有那些話給他——一個炙手可熱的新鮮人——的感覺。洛特強調語氣說：「那一刻教會我要做好準備。教會我必須努力贏得榮譽。教會我偉大需要認真和全心全意的投入。」

那一季舊金山四九人隊首次贏得超級盃。對洛以特來說，它始於一個充滿感染力的時刻

——一位偉大球員的心態感染了另一位，以及追求卓越的熱情傳遍了整個球隊。

複製酸麵種

經理人當然想複製影響力成員心態。記得在第一章羅斯特的經理人曾說：「如果我能為她立一個雕像，放在我們銷售大廳的中間，作為銷售主管該怎麼做的燈塔，我真會這麼做。」你如何讓一種正向的心態散播到整個團隊？你如何讓一種信念、行為或充滿活力的感覺變得有傳染性？建立一支冠軍團隊有點像製作酸麵包（又一個舊金山傳統）。烘焙這種氣味強烈、口感鬆軟的麵包需要酸麵種（sourdough starter）——一種已經在麵粉和水裡生長和存活的細菌（舊金山山乳桿菌，學名 *Lactobacillus sanfranciscensis*），可以代代繁衍，或者輕易在野外培養。當酸麵種保存在溫暖的環境並定期以新鮮麵粉和水餵養，它就能生長和傳播。

同樣的，要複製一組心態或行為，你需要酸麵種人才——可以當作楷模和觸媒的人。和酸麵種一樣，這個人可以是移植過來或審慎培養出來的。當影響力成員酸麵種放在有潛力但還不是高影響力的貢獻者旁邊，而且環境溫暖而不是太熱，並餵以適量的支持和強化養料，影響力成員的特質就能散播。結果是每個人都能成長。

我曾在懷斯曼集團自己的團隊觀察這種作用。當漢考克（Lauren Hancock）加入我們的研究團隊擔任資料科學家時，我可以看出她是一個有天分的分析師。她碰觸的每一件事都變得更好——更嚴謹和更容易了解。她對資料驅動的相關決策有一種能感染他人的熱情。但在我與她密切共事時，我發現那不只是因為她的天分。她不但提升工作的嚴謹度，而且是在不增加複雜度的情況下達成。與她合作永遠能改進我的思維和讓我的工作變容易——不只是因為她分擔我的工作負擔，也因為她能找到最簡單的方法來做嚴謹的決定。這是一種必須分享的才能。

在一次公司會議上，我解說漢考克如何改善了研究，並提出一個簡單的建議：如果你們正在做的任何事能從更科學或有系統的方法獲益，那就與漢考克合作。有幾位團隊成員開始請她加入，不是為了做他們的工作，而是幫助他們思考問題並設計正確的解決方法。領導行銷部的傑森（Jayson）請她幫助思考一項重大的行銷研究調查。漢考克協助他設計了一項調查，它不但對他的問題提供了更科學和紮實的回答，而且回答了許多他之前沒有考慮到的問題。執行研究工作的卡琳娜（Karina）原本想從一份試算表尋找資料所揭露的故事，並且正要開始用粗暴的方式做分析（以人工方式篩選繁瑣的細節），但她想起漢考克過去曾用系統性方法解決類似的問題。她打電話給漢考克，問漢考克能否教她怎麼做。度假中的漢考克正在一家紐約市餐廳，但她很高興地接受請求，她走出餐廳開始教導卡琳娜如何編寫 Excel 程式。當新冠疫情爆發且經濟在二〇一九年開始封鎖時，漢考克在一次討論總體經濟學基本原則與衰退的研討會上講課，幫助團隊成員了解即將公布的經濟報告。然後她與執行督導合作建立假想情況規劃的模型，以協助他們在不確定的經濟情況下更有信心做正確的決定。漢考克做的不只是把她的聰明才智帶進團隊；她還散播它並提高每個人的思維層次。在資料驅動的思考上，我們的工作變得更好，工作負擔也變輕鬆。

影響力成員酸麵種的方法行得通是因為人天生會觀察和模仿行為，特別是有優勢的行為。史丹佛大學心理學家班度拉（Albert Bandura）發展的一個社會學習理論模型，解釋了行為如何在工作團體和家庭等社會單位中複製。藉由觀察這種因果的作用，我們獲得大量的行為知識，而無需親身經歷或透過嘗試錯誤法來建立模式。[12]當然，要讓行為複製發生需要一些條件。第一，學習者必須注意到樣板行為的基本特性。第二，他們必須記住它。班度拉寫道：「觀察者用文字、簡短的標籤或鮮活的意象來記憶那些樣板活動，可以比只是觀察或心裡想著其他事務的人更快學會並記住行為。」[13]第三，他們需要掌握技能的成分才能複製它。第四，新行為必須由領導人來認可和強化。

一旦你有了酸麵種——團隊中擁有正確心態的人——而且你帶著他們與團隊其他成員接觸，他們的一些態度和行為將隨著同事觀察他們的行為和結果（例如，她自動自發帶頭組織一群人解決問題，然後她的上司公開表揚她的作為）而自然散播。但你能加快這種散播嗎？我們從社會科學和流行病學的研究結果歸納出六個策略（參考三二七頁），將可用來協助你加快正向行為的散播速度。

在深思熟慮的努力下，領導人可以刺激和加快散播正面的行為到整個團隊或組織。遺憾

培養好行為

加快影響力成員工作方法散播到整個團隊的方法：

為它命名	用具體的文字或鮮明的意像來代表一種行為，讓它更容易記憶和討論。本書中的影響力成員架構目的在給你容易記憶的標籤和共同的語彙，以便在團隊中討論。但你可以用自己的標籤和使用你的團隊能有共鳴的語言。
指出來	協助人們認出正在做的行為。指出實踐了影響力成員工作方法的人，並彰顯正向的、能塑造文化的行為。明確指出正向行為和正向結果的關係。
增加接觸	當人在近距離工作或頻繁接觸時，行為的散播會更快。在實體的工作場所，讓影響力成員與其他人一起工作。在虛擬工作場所，增加面談和協作的機會，特別是解決問題時，或影響力成員的思考過程展露無遺的情況。
讓它變成可學習	當強調影響力成員的行為時，聚焦在最容易學習且不依賴額外技術或管道的工作方法和行為。參考三一五頁最可教導的心態和習慣。
對它做壓力測試	危機情況帶來最可學習的時刻，因此要建立高壓力時候的理想心態和行為模式。正如美國海岸防衛隊前海軍上將艾倫（Thad Allen）說：「當你面臨最危險的情況和處於危機時，你作為領導人也最有價值，因為你的部屬有機會看到你在壓力下的作為，並向你學習。」[14]
倡導它	以私下和公開認可的方式強化好的行為，並且特別認可那些剛開始未達成理想結果的正確行為。去除阻擋影響力成員行為的障礙，讓人們更容易做正確的行為。

制止相反的行為

加快影響力成員工作方法散播到整個團隊的方法：

為它命名	用具體的文字或鮮明的意像代表一種行為，讓它更容易記憶和討論。一般貢獻者與低貢獻者工作方法和假餌的表，可以協助你辨識和討論那些阻礙性的行為（參考 ImpactPlayersBook.com）。
解釋它	當彰顯例子時，具體說明哪些行為，但未必說出牽涉的人。討論那些行為如何降低績效，阻止你的團隊服務你的顧客、解決問題或把握機會。讓人們知道警訊、如何才能避免那些行為，以及他們應該怎麼做。
指出來	提供你的團隊成員評估自己行為的方法，以便知道他們是否需要採取修正的行動。你可以指引他們利用 ImpactPlayersBook.com 上的影響力成員測驗。
限制它	如果有人是許多壞習慣的來源，別讓他們變成超級傳播者。與表現良好的員工討論有問題的行為，以協助他們避開和不被負面行為者傳染。
制止它	藉由施加負面後果或去除正面後果，來彰顯行為的後果。確保每個人都懂了，並在後續的做法上保持一致。

的是，在行為光譜的另一端，壞行為的散播幾乎不需要協助。正如馬克・吐溫（Mark Twain）所說：「當真理還在穿鞋時，謊言已走遍半個世界。」我們不知道謊言是否真能在競走上打敗真理，不過，有幾項研究顯示，職場的壞行為傾向於比好行為真有傳染性，包括《哈佛商業評論》最近刊登的一項研究。[15]這其中一項原因是，壞行為通常較容易模仿，因為它遭遇的抗拒往往最少。正如耶魯大學講師錢思（Zoe Chance）解釋說：「最好的行為預測指標是容易度，超過價格、品質、舒適、欲望或滿足。整體來說，一件事愈容易做，就可能有愈多人做它。」[16]

要建立一個冠軍團隊，你不只需要鼓勵影響力成員行為的散播，你還必須制止相反的行為，特別是導致聰明、有才幹的專業工作者貢獻低於他們能力的工作方法，以及已變成團隊文化慣性的受限觀念（參考 ImpactPlayersBook.com 中的工作方法清單）。

加快正面、高影響力工作方法的散播，並減緩有害影響力的散播，有助於創造一個全明星團隊。正如運動迷都知道，全明星團隊能贏得冠軍盃，但他們無法永遠如此。同樣的，雖然正確的酸麵種才能在團隊產生傳染和提升的效應，但它們可能難以長久存在。讓我們再回頭看酸麵包製作的科學。酸麵種是一種生長劑且被設計成在一個階段大量生長。每個酸麵包師傅都有過早上走進廚房時，發現他們的酸麵種長得滿出容器，蔓生到整個桌面，吞噬每樣東西的經驗。麵包師傅會定期拋棄一部分酸麵種，因為他們不需要那麼多。

當頂尖貢獻者成長時，他們需要更大的競技場供他們施展。你可能必須讓他們繼續前往新機會（和正確的環境），以便他們心態和工作方法散播到另一個團隊。但他們留下的影響力仍會繼續起作用。當影響力成員離開後，他們不會留下一個洞，他們留下更多人才，更多酸麵種。

維繫贏的文化

隨著這個循環重複，你將開始蓄積更多力量，不只來自你團隊少數幾個強大的成員，也不限於來自規則手冊和教戰手冊的工作方法。你將創造一種文化——一套有關如何把工作做好的準則和價值。它們將遍及組織，彌漫在空氣中；它們將在個別的玩家離開團隊後變成傳承的工作方法。這種文化是創造卓越價值心態的集體表達：服務、管理、力量、信心和貢獻。這種文化將充滿冒險精神，結合了主動積極與勇於負責的生產力——甘冒風險挺身做事和堅持把事情做完。員工將有學習和創新所需的信心，以及適應變動的目標所需的靈敏。組織將有因應困難問題、安度曖昧情勢和追求機會的集體力量。這種強大的文化也將重視服務——不是服勞役，而是願意協助同事和堅持與顧客保持最好的關係。

身為領導人的你該如何建立一個創造影響力成員和培養高價值工作方法的文化？此外，你如何建立允許每個人以有意義的方法貢獻獨特能力的條件？

重視多樣的角色

創造團隊文化讓每個人發揮極致能力是領導人的基本職責之一，它始於重視每個成員帶進職場的多樣觀點和能力。如果團隊的運作重視每個人的角色，而且每個人能做出重要貢獻，這個團隊會有什麼展現？領導人將像急診醫師凱莉（Kelly）那樣，她相信每個照顧病患的人（主治醫師、住院醫師、護士和病患自己）都是醫療團隊的重要一分子，而且每個團隊成員都有可以治好病患的點子。在凱莉領導下的每個人都感覺到她的信念。團隊中一位較資淺的人說：「大家都願意提出點子，因為很明顯地，我們的貢獻很重要並受重視。」當員工感覺被尊重和重視時，他們體驗到歸屬感，能更深地與文化連結，他們貢獻的能力也因此提高。[17]如果你想建立一支冠軍團隊，那就建立一個多元的團隊，並創造每個人都能提供各自才能的環境，然後協調他們的努力以獲得最好的成果。

彰顯無形的貢獻

大多數組織的競技場不是真正公平，這件事不是祕密。特定族群的人往往處於劣勢，但愈來愈多研究顯示，能容納多樣人才的包容性組織擁有競爭優勢。經理人面對一個選擇：他們可以繼續投資在特定種類的專業工作者，設定團隊成員都有像他們的觀點和思維，或者他們可以積極地尋求「失落的影響力成員」——人群中遭到歧視的潛在超級明星。經理人可以運用影響力成員架構，以有意識地辨識和對抗職場中的偏見。

至於酸麵種成員，經理人可以分享指引人們走上創造價值和影響力之路的工作方法。他們也可以協助揭露我們所稱的不成文規則手冊，即通常隱而不顯的正確與不正確的做事方法、如何建立信譽，以及特別是組織運作的潛規則。藉由讓隱晦的規則與系統變明顯，經理人可以擴大人際網絡參與、獲得重要資訊和負責重要任務的機會。

經理人也可以採取措施以確保更公平地分配那些威廉斯（Joan C. Williams）和穆爾紹普（Marina Multhaup）所稱的「組織的光鮮工作和打雜工作」。她們的研究顯示，「各種族的婦女都表示，她們得做高階版的辦公室打雜工作，而且女性和有色人種（包括男性和女性）都指出，他們較少有負責重要任務的機會。」[18]當特定的人一直被要求擔任後台辦公室的工作，他們的貢獻可能遭到忽視，他們的影響力也被低估。當重要任務被更平均分配給所有渴望領導的人時，他們將更投入工作，而組織也將更能善用既有人才庫中隱藏的能力。

最後，領導人可以確保遭到系統性偏見埋沒的人和弱勢族群獲得成功所需的支持。你可能記得第四章談到，雖然我們往往假設經理人需要預算和人手才能成功，但人們最需要的是獲得重要資訊、指導，和來自關鍵領導人的支持（參考第一五七頁）。本章結尾的「教練的教戰手冊」所列的工作方法，將有助於確保每個人獲得成功所需的條件：**分享議程、看到機會、定義W．I．N．（現在重要的是什麼）、給予回饋意見、邀請其他人加入**。

提供回饋意見的過程值得特別討論一下。數項研究顯示，弱勢族群獲得的指導往往比他們的同儕少。[19]例如，女性通常獲得較少的回饋意見[20]和較少具體、可行動的回饋意見[21]，而且較可能被給予不正確的績效回饋意見，例如給予意見者往往在對個人的正面描述後面隱藏負面的績效評價。[22]當員工缺少績效資訊時，他們較可能達不到目標，而變成失落的影響力成員。

在確保幕後工作者的貢獻被認可並受到應有的表揚上，領導人扮演重要角色。

普利切特（Colleen Pritchett）是全球航太與工業複合材料市場領導廠商赫氏公司（Hexcel Corporation）的美洲航太與全球纖維部總裁，她領導一個有數千名員工的組織，包含了各式各樣的工作機能：研究開發、供應鏈、製造、銷售、管理等。和大多數組織一樣，某些特定機能自然特別受矚目，但她和她的管理團隊特別強調表揚所有部門的傑出工作，特別是在幕後工作的人。當供應鏈團隊感覺受忽視時，銷售部副總裁召開圓桌討論會，與他們進行溝通：「我知道你們做了什麼。我很感謝，我們的顧客也是。」然後他請他們發表對重要銷售問題的看法。

普利切特自己也一直在尋找沒有被認識的明星員工。當她發現這種員工時，她會寄一封電子郵件讓他們知道她看到他們的好表現——而且她會告知管理團隊的其他人，分享他們的榮譽。市民大會（town hall meetings）提供另一項表揚無名英雄的論壇。這些默默工作的英雄受到同事的讚賞和尊敬，受表揚的行為獲得注意並被其他人模仿。

經理人：要培養所有人盡全力貢獻的文化，要尋找幕後的無名英雄。確保他們被看到和聽到，然後讚揚他們的努力。凸顯隱藏的貢獻者，並放大安靜的聲音，特別那些缺少體制力量或普通權利的人。在領導遠距工作的人或團隊時，要額外強調包容性。

主持包容的會議

下列簡單的開會方法可以確保每個人的想法被聽到，每個人的貢獻被看到。

1. **做好準備。**預先寄發議程和討論問題，以便與會者有時間整理他們的想法。
2. **認可每個人。**開始會議時認可房間裡的每個人。
3. **詢問每個人。**在要求提供意見時，問每個人。在你聽到每個人發言一次前，別讓任何人發言兩次。
4. **讓出路權。**如果兩個人在團隊會議中都想發言，把路權讓給較安靜、較資淺，在遙遠地點或時區、以非母語溝通，或屬於少數族群的人。

建立團結

缺乏團結的多樣化將充滿雜音，且可能惡化成混亂。不過，一個有多樣化人才的團隊，在共同的價值觀下工作並邁向共同的議程，會是一個能獲券的組合。

曾拍過四十五部電影的美國導演辛密克斯（Robert Zemeckis）在南加州大學演講時，被問到他最喜愛自己拍的哪一部電影？「《阿甘正傳》（*Forrest Gump*）。」為什麼？「因為大部分人都在拍很類似的電影。」他解釋說。當辛密克斯讀劇本時，他很快就看到，這個凝聚人們生活的簡單故事沒有典型的劇情設計，而且打破電影製作的所有規則，但他就是愛不釋手。和數百萬觀眾一樣，他被阿甘的精神打中——一個單純的、低智商的人，但最後完成了不起的事，讓那些大人物和偉大的領導人相形見絀。那部電影的演員是湯姆·漢克斯（Tom Hanks）、莎莉·菲爾德（Sally Field）、羅蘋·萊特（Robin Wright）、蓋瑞·辛尼茲（Gary Sinise）和米凱帝·威廉森（Mykelti Williamson）。扮演主角湯姆·漢克斯母親的莎莉·菲爾德說，阿甘令人感覺一切事情都可能成真，「人生等著你擁有，你只要伸出手來抓住它。」[23]不是每個人都喜歡這部電影，事實上觀眾的反應很兩極。不過，創造它的藝術團隊觀點卻很一致。

當每個人都努力邁向相同的議程，發揮他們天賦在最重要的工作時，會發生什麼事？人們感覺受到賞識，熱切地克服新挑戰，並願意站出來領導——或跟隨其他人的領導。人們都把工作做好，而環境則是適於工作的絕佳地方。當有才能的人為相同的議程努力並做出最大的貢獻時，神奇的事就會發生。

教練的教戰手冊

這篇教戰手冊列出一組教導的方法，以協助你的團隊發展影響力成員的心態和習慣。第一部分是依五項影響力成員的工作方法所編寫。它也提供包容性的領導，和讓你整個團隊（包含遠距工作者）的貢獻和影響力最大化的祕訣。

工作方法一：做需要做的工作

彰顯那些工作。工作重塑（job crafting）是一項鼓勵員工塑造自己角色的概念，它也可以用來協助員工重新建構自己的工作，和連結自己的行動到更高層次的目標。[24] 你可以藉由問下列的問題來協助你的團隊成員培養服務的心態：

- 誰從你的工作受益？
- 如果你的工作沒有做完，他們的生活或工作會受到什麼負面影響？
- 他們如何受益？這會讓我們更大的社群如何受益？

你可以從弗熱斯涅夫斯基（Amy Wrzesniewski）的研究[25]，或拉斯（Tom Rath）的書《人生的大哉問》（*Life's Great Question*）找到額外的資源。[26]

彰顯一項價值觀。辨識一項對你特別重要的領導價值觀或組織的文化價值觀，例如透明度，並提高它到神聖的地位——你不惜宣戰也會護衛它。讓人們知道為什麼它對你和對營運如此重要（例如，「我們的決策需要絕對的實事求是」）。

提供背景。提醒人們目前的工作或討論針對的是一個更大的目標。解釋你現在正在做什麼和它為什麼重要。把這想成在路徑地圖上提供「你在此處」的標記。

分享議程。與其告訴人們要做什麼，不如描述最重要的結果。描述⑴成功會是什麼樣子，⑵工作完成後會是什麼樣子，和⑶失敗的後果。

看到機會。理論上知道什麼事重要就像能在賞鳥圖鑑上辨識一種禽鳥——本事很好，但沒有多大用處。協助人們看到重要機會，就像鳥類大師教導別人在野外模糊的視野下，看到一種移動中的禽鳥。即時指出W・I・N・並協助人們看到現在重要的是什麼。

給予許可。藉由給予正式的許可，讓員工有信心地做超越正式職務範圍外的事。這種許可就像登山者向管理當局登記他們的地點並取得許可後，才冒險單獨進入危險的偏遠山區。同意⑴他們準備達成的目標，和⑵他們必須繼續做好自己核心職務的哪些部分。你也可以藉由讓員工知道一個特定問題「上面寫著他們的名字」——也就是他們獨特的能力和觀點有助於解決該問題——來協助員工站出來承擔領導角色。

工作方法二：站出來，退回去

聚焦在他們能掌控的事。為了協助員工強化他們有能力改善情況的信念，就得協助他們看到他們能掌控或影響什麼。[27]當面對挫折或困難的情況，問如下的問題以引導員工：

- 你在這種情況下能掌控什麼？
- 什麼事不是你能掌控的？
- 什麼是你無法完全掌控、但可能發揮影響力的？
- 影響這種情況的最佳方法是什麼？

此外，經理人可以在員工會議上協助建立這種心態，確保團隊的討論聚焦在團隊影響力範圍內的問題解決，而不轉移到怪罪和抱怨。

自己選擇。藉由允許團隊成員加入其他人領導的專案，來鼓勵自願精神和承擔責任，而非被指派或被選中加入專案。讓員工自己選擇他們最能有所貢獻的任務，將可強化他們領導並號召其他人支持的意願。

指定團隊副手。有一次我搭乘一架小飛機往返於中美洲的兩個偏遠小島。在起飛前，唯一的駕駛員轉向他後面的四名乘客，向他們做了規定的安全報告，然後一本正經地宣布：「如果你們在飛行中看到任何不尋常或危險的情況，務必讓我知道。」我們大笑起來，但他一臉嚴肅，我們很快意識到我們剛被指派成副駕駛。我們一路上保持警戒。同樣的，你可以指派團隊的副手，讓他們知道要注意問題，準備隨時可以接管，甚至在必要時執行「公民逮捕」（citizen's arrest）。

擴大你的來賓名單。當穆拉里（Alan Mulally）擔任福特汽車公司執行長，並領導這家陷於困境的汽車製造商進行大規模轉型時，他要求每一位資深主管挑選一位較資淺的經理人或員工作為重要主管會議的來賓。有來賓旁觀讓主管團隊受到鼓舞，進而展現出完全的透明性和卓越的領導行為。它也在全公司製造出更多了解企業議程的領導人。嘗試藉由把低階貢獻者納入重要討論來擴大你的來賓名單。雖然他們可能是在會議中不發言的觀察者，但他們獲得的觀點將協助他們日後扮演領導人而非旁觀者。

提供豁免權給積極主動者。當員工積極主動做事時，他們一定會犯錯、違反一些小規定，或只是用不同於你的方法做事。給予修正的回饋可能會讓他們做得更好，但也可能降低他們下次的主動性。你可以看重進步而不要求完美，忽視主動承擔者和朝向正確方向者的小過失。

工作方法三：堅持到底

回憶過去堅持不懈的經驗。研究顯示，遭遇障礙的經驗（不管是在童年、個人生活或職涯）能幫助個人在未來更有韌性。[28]你可以藉由讓人回想那些經驗，和思考能否用過去的方法面對目前的挑戰，來協助人們更有效克服新挑戰。問以下的問題可以建立心理性的肌肉記憶：

- 你過去曾面對哪些類似的挑戰
- 你做了哪些協助你克服那些挑戰的事？
- 那些方法能不能用來幫助克服現在的挑戰？

重新建構障礙成為挑戰。使用斯多葛派哲學家所稱的「翻轉障礙」練習。要求一個人辨識一項挑戰的每個「不好」的面向，然後要求他們把每個不好的面向翻轉過來，變成「好」的新來源，特別是個人成長的來源。例如，一名不講理的客戶是學習範圍控制（scope control）的機會。[29]

定義現在重要的是什麼（W・I・N・）。與其詳細指示員工如何做事，不如讓他們知道該完成哪些根本的工作。當你委派工作時，藉由說明任務成功的「三個要點」來提供清晰的指示。它們是：(1)**績效的標準**：達成任務是什麼樣子；(2)**終點線**：完成的工作是什麼樣子；和(3)**界線**：哪些不在工作的範圍。

聚焦在終點線。格蘭特（Heidi Grant）指出：「卓越的經理人藉由提醒員工把目光聚焦在目標，並小心避免在過程中過度讚美或獎賞達成里程碑，來創造優秀的工作完成者。」鼓勵很重要，但為了保持你團隊的動機，要把讚美留給做得很好——而且完成——的工作。為達成里程碑鼓掌，但專注於尚未達成的工作，而非已經完成多少。

別礙事。當員工吃力地想達到終點線時，經理人往往藉由增加額外人手，想幫助員工跨越障礙而加以干預。不過，有一個可能更容易的方法。正如組織心理學家勒溫（Kurt Lewin）建議，減少阻礙的力量往往更有幫助。而且往往最阻礙員工的因素是過度的管理干預——太多指引、太多意見和太多回饋。與其協助員工前進，不如嘗試不要增添阻礙。你將發現在沒有過度管理的情況下，員工將可進展得更快、更遠。

工作方法四：尋求回饋意見並進行調整

建立信任。當領導人表達對團隊成員的信任時，它將強化他們的自信，增進他們學習和順應的能力，並打開一條回報回饋意見的管道。設法以下列形式表達信任，不但透過你的語言文字，也透過你託付每個人的職責。

- 我相信你——我信任你的誠實正直。
- 我對你有信心——我信任你的能力和能夠學習。

- 我相信你會考量我的最佳利益——我信任你的意圖。
- 我相信你能處理這件事——我相信你能學習和順應。

給予回饋意見。提供各種回饋意見是領導人職務不可缺少的部分。讓員工更容易獲得回饋意見，看待它是員工把工作做好所需要的有用資訊，而非包含批評或讚美的個人績效評估。正如史考特（Kim Scott）在她的書《徹底坦率》（*Radical Candor*）中說，如果你想給回饋意見的人知道你關心他們個人，你就能給予較難開口的回饋意見。保持坦率直接，因為最好的回饋意見是徹底地坦率。運用以下摘自《徹底坦率》的祕訣來提供直接有用的回饋意見[30]：

- 確定你想幫什麼忙，並清楚表達你的意圖。
- 明確地表達需要做什麼，和哪些方法行不通。
- 藉由建立一貫的坦誠行為模式，並花一點時間定期與每一位直屬部屬談話，以建立信任的關係。
- 徵求員工的批評意見，並在你給予批評意見前先讚美。
- 你要求員工批評、以及你處理批評的方式，對建立信任——或摧毀信任——將產生深遠的影響。

重建信心。信心一旦失去可能就難以找回。幾年前我母親和我一起進行一項專案，在過程中一個特別艱困的時候，她的信心動搖而變得不願做決定。當然我知道她能力十足且可以處理這些挑戰，所以我打電話給她以便讓她重新振作。我重申對她和她完成工作的信心。她謝謝我的努力，並說：「你沒有辦法給我信心，只有我能給我自己信心。」這是真的；我們無法給別人信心。不過，我們可以創造讓別人重建自己信心的條件。你可以藉由重新界定工作範圍以創造一連串勝利，來重新建立成功的模式：

- 從較小區塊的具體工作著手，以便較容易達成小目標。
- 慶祝這些小勝利，但不要過度。
- 增加一些較困難的區塊。
- 繼續擴大範圍和工作的複雜度，直到個人的信心水準達到待完成工作的範圍和複雜度。

工作方法五：把困難的工作變簡單

邀請其他人加入。我們可以運用我們的影響力和相對權力，讓其他人更容易感覺他們也是一分子；事實上，團隊成員的多樣性就能打破刻板觀念，打開讓其他人加入我們的大門。根據《哈佛商業評論》的一篇文章，領導人和員工如果能以平等的盟友心態共事，不但能增進對其他人的包容性，也能讓他們不受其他人的排他性行為影響。[31]領導人可以藉由討論每個團隊成員獨特的天賦，來協助每個團隊成員看到自己對群體的重要性。一次聚焦在一位團隊成員，邀請其他人描述他們看到這個人有什麼天賦。

表揚提供協助者。如果你希望團隊成員積極地互相協助，就要表揚提供協助者的英雄事蹟。在運動界，那是一位成員助攻得分（且在官方統計上被記錄）的貢獻。所以不要只是認可得分的個人（例如簽到大訂單或推出新產品），也要認可為成功做出努力的其他人。

不要容忍難以共事的行為。格魯納特（Steve Gruenert）和惠特科爾（Todd Whitaker）說：「任何組織的文化都是由領導人願意容忍的最惡劣行為所塑造。」[32]作為領導人的你如果容忍高維護成本的行為，你將助長它在整個團隊蔓延。如果你想要一個低維護成本的團隊，就要定義容易共事的意思，然後拒絕和糾正高維護成本的行為。與其縱容員工抱怨他們的同事，要求他們直接解決與其他同事的問題。如果有人寄一封冗長的抱怨信給你，要求他們再重寄一封較短的信。如果有人做冗長的報告，要求他們一開始先報告重點，然後只在別人要求下才報告細節。如果有人霸占會議發言，要求他們節約籌碼，以使其他同事有機會使用他們的籌碼。

乘數領導方法

《乘數領導人》裡的幾種領導方法，將協助你在你的團隊培養影響力成員心態，和創造一個每個人做出最大貢獻的環境。

1. **給五一%的投票權。**藉由給員工特定專案或問題的多數投票權，來鼓勵他們承擔完整的責任。

2. **退回去。**當有人向你報告一個他們有能力解決的問題時，你要扮演教練的角色而非問題解決者。如果有人出於合理的原因需要協助，你可以介入幫忙，但要明確地把承擔的責任還回給他們。

3. **討論你犯的錯誤。**當你讓別人知道你犯的錯誤和你從錯誤學到什麼，你就能讓他們更放心地承認自己犯的錯和學到什麼。

4. **提供犯錯的空間。**藉由釐清一個可以冒險的工作領域（相對於因為賭注太高而不容許失敗的領域）來創造一個可以讓員工進行實驗的工作空間。

5. **辨識天賦。**為了讓團隊成員發揮長才，要辨識他們的天賦——他們可以輕鬆自如地做什麼事。與他們討論他們的天賦，並找出如何以最好的方法用在最重要的工作。

SUMMARY

第8章摘要

打造一個高影響力團隊

本章是為想打造一個影響力成員團隊的經理人而寫。它討論領導人如何打造一個每個人都能發揮所有能力的團隊，和一種即使在影響力成員離開團隊後，仍能長期激勵他人卓越表現的文化。本章也談到創造一個包容性的文化，以便看到並重用被忽視的影響力成員。

招攬影響力成員。影響力成員心態的若干面向較難教導，因此要招攬具備這些特定心態的成員，並把教導的努力聚焦在較容易學習的心態和行為。以行為事例為主題的面試或心理測量，能幫助你辨識哪些人有這些心態和展現出類似影響力成員的習慣。

培養影響力成員。最優秀的領導人培養一種既舒適又緊張的氛圍，因為員工在感受既安全又有壓力的情況下能獲致最佳的績效和成長。

建立一支冠軍團隊。領導人可以藉由加速散播高影響力習慣和減緩散播其他無效的行為，來建立一支全明星團隊。

維繫贏的文化。建立一個有影響力成員精神的團隊將有助於塑造一種更大的組織文化，而這種文化強調當責、靈活、協作、勇氣、顧客服務、包容性、積極主動、創新、學習和績效的價值觀。

第9章

全力以赴

我們無法改變發給我們的牌，只能好好打手中的牌。

——卡內基梅隆大學教授、已故抗癌鬥士鮑許（Randy Pausch）

你可能記得當卡倫（Karen Kaplan，見第六章）加入廣告代理公司 Hill Holliday 時，她正尋找一個可以供她唸完法學院的輕鬆工作。獲得接待員的工作時，公司創辦人告訴她，她將代表公司的門面和聲音。那時候她才發現她的工作很重要，而且能改變很多事。所以她讓自己變成接待區執行長。從此以後她積極主動接受迎來的機會，並指派自己成為這些職務的執行長。三十年後的現在，她是 Hill Holliday 的執行長，讓她有能力提供這類機會給其他人。

記得那位比別人傾聽更久的布登班德（Paulo Büttenbender，參考第一章和第七章）嗎？他是巴西聖利奧波爾杜（São Leopoldo）的思愛普軟體開發架構師，他的同理心讓他把應用程式設計得更符合顧客需求，就像手工訂製西裝那樣，而這意味他總是被指派參與最重要的任務。他的經理人羅伯多說：「每個人都說他們需要布登班德。」沒錯，他的工作讓他跑遍全世界——倫敦、雪梨、印度到沙烏地阿拉伯。布登班德承認：「一個機會帶進另一個機會。我已經走遍世界。我曾在加拿大洛磯山區美得驚人的班夫（Banff）工作，我也在阿根廷鄉間吃過全世界最美味的牛排。」但除此之外，布登班德能把最困難的工作做好的信譽，也意味他得以從事讓他深感實現自我的工作。

如果你回想第一章就會記得手術技術員米拉多（Arnold “Jojo” Mirador），他不只是把外科醫師要求的工具交給他們，而且是他們最需要的工具。其他手術技術員在外科手術時只是單純的遞交醫師要求的工具，但米拉多觀察外科醫師的手，預期他們的下個動作，然後在外科醫師要求前想出他們需要什麼。他真誠地提出建議，讓外科醫師感激地謝謝他。因為他很了解自己的工作，他們會主動徵求他的意見。他承認：「是的，當外科醫師徵求我的意見並希望我加入他們的團隊，那讓我深感榮幸。」米拉多的經理人還不斷接到來自外科團隊的要求，因為他們都堅持手術房需要米拉多。不過，這些衝突都一一獲得解決，因為大家都知道執行最複雜程序的團隊才是真正需要米拉多來管理工具的團隊。為什麼？因為米拉多不只出現在手術房，他參與整個手術流程的工作。當你參與整個工作時，你是在做更大的事和發揮更大的影響力。

當費城七六人隊前執行長歐尼爾尋思怎麼描述雷諾茲時，他說：「熱情不是正確的字眼，也許有一些更周全的詞足以形容一個全力以赴的人——『當有事情發生時，我和你站在一起，我在你旁邊，我在你前面。當你跌倒時，我在你後面。我全力以赴。』不管那個詞是什麼，那就是他。」

這就是我所說的高貢獻環境——一個人人貢獻出最好想法和拿出最好表現的地方，每個人的才智都完全發揮，團隊的每個人都在增添價值。那是一個人們「全力以赴」的環境——完全承諾或投入在一項努力。梵谷（Vincent van Gogh）描述那種狀態說：「我在尋找，我在努力，我所有的心投入其中。」格林（Kevin Greene）是NFL史上擒殺次數第三高的傳奇美式足球員，他的教練描述他「用全身體的每個分子投入比賽」。[1]諾貝爾物理學獎和化學獎得主居禮夫人在寫給她兄弟的信中說：「我只後悔一件事，那就是一天那麼短暫，而且它們過得那麼快。」[2]她晚年時惋嘆說：「我不知道我沒有實驗室能不能活下去。」[3]

前KPMG事務所董事長兼執行長奧凱利（Eugene O'Kelly）回顧他的人生（後來他因癌症去逝）時說：「承諾往往被以你願意工作多少小時來衡量，但承諾最好的衡量標準不是人願意放棄多少時間，而是人願意投入的精力。」[4]全力以赴不等於筋疲力盡——疲倦且耗盡能量、資源和力氣。在高壓力的組織，人被嚴厲驅動、推逼、刺戳，並且經常筋疲力竭。在高貢獻組織，人被賦予貢獻所有才能和全力以赴的機會。這有什麼區別？自主感和選擇權。在第一種文化裡，管理者下命令；在第二種，人自由地貢獻。當領導人創造人們可以貢獻全部才能和全心投入的條件時，工作變得興高采烈。工作變得不只是職業或職涯，而是快樂的自我實現。

在全力以赴的環境中，人既不會筋疲力竭，也不會有志難伸。這種環境是可以創造的，因為在這裡有一心想發揮影響力的貢獻者和激勵員工施展長才的領導人。影響力成員和乘數領導人是一個強大的組合，因為每個人的貢獻——他們增添的價值——都以倍數增加。而當個人可以管理自己時，他們的經理人將有機會專注在領導上。在現代職場上，這是一個最理想的提案。今日大多數專業工作者想發揮影響力，不只是為了賺薪資；他們想被教導，而非被管理；而且坦白說，現在已經沒有人真的想管理人了。

如果你渴望成為領導人，影響力成員心態就是你邁向領導之道。當你以這種方式思考和工作，你將被視為領導人，而當領導的機會出現，你將是順理成章的人選。即使你不想成為經理人，我們探討的心態和工作方法也能讓你走上發揮更大影響力的道路。你的想法將被聽到，你的工作將有更大影響力。身為影響力成員，你將成為卓越的製造者。

對經理人來說，能打造一支影響力成員團隊，將拿到一張從管理擢升到領導的門票。當你不再需要介入填補有才能卻低貢獻員工留下的空缺時，你將更容易成為優秀的領導人。你可以保持沉著，以清晰的眼界和鎮定履行你自己的角色。如此你也將能帶領你的組織更上層樓。此外，它將協助你把領導能力提升到更高層次。對那些渴望成為乘數領導人的人來說，打造一支有影響力成員心態的團隊將使你的有效性突飛猛進。

雖然大多數影響力成員的職涯道路可望獲得更大的報酬，但真正的獎賞可能是更好的工作體驗：更多選擇、更有趣、更滿足。的確，全力以赴最好的理由可能只是這種體驗本身。NFL名人堂線衛辛格泰瑞（Mike Singletary）說：「你知道我最喜歡比賽中的哪一部分嗎？可以下場比賽的機會。」不只是志在參與，而且要為施展你的所有才能而工作。

在電影《阿甘正傳》的第一幕，一根羽毛從空中掉下，在微風中搖擺和墜落。人生就像這根羽毛那樣不確定，大多數職涯也是如此。機會像風中的羽毛那樣自己出現。湯姆．漢克斯回想電影中的這個訊息說：「我們的命運只能由我們如何面對生命中的機會來定義……這根羽毛可能落在任何地方，而它卻落在你的腳上。」[5]我們如何面對隨機的機會？我們是視它們為威脅，或者我們抓住它們呈現的機會？阿甘的母親告訴他：「我就是相信人能創造自己的命運。」我在研究職場最有影響力的玩家和頂尖貢獻者時，終於明白了這個道理。

雖然每個人都有價值，而且在工作中運用各自的才能，但一些人讓自己比別人更有價值。他們做更大的事。他們發掘需要並滿足它。他們把不確定性和曖昧性轉變成機會。但他們工作的方法絕不是隨機的。他們發現什麼事對他們服務的人重要，而且他們讓它變成對自己也重要。他們帶頭完成工作。他們保持輕快的腳步並迅速順應，他們讓別人的工作變輕鬆。

你準備做多大的事？正如作家威廉森（Marianne Williamson）所說：「你做小事無法為世界服務。」你在哪裡可以創造最大的價值？人生正在召喚你做什麼？

如果你想讓世界變更好，看你的四周。注意什麼需要你的注意。運用你的熱情和你的使命感，然後找到貢獻、發揮影響力、做大事和做得更好的方法。從現在就開始想像那種影響力。

致謝詞

大多數作者會同意完成一本書的感覺就像結束一場（或兩、三場）超級馬拉松時越過終點線。事實上，它更像贏得一場大賽；它是一場團體賽，靠隊友、教練、協力者和為你加油的人共同努力才得以完成。

團隊：

首先，我想感謝本書背後的團隊，從 Harper Business 的 Hollis Heimbouch 開始，她不但是發行人，而且是出版本書每個過程的共同創造者和協作者。在總共完成四個出書計畫後，我仍然驚訝於她提供指導和嚴格訂正、同時容許我完全控制我的作品的能力。我也感謝 Rebecca Raskin 和 Wendy Wong 管理本書的專案，還有 HarperCollins 團隊的其他人讓本書得以問世。

對我們的懷斯曼集團團隊——Alyssa Gallagher、Lauren Hancock、Judy Jung、Jayson Sevison、Shawn Vanderhoven、Karina Wilhelms、Amanda Wiseman 和 Larry Wiseman——謝謝你們提供的寶貴意見讓我的作品變更好，並且幫助我在極度艱困的時候完成任務。Karina，謝

謝你讓本專案有一個好的開始，並幫助我們堅持到結束。你是歡樂的泉源。特別要感謝的是 Lauren——一位無價的思想夥伴、嚴格的編輯、聰明的資料科學家，和忠誠批評者。你讓本書的每一方面都更出色。

我也感謝多才多藝的藝術家 Dillon Blue 和 Amy Stellhorn 清晰地呈現他們的創意，以及 Jared Perry 賦予本書的封面。謝謝你們的鼎力協助。

協力者：

我們的研究夥伴開放他們的組織供我們訪談和分析，並讓我們接觸他們最優秀的人才，使我們得以完成研究。非常感謝 Adobe 的 Weston McMillan；Google 公司的 Lisa Gevelber、Susan Martin 和 Jenni Shideler；LinkedIn 公司的 Jan Tai 和 Mark Turner；NASA 的 Brandi Higgins；Salesforce 公司的 Lisa Marshall；思愛普公司的 Jeanne DeFelice；Splunk 公司的 Susan Rusconi；史丹佛醫療中心的 Jared Roberts；以及目標公司的 Jen Huerd。本書如果沒有影響力成員和他們領導人的故事將一無用處，他們的名字散布在本書各處，還有一百七十位經理人慷慨地花時間提供我們的寶貴意見，遺憾的是人數太多，我們無法一一列出他們的名字。

教練：

有幾位同事在本書寫作的整個過程提供了他們的聰明才智，包括我最讚嘆的創意泉源 Michael Bungay Stanier、提供我研究指導和教導的 Dolly Chugh、在初期協助形成構想的 Mark Fortier、始終樂於分享他的智慧和率先測試新想法的 Greg Pal，以及我的好朋友兼長期思想夥伴 Ben Putterman，他激勵而且奠立了我的思想。我很感謝一群熱心的同事，他們閱讀本書的初版並告訴我需要做的修改。他們包括 Wade Anderson、Rami Branitsky、Heidi Brandow、Fernando Carrillo、Stefan Cronje、Rob Delange、Yolanda Elliott、Charlee Garden、Mark Hecht、Hazel Jackson、Tony Mercer、Josh Miner、Len Pritchett、Mark Sato、Lisa Shiveley、Jake Tennant、A. J. Thomas、Nicola Tyler、Andrew Webb 和 Melinda Wells Karlsson。我還要感謝那些超級審稿人，他們審閱再審閱我的手稿：Sue Warnke、Mike Maughan、Susie McNamara、Judith Jamieson、Ryan Nichols、Lois Allen 和 Andrew Wilhelms。我也很感激我在馬歇爾．葛史密斯一百教練的同事分享他們對教導的洞識。

啦啦隊：

我特別感激我的朋友和家人，他們為我打氣加油，他們的精神、愛和信心在艱困的二〇二〇年給了我莫大的支持。Jan Marsh，我感覺受到你持續為我禱告的鼓舞。Eric Volmar 和 Eric

Kuhnen，我們每晚的讀經讓我有所依靠並充滿靈性。Josh Jaramillo（Dr. Josh）在他自己的工作上是影響力成員心態的寫照，謝謝你的關注並每天問我這本書的進度和我過得如何。媽，謝謝你十二年來當我隨傳隨到的編輯，也謝謝你是我服務的楷模。我的孩子 Megan、Amanda、Christian 和 Josh（小的那位），以及我的女婿 Austin 和 Josh（高的那位），謝謝你們的關注，即使是在我知道你們無暇關注時。還有 Larry，謝謝你堅定不移的支持，和你贈予我寫作的時間。

附錄A

建立在領導人間的信譽

我們訪問一百七十位領導人（從一線的經理人到高層主管）他們的團隊成員做哪些事最讓他們感到挫折和違背他們的價值觀。下面列出的行為幾可保證是信譽殺手：

信譽殺手

又稱為「十五種惹惱上司的工作習慣」

1. 把問題丟給你的上司，沒有提供解決方案。
2. 等待你的上司告訴你怎麼做。
3. 讓你的上司一直盯著你，提醒你該怎麼做。
4. 不考慮全局，只管做自己的部分。
5. 追問上司下次升遷或加薪的時間。
6. 寄沒有重點的冗長電子郵件。

7. 說同事壞話、製造紛爭和火上添油。
8. 在最後一刻、已無法挽救時，用壞消息讓你的上司措手不及。
9. 要求重新討論已經做好的決定。
10. 隱瞞不利自己的事實。
11. 自己犯錯卻怪罪別人。
12. 陽奉陰違。
13. 告訴你的上司某件事不在你的職務範圍。
14. 聽了上司的回饋意見後卻置之不理。
15. 開會遲到，邊做其他事，打斷別人說話。

信譽建立者

又稱為「十五項贏得信任的祕訣」

影響力工作法	做需要做的事	站出來，退回去	堅持到底	尋求回饋意見並調整	讓工作變輕鬆
1. 無需別人要求就做事		✓			
2. 預期問題並做好解決它們的計畫	✓				
3. 幫助你的隊友					✓
4. 多做一點			✓		
5. 保持好奇並問好問題				✓	
6. 要求回饋意見				✓	
7. 承認你的錯誤並快速解決它們				✓	
8. 帶來好能量，樂在其中和讓別人歡笑					✓
9. 自己想清楚要做什麼	✓				
10. 無需提醒就做完一件事			✓		
11. 與你的上司合作					✓
12. 願意改變和承擔小風險				✓	
13. 了解重點並直接告訴上司					✓
14. 事先做功課並有備而來					✓
15. 讓你的上司和團隊顏面有光					✓

附錄B 常見問答集（FAQs）

問：我希望在我的工作上更有影響力，但這似乎是很難的事。我該從哪裡開始？

就像任何專業工作者進階的努力，你應該從了解你目前的情況著手。ImpactPlayersQuiz.com 上的評量表可以協助你了解你是否正發揮你希望的影響力，並指出你可能需要採取哪些行動來增進你的效用和影響力。但別只是做自我評量——你可以與你的利害關係人討論以獲得他們的觀點和指引。利用影響力成員架構來討論哪些心態和工作方法是你目前的優點，和哪些需要刻意強化。

此外，如果你聚焦在最可學習的心態和行為，你

最可學習的心態	最可學習的行為
成長心態：我可以透過努力來發展能力	尋求回饋意見：尋求回饋意見、糾正和相反的觀點
歸屬感：我是團隊重要的一分子	提供協助：提供協助與支持給同事和領導人
積極主動：我可以改善情況	影響其他人：透過影響力（而非權威）號召其他人參與
韌性：我可以克服逆境	看到大局：了解大局而非只做自己的事

的努力較可能產生最大的效果。根據我們調查的頂尖教練，它們包括上頁表格的項目。

專注於可以協助你創造快速小勝利的心態和行為，然後蓄積動能，你將可藉由努力培養作為影響力成員心態基礎的「大師技能」獲得持久的改善。你可能需要重新檢視二七一頁的「掌握根本的信念和行為」。

如果你還不確定從哪裡開始，可以試試一個簡單的兩步驟觀想練習。當情況陷於最混亂或令人挫折感最深時，尋找兩樣東西：⑴另一方的觀點（例如，你的經理人、你的客戶、你的協作者的觀點），和⑵增添價值的機會——一旦你看到你的利害關係人的觀點，找到它就容易多了。

問：我需要做到多少這些工作方法才足以被視為影響力成員？

根據我們研究的高影響力貢獻者的經理人描述，這些貢獻者平均具備三或四種讓他們表現很耀眼的影響力成員工作方法（總共五種中的三．一七種），但他們在五種工作方法的任何一種都沒有重大缺點。雖然你不需要具備全部五種工作方法，但其中一種有嚴重缺點可能很快侵蝕其他價值。儘管你在五種影響力成員工作方法中有幾種表現優良，但只要你有一種表現差勁就可能很快降為低貢獻者。例如，試想有些人雖然是明星領導人、抵達終點者和學習者，但有高維護成本和難以共事的問題。其他人可能避免與他們共事，而他們將很快發現在最重要的工作上遭到排擠。他們的強項將因為弱項的阻礙而無法施展。

這項資料透露的訊息也與我們觀察到的一個領導技術原則一致：你不需要樣樣都是高手，但你不能有任何一項不及格。你很可能贏得影響力成員的信譽，只要你⑴藉由培養三種影響力成員工作方法來建立一個強大的核心；⑵把一種工作方法培養成別人能很快看到的強項——你以此聞名的能力；和⑶去除任何低貢獻者的行為。去除弱點並只要建立一項顯著的強項將協助你改變天平。但在你著手之前，你可能需要利用我們創造的評量工具來評估你目前的情況，你可以在 ImpactPlayersQuiz.com 找到這項工具。這項評量將協助你確認你的影響力成員優點，並找到可能阻止你全力發揮的假餌。

問：影響力成員心態可以培養嗎？或者有些人天生就具備它？

你可能聽過有人問：「領導人是天生的嗎？」同樣的問題適用於高影響力貢獻者。他們生來具有這些特質嗎？他們是在家庭裡觀察母親或父親工作時吸收這些教導嗎？或者他們這些工作方法可以在工作場所獲得、被導師教導，或者靠著勤奮苦學獲得？

當然，有些人一開始就有較好的條件。例如，查克・凱普蘭（Zack Kaplan）看著他母親從接待員開始，快速學習、勇於任事、承擔責任，最後變成她公司的執行長。不過，查克直到高中畢業前害羞又保守。積極主動和挺身領導是他在職場學到的。當費奧娜・蘇（Fiona Su）

開始她的職涯時，韌性和強勢是她的天性，但培養同理心和透過同事的眼睛看事情，則是得到一些嚴肅的回饋意見後學到的，因為她雖然聰明，卻是「瓷器店裡的一頭牛」。被徵召以解決複雜的跨產品程式錯誤的軟體工程師華希內（Parth Vaishnav），在職涯之初只專注自己的工作。直到他的產品架構破壞了更大的一套程式後，遭到一些嚴厲的回饋意見（和難聽的咒罵）轟炸，他才開始真正考慮他的工作更廣泛的影響。

是的，有些人在初期有優勢。他們可能有正確的榜樣、導師和經理人，或者有較好的環境，但什麼時候開始都不嫌遲。務必藉由從最可學習的心態和行為著手（參考第一個問題：「我該從哪裡開始？」），來為成功做好準備。

問：影響力成員心態會不會導致工作狂或耗竭？

我們研究裡的高影響力貢獻者都有一套強大的工作原則，但那不是工作狂——必須不停工作的強迫心理。本書介紹的每一位影響力成員都喜愛工作與生活的平衡。其中一些人比他們的同儕做更多工作，但另一些人工作時數不比同事多。不過，所有我們研究的影響力成員工作都比其他人更有幹勁和專注。他們的幹勁表現於全心全意並精力充沛地工作。他們的專注表現於極注重他們工作的方法。

有一個必須注意的危險：有些人可能把影響力成員心態當成工作得更努力或更久，或要求別人也這麼做的正當性，而這可能導致耗竭。不過，你不需要逼自己工作得更努力才能增進你的影響力。事實上剛好相反：有影響力的人傾向於喜歡工作更努力，因為他們的工作能實現自我。

如果你想做最大的貢獻，別只是更努力工作，而要致力於做更有價值的工作、更有效用，和把你的影響力最大化。如果你嚴格限制自己花在工作的時數，那就在那段時間盡可能勤奮。當你結合這兩種方法時，你將可避免耗竭，因為你的工作將帶給你精力，而非耗損。

問：如果影響力成員心態在我的公司或我的管理階層不受重視，該怎麼辦？

每一個組織都有獨特的文化和價值觀。要有影響力必須先發現你的組織、你的利害關係人，和你報告的領導人重視什麼。使用九二頁的「找到雙重的W. I. N.」和「加入W. I. N.」的聰明玩法。如果本書的工作方法不被你的經理人重視，找出什麼被重視。問：什麼對他重要？與他共事時應該和不應該做什麼？記住當你為組織重視的議程工作，且用為你領導人創造最大價值的方法工作時，你將贏得尊重及增進你的影響力——而這將讓你的價值提升到應受同等重視的高度。

如果你能創造一個認可你的價值的情況，那就留下來協助塑造一個其他人也能成長茁壯的環境。如果不能——或者如果你質疑你上司的價值——那就趁早離開。

別只是尋找正確的公司或職位；找一個重視影響力勝於只是做事的上司。不管你怎麼做，別只是身體留下來，但心已離開。

問：我想與我的團隊分享影響力成員架構，我該怎麼做？

大多數經理人會希望與他們領導的團隊分享本書的理念和洞識。不過，如果你分享，就採用偏重對談超過宣傳的方法。透過電子郵件大量散播觀念而不邀請進行討論只會招致厭惡和排斥。例如，一家新創公司的執行長在本書剛出版就閱讀它，並寄了一封熱切的電子郵件給全公司，宣布採用五種工作方法的員工可以在公司出人頭地。但員工不了解這封電子郵件的由來，那些向來最賣力工作的員工則感覺未受到賞識和讚揚。同樣的，用這個架構來為其他人貼標籤也會阻卻學習。

如果你想引發興趣和持久的影響力，就分享書中的理念而不要強加於人。在你的團隊進行討論，也許採用讀書會的形式。談論影響力成員心態時，把它當成一種我們經常進入和退出的思維模式，而不是個人的分類。省思自己，想想你個人正努力想成為影響力成員，但做得還不夠好。討論那些表面上似乎有生產力、但實際上減損影響力的假餌。討論這個架構是一組習慣，需要人們經常注意才能改變，但要當心一些人會感到挫折，因為他們感覺不到達成這些理念所需的急迫感和控制力。最重要的是，只有在身為領導人的你忠於自己的反省和覺醒，與你對發展和改善團隊的決心一樣強烈時，這些討論才會有最大的影響力。如果需要討論主題的建議和額外的指引，請參考 ImpactPlayersBook.com。

除了整個團隊討論這些概念外，你可以利用這個架構去建立正確的預期，並允許人們偏離較傳統的工作方法。當員工剛接手新職務時，尋找他們的拐點，例如在新員工上任、專案啟動，或部門調動時。此外，這些工作方法可以納入僱用標準、領導楷模、人才發展計畫，以及包容性策略。

問：影響力成員是否類似典型的超級明星（例如，被認為是「十倍速設計師」的程式設計師，或被稱為「大象獵人」的銷售員）？

這些區別指的是極有才能的人和生產力遠高於同儕的人。這類玩家可能有非凡的價值，但其原因與影響力成員卻不一樣。供養這些超級明星也可能需要很高的成本，因為雖然他們帶來績效，卻可能難以共事、抗拒回饋意見，甚至與團隊運作格格不入。但組織往往願意付出這種成本，因為他們非常擅長自己的工作，而這也是喜歡貶損人的經理人在許多備受尊敬的組織中被容忍的原因。

儘管這類貢獻者一定存在並能提供價值，但我們訪談的經理人所描述的絕大多數（甚至全部）個人都不符合這種描述。他們不會孤芳自賞，也不是獨行俠。他們是有才幹、有影響力的貢獻者，而且知道如何在團隊中運作。他們通常也讓整個團隊的表現變更好。

一個全明星的團隊和一個冠軍團隊有一些差別，愈來愈多研究顯示，一個整體運作良好的團隊可以勝過一群有才幹的個人。例如，著名的人資思想領袖烏立克（Dave Ulrich）寫道：「我們（RBL集團和密西根大學）的研究發現，組織的能力對企業業績的影響力是有才幹的個人的四倍。例如，個人組成的團隊在運作良好的情況下，表現超越運作不良的個別全明星組成的團隊。」[1]

對具備卓越才幹的人來說，成為一個單獨的超級明星可能是成功之道，且可能在一些環境下是有效的方法，但影響力成員的特性是建立集體的力量，並提供其他人一本教戰手冊。

問：影響力成員和高績效者（high performer）相同嗎？

不同。我們的研究不是比較高績效者和低績效者，而是研究做高價值、高影響力工作的人，相較於同樣聰明、能幹卻貢獻較少價值、較少影響力的人。有許多在工作上績效好的人可能沒有明顯的影響力。同樣的，低貢獻的概念不同於低績效。有很多原因讓一個人可能有低水準的績效——可能是能力低、不努力，或一些情有可原的情況（包括體制性和個人的情況）可能干擾個人以有生產力的方式工作的能力。總之，我們不是嘗試了解為什麼人們會績效不佳，而是想了解聰明、有能力的人貢獻低於他們能力水準的原因。

問：為什麼你只專注在影響力成員和一般貢獻者的差異？你研究中的低貢獻者又是什麼情況？

我們的研究探究三個層次的貢獻：**(1)高影響力貢獻者**：那些做有卓越價值和影響力工作的人；**(2)一般貢獻者**：做紮實（甚至優秀）工作的人；和**(3)低貢獻者**：聰明而有才幹的人做低於能力水準的工作。在本書，我選擇專注於前兩類人的差異，因為我相信了解優秀和真正偉大的差別，將提供大多數人最大的利益。此外，導致低貢獻的心態往往很複雜，且可能需要更深的心理治療。

雖然本書專注在高影響力和一般貢獻者的差別，但研究確實顯示，被認為低貢獻者的個人在信念和行為上有明顯的模式。在ImpactPlayersBook.com可以找到所有三種心態——影響力成員、一般貢獻者和低貢獻者心態——的性質和工作方法的摘要。

註釋

第1章　影響力成員

1. Dax Shepard, “Kristen Bell,” *Armchair Expert with Dax Shepard*, podcast, episode 2, February 14, 2018, https://armchairexpertpod.com/pods/kristen-bell。
2. Jen Hatmaker, “Armchair Expert-Ise with Podcast Creator and Host Monica Padman,” *For the Love of Podcasts*, podcast, episode 7, November 19, 2019, https://jenhatmaker.com/podcast/series-21/armchair-expert-ise-with-podcast-creator-and-host-monica-padman/。
3. 一年一度的服務美國獎章（Service to America Medals）表彰聯邦員工中的無名英雄，讚揚他們在美國的醫療、安全和繁榮上的成就和貢獻。除了李普莉博士的故事，你可以在 https://servicetoamericamedals.org 看到更多公共服務領域的領導故事。
4. Thegamechangersinc, “Eric Boles: Running Around the Wedge - TheGameChangersInc,” YouTube, October 19, 2010, https://www.youtube.com/watch?v=uD5dDUqxbHY; Eric Boles, *Moving to Great: Unleashing Your Best in Life and Work* (New York: Stone Lounge Press, 2017)。
5. 這段引言和其他未指出來源的引言，都摘自對影響力成員或他們的經理人在 2019 年到 2021 年間的訪談，也是本書的部分研究。

6. 為了精簡和清晰，引言經過略微編修。
7. Neil deGrasse Tyson, "What You Know Is Not as Important as How You Think," Master Class, https://www.masterclass.com/classes/neil-degrasse-tyson-teaches-scientific-thinking-and-communication/chapters/what-you-know-is-not-as-important-as-how-you-think#。

第2章 讓自己派得上用場

1. Theodore Kinni, "The Critical Difference Between Complex and Complicated," *MIT Sloan Management Review*, June 21, 2017, https://sloanreview.mit.edu/article/the-critical-difference-between-complex-and-complicated/。
2. 為顧及隱私，人名已改換。
3. "Brilliant Miller's Favorite Quotations," School for Good Living, https://goodliving.com/quotation/george-martin-the-greatest-attribute-a-producer-can-have-is-the-ability-to-see-the-whole-picture-most-artists-whe/。
4. Mohan Gopinath, Aswathi Nair, and Viswanathan Thangaraj, "Espoused and Enacted Values in an Organization: Workforce Implications," *Journal of Organizational Behavior* 43, no. 4 (October 8, 2018): 277-93, https://doi.org/10.1177/0258042X18797757。
5. Amir Goldberg, Sameer B. Srivastava, V. Govid Manian, William Monroe, and Christopher Potts, "Fitting In or Standing Out? The Tradeoffs of Structural and Cultural Embeddedness," *American Sociological Review* 81, no 6 (October 2016): 1190-1222, https://doi.org/10.1177/0003122416671873。
6. Claus Lamm, C. Daniel Batson, and Jean Decety, "The Neural Substrate of Human Empathy: Effects of

Perspective-Taking and Cognitive Appraisal," *Journal of Cognitive Neuroscience* 19, no. 1 (January 2007): 42-58。

7. Adam D. Galinsky, Joe C. Magee, M. Ena Inesi, and Deborah H, Gruenfeld, "Power and Perspectives Not Taken," *Psychological Science* 17, no. 12 (2006): 1068-74, https://doi.org/10.1111/j.1467-9280.2006.01824.x。
8. Chad Storlie, "Manage Uncertainty with Commander's Intent," *Harvard Business Review*, November 3, 2010, https://hbr.org/2010/11/dont-play-golf-in-a-football-g。
9. 為顧及隱私，人名已改換。
10. Oliver Segovia, "To Find Happiness, Forget About Passion," *Harvard Business Review*, January 13, 2012, https://hbr.org/2012/01/to-find-happiness-forget-about。
11. Ryan Smith 在 2020 年向 Gail Miller 收購 Utah Jazz。
12. Tom Peters, Twitter, November 10, 2019, 7:26 a.m., https://twitter.com/tom_peters/status/1193520200890699776。
13. Steve Jobs, "You've Got to Find What You Love," Stanford News, June 14, 2005, https://news.stanford.edu/2005/06/14/jobs-061505/。
14. 在千禧世代的求職者中，有44%表示「做你有熱情的工作」是排名第一的選項，超過為了「錢」的42%。見 Jane Burnett, "Millennials Want Passion More than Money at Work," Ladders, January 10, 2018, https://www.theladders.com/career-advice/survey-millennials-want-passion-more-than-money。
15. Celia Jameson, "The 'Short Step' from Love to Hypnosis: A Reconsideration of the Stockholm Syndrome," *Journal for Cultural Research* 14, no. 4 (2010): 337-55, https://doi.org/10.1080/14797581003765309。

第3章　站出來，退回去

1. “The Troubles,” Wikipedia, https://en.wikipedia.org/wiki/The_Troubles。
2. “Betty Williams, Winner of the Nobel Peace Prize for Her Work in Northern Ireland-Obituary,” *Telegraph,* March 19, 2020, https://www.telegraph.co.uk/obituaries/2020/03/19/betty-williams-winner-nobel-peace-prize-work-northern-ireland/。
3. “Mairead Maguire,” Wikipedia, https://en.wikipedia.org/wiki/Mairead_Maguire。
4. “Betty Williams (Peace Activist),” Wikipedia, https://en.wikipedia.org/wiki/Betty_Williams_(peace_activist)。
5. Archival footage, used in 2006 clip: Nickelback, “If Everyone Cared,” music video, Roadrunner Records, 2006, https://www.youtube.com/watch?v=-IUSZyjiYuY, accessed 2020。
6. Emily Langer, “Betty Williams, Nobel Laureate and Leader of Peace Movement in Northern Ireland, Dies at 76,” *Washington Post*, March 23, 2020, https://www.washingtonpost.com/local/obituaries/betty-williams-nobel-laureate-and-leader-of-peace-movement-in-northern-ireland-dies-at-76/2020/03/23/d9010784-6a9d-11ea-abef-020f086a3fab_story.html。
7. Robert B. Semple, Jr., “Two Women Bring New Hope to Ulster,” *New York Times*, September 6, 1976, https://www.nytimes.com/1976/09/06/archives/two-women-bring-new-hope-to-ulster-two-women-bringing-a-new-feeling.html。
8. Michael C. Mankins and Eric Garton, “An Organization’s Productive Power—and How to Unleash It,” in *Time, Talent, Energy: Overcome Organizational Drag and Unleash Your Team’s Productive Power* (Boston:

Harvard Business Review Press, 2017), 11。

9. Stephanie Vozza, "Why Employees at Apple and Google Are More Productive," *Fast Company*, March 13, 2017, https://www.fastcompany.com/3068771/how-employees-at-apple-and-google-are-more-productive。

10. 2015 年 12 月 31 日的股價為 73.21 美元；2019 年 12 月 31 日股價為 128.21 美元。

11. "The World's 50 Most Innovative Companies of 2019," *Fast Company*, February 20, 2019, https://www.fastcompany.com/most-innovative-companies/2019。

12. Bronti Baptiste, "The Relationship Between the Big Five Personality Traits and Authentic Leadership," doctoral diss., Walden University, ScholarWorks, 2018, https://scholarworks.waldenu.edu/cgi/viewcontent.cgi?article=5993&context=dissertations。

13. Tony Robbins, Twitter, April 22, 2009, 12:34 p.m., https://twitter.com/TonyRobbins/status/1586010857。

14. "Playmaker," Dictionary.com, https://www.dictionary.com/browse/playmaker。

15. Kamala Harris, Twitter, June 5, 2020, 5:46 p.m., https://twitter.com/KamalaHarris/status/1269022752914264064。

16. Barton Swaim and Jeff Nussbaum, "The Perfect Presidential Stump Speech," FiveThirtyEight, November 3, 2016, https://projects.fivethirtyeight.com/perfect-stump-speech/。

17. Keith Ferrazzi with Noel Weyrich, *Leading Without Authority: How the New Power of Co-Elevation Can Break Down Silos, Transform Teams, and Reinvent Collaboration* (New York: Currency, 2020), 117-18。

18. 懷斯曼集團把複雜的工作拆解成容易處理的小塊：50 種高影響力行為中的 34 種（3.33，相較於一般貢獻者的 2.05，和低貢獻者的 1.62）。

19. "Playmaker," Wikipedia, https://en.wikipedia.org/wiki/Playmaker。
20. P. B. S. Lissaman and Carl A. Shollenberger, "Formation Flight of Birds," *Science* 168, no. 3934 (1970): 1003-05, https://doi.org/10.1126/science.168.3934.1003。
21. Mary Parker Follett, *Creative Experience* (New York: Peter Smith, 1924)。
22. 為顧及隱私，人名已改換。
23. "Betty Williams: Biographical," The Nobel Prize, June 2008, https://www.nobelprize.org/prizes/peace/1976/williams/biographical/。
24. Daniel Russell, "America Meets a Lot. An Analysis of Meeting Length, Frequency and Cost," Attentiv, April 20, 2015。
25. Glassdoor Team, "Employers to Retain Half of Their Employees Longer If Bosses Showed More Appreciation; Glassdoor Survey," Glassdoor, November 13, 2013, https://www.glassdoor.com/employers/blog/employers-to-retain-half-of-their-employees-longer-if-bosses-showed-more-appreciation-glassdoor-survey/。
26. Amy Gallo, "Act Like a Leader Before You Are One," *Harvard Business Review*, May 2, 2013, https://hbr.org/2013/05/act-like-a-leader-before-you-a。

第4章　堅持到底

1. "The Play (American Football)," Wikipedia, https://en.wikipedia.org/wiki/The_Play_(American_football)。
2. *NASA Program Management and Procurement Procedures and Practices: Hearings Before the*

Subcommittee on Space Science and Applications of the Committee on Science and Technology, US House of Representatives, 97th Cong., 1st sess., June 24-25, 1981 (Washington, DC: U.S. Government Printing Office, 1981)。

3. Chelsea Gohd, "50 Years Ago: NASA's Apollo 12 Was Struck by Lightning Right After Launch … Twice! (Video)," Space.com, November 14, 2019, https://www.space.com/apollo-12-lightning-strike-twice-launch-video.html。
4. *NASA Program Management and Procurement Procedures and Practices*, 73。
5. Steve Squyres, *Roving Mars: Spirit*, Opportunity, *and the Exploration of the Red Planet* (New York: Hyperion, 2006), 2-3。
6. 出處同上。
7. Michael Greshko, "The Mars Rover Opportunity Is Dead. Here's What It Gave Humankind," *National Geographic*, February 13, 2019, https://www.nationalgeographic.com/science/2019/02/nasa-mars-rover-opportunity-dead-what-it-gave-humankind/。
8. William Harwood, "Opportunity Launched to Mars," Spaceflight Now, July 8, 2003, https://www.spaceflightnow.com/mars/merb/030707launch.html。
9. "NASA's Opportunity Rover Mission on Mars Comes to End," NASA, February 13, 2019, https://mars.nasa.gov/news/8413/nasas-opportunity-rover-mission-on-mars-comes-to-end/。
10. 出處同上，112。
11. "Mars Exploration Rovers," NASA, https://mars.nasa.gov/mars-exploration/missions/mars-exploration-

rovers/。

12. Greshko, "The Mars Rover Opportunity Is Dead. Here's What It Gave Humankind"。
13. 出處同上。
14. Rosabeth Moss Kanter, "Surprises Are the New Normal; Resilience Is the New Skill," *Harvard Business Review*, July 17, 2013, https://hbr.org/2013/07/surprises-are-the-new-normal-r。
15. Angela Duckworth, "Why Millennials Struggle for Success," CNN, May 3, 2016, https://www.cnn.com/2016/05/03/opinions/grit-is-a-gift-of-age-duckworth。
16. 懷斯曼集團的研究顯示：98.38%的高影響力貢獻者總是或經常這麼做，72.09%的高影響力貢獻者總是這麼做；48.09%的一般貢獻者總是或經常這麼做，10.69%的一般貢獻者總是這麼做；12.1%的低貢獻者總是或經常這麼做，2.19%的低貢獻者總是這麼做。
17. Heidi Grant, "How to Get the Help You Need," *Harvard Business Review*, May-June 2018, https://hbr.org/2018/05/how-to-get-the-help-you-need。
18. "2017 Las Vegas Shooting," Wikipedia, https://en.wikipedia.org/wiki/2017_Las_Vegas_shooting。
19. Kevin Menes, Judith Tintinalli, and Logan Plaster, "How One Las Vegas ED Saved Hundreds of Lives After the Worst Mass Shooting in U.S. History," Emergency Physicians Monthly, November 3, 2017, https://epmonthly.com/article/not-heroes-wear-capes-one-las-vegas-ed-saved-hundreds-lives-worst-mass-shooting-u-s-history/。
20. 出處同上。
21. 出處同上。

22. “2017 Las Vegas Shooting,” Wikipedia。
23. Menes et al., “How One Las Vegas ED Saved Hundreds of Lives After the Worst Mass Shooting in U.S. History”。
24. 在比賽時，不像其他哺乳類動物，哈士奇—馬拉謬特犬雪橇狗不需要消耗燃燒很快、但製造緩慢的肝糖，使這種雪橇狗能靠燃燒緩慢的蛋白質和脂肪快速補充體力。
25. Douglas Robson, “Researchers Seek to Demystify the Metabolic Magic of Sled Dogs,” *New York Times*, May 6, 2008, https://www.nytimes.com/2008/05/06/science/06dogs.html。
26. MinuteEarth, “Why Don’t Sled Dogs Ever Get Tired?,” YouTube, May 3, 2017, https://www.youtube.com/watch?v=HDG4GSypcIE。
27. Victor Mather, “Iditarod Champion and His Dogs Finally Make It Home,” *New York Times*, June 3, 2020, https://www.nytimes.com/2020/06/03/sports/iditarod-champion-US-Open.html; Victor Mather, “Two Months Later, the Iditarod Champion May Finally Get a Ride Home,” *New York Times*, May 26, 2020, https://www.nytimes.com/2020/05/26/sports/iditarod-coronavirus-thomas-waerner.html。
28. 出處同上。
29. Kathleen Elkins, “Kobe Bryant Lives by This Mantra from His High School English Teacher,” CNBC, September 22, 2018, https://www.cnbc.com/2018/09/21/kobe-bryant-lives-by-this-mantra-from-his-high-school-english-teacher.html。
30. 2 Tim. 4:7, AV。
31. Greshko, “The Mars Rover Opportunity Is Dead. Here’s What It Gave Humankind”。

32. Karen Northon, ed., "NASA's Record-Setting Opportunity Rover Mission on Mars Comes to End," NASA, February 13, 2019, https://www.nasa.gov/press-release/nasas-record-setting-opportunity-rover-mission-on-mars-comes-to-end。

第5章　尋求回饋意見並進行調整

1. Ashley Ward, "4 Famous Directors and Their Advice to Actors," Sol Acting Studios, June 12, 2019。
2. 出處同上。
3. Mark Rober, "Automatic Bullseye, MOVING DARTBOARD," YouTube, March 21, 2017, https://www.youtube.com/watch?v=MHTizZ_XcUM。
4. 懷斯曼集團的研究顯示：「當面對新挑戰時會很快並熱切地學習」在區別高影響力貢獻者和一般貢獻者的主要行為中排名第七；「對新概念好奇且保持開放」是96%高影響力貢獻者總是或經常呈現的行為，相較於一般貢獻者的30%，和低貢獻者的14%。
5. James Morehead, "Stanford University's Carol Dweck on the Growth Mindset and Education," OneDublin.org, June 19, 2012, https://onedublin.org/2012/06/19/stanford-universitys-carol-dweck-on-the-growth-mindset-and-education/。
6. Derek Thompson, "Workism Is Making Americans Miserable," *Atlantic,* February 24, 2019, https://www.theatlantic.com/ideas/archive/2019/02/religion-workism-making-americans-miserable/583441/。
7. Kate Adams, "Why Leaders Are Easier to Coach than Followers," *Harvard Business Review*, March 5, 2015, https://hbr.org/2015/03/why-leaders-are-easier-to-coach-than-followers。

8. 出處同上。

9. Danielle Kost, “6 Traits That Set Top Business Leaders Apart,” Working Knowledge, Harvard Business School, January 17, 2020, https://hbswk.hbs.edu/item/6-traits-that-set-top-business-leaders-apart。

10. Sheila Heen and Douglas Stone, “Finding the Coaching in Criticism,” *Harvard Business Review*, January-February 2014, https://hbr.org/2014/01/find-the-coaching-in-criticism。

11. Scott Berinato, “Negative Feedback Rarely Leads to Improvement,” *Harvard Business Review*, January-February 2018, https://hbr.org/2018/01/negative-feedback-rarely-leads-to-improvement; Ronald J. Burke, William Weitzel, and Tamara Weir, “Characteristics of Effective Employee Performance Review and Development Interviews: Replication and Extension,” *Personnel Psychology* 31, no. 4 (1978): 903-19, https://doi.org/10.1111/j.1744-6570.1978.tb02130.x。

12. 懷斯曼集團的研究顯示，「承認錯誤並迅速恢復」是區別高影響力貢獻者與低貢獻者的第六大差異。

13. Paul Krugman, “Trump and His Infallible Advisers,” *New York Times*, May 4, 2020, https://www.nytimes.com/2020/05/04/opinion/trump-coronavirus.html。

14. Morehead, “Stanford University’s Carol Dweck on the Growth Mindset and Education”。

15. Ellie Rose, “Kim Christensen Admits Moving the Goalposts,” *Guardian*, September 25, 2009, https://www.theguardian.com/football/2009/sep/25/kim-christensen-admits-moving-goalposts。

16. Stephanie Mansfield, “Jason Robards,” *Washington Post*, February 27, 1983, https://www.washingtonpost.com/archive/lifestyle/style/1983/02/27/jason-robards/2c93d725-20e4-4d67-b5fc-1c87548520d1/。

17. Michelle Obama, *Becoming* (New York: Crown, 2018), 419。

18. Hayley Blunden, Jaewon Yoon, Ariella Kristal, Ashley Whillans, "Framing Feedback Giving as Advice Giving Yields More Critical and Actionable Input," Harvard Business School Working Paper no. 20-021, August 2019, https://www.hbs.edu/ris/Publication % 20Files/20-021_b907e614-e44a-4f21-bae8-e4a722babb25.pdf。

第6章　把困難的工作變簡單

1. "1964 Alaska Earthquake," Wikipedia, https://en.wikipedia.org/wiki/1964_Alaska_earthquake。
2. "Genie Chance and the Great Alaska Earthquake," *The Daily*, podcast, May 22, 2020, https://www.nytimes.com/2020/05/22/podcasts/the-daily/this-is-chance-alaska-earthquake.html?showTranscript=1。
3. 出處同上。
4. 出處同上。
5. Jon Mooallem, *This Is Chance!: The Shaking of an All-American City, a Voice That Held It Together* (New York: Random House, 2020)。
6. 出處同上，172。
7. 出處同上，175。
8. "American Time Use Survey—2019 Results," Bureau of Labor Statistics, June 25, 2020, https://www.bls.gov/news.release/pdf/atus.pdf。
9. Jennifer J. Deal, "Welcome to the 72-Hour Work Week," *Harvard Business Review*, September 12, 2013, https://hbr.org/2013/09/welcome-to-the-72-hour-work-we。

10. "Workplace Stress," The American Institute of Stress, https://www.stress.org/workplace-stress。
11. "Workplace Conflict and How Businesses Can Harness It to Thrive," CPP Global Human Capital Report, July 2008, https://img.en25.com/Web/CPP/Conflict_report.pdf。
12. Rob Cross, Reb Rebele, and Adam Grant, "Collaborative Overload," *Harvard Business Review*, January-February 2016, https://hbr.org/2016/01/collaborative-overload。
13. Jennifer J. Deal, "Always On, Never Done? Don't Blame the Smartphone," Center for Creative Leadership, 2015, https://cclinnovation.org/wp-content/uploads/2020/02/alwayson.pdf。
14. "Employee Burnout: Causes and Cures," Gallup, May 20, 2020, https://www.gallup.com/workplace/282659/employee-burnout-perspective-paper.aspx。
15. 為顧及隱私，人名已改換。
16. Ash Buchanan, "About," Benefit Mindset, https://benefitmindset.com/about/。
17. 出處同上。
18. 懷斯曼集團的研究顯示：「低維護成本和低糾紛」：89.97%的高影響力貢獻者總是或經常如此，62.6%的高影響力貢獻者總是如此；40.64%的一般貢獻者總是或經常如此，14.44%的一般貢獻者總是如此；15.94%的低貢獻者總是或經常如此；3.3%的低貢獻者總是如此。
19. Hatmaker, "Armchair Expert-ise with Podcast Creator and Host Monica Padman."。
20. Ronnie Lott in conversation with Steve Young at the Bill Campbell Trophy Summit, Stanford University, August 16, 2019。我參加了這次高峰會，並取得他們談話的影音紀錄。
21. Jennifer Aaker and Naomi Bagdonas, *Humor, Seriously: Why Humor Is a Secret Weapon in Business and Life*

and How Anyone Can Harness It. Even You.* (New York: Currency, 2021)。

22. 出處同上。
23. Adrian Gostick and Scott Christopher, *The Levity Effect: Why It Pays to Lighten Up* (Hoboken, NJ: John Wiley & Sons, 2008)。
24. Adrian Gostick and Chester Elton, *Leading with Gratitude: Eight Leadership Practices for Extraordinary Business Results* (New York: Harper Business, 2020)。
25. "Giving Thanks Can Make You Happier," Harvard Health, November 2011, https://www.health.harvard.edu/healthbeat/giving-thanks-can-make-you-happier。
26. Susan A. Randolph, "The Power of Gratitude," *Workplace Health & Safety* 65, no. 3 (2017): 144, https://doi.org/10.1177/2165079917697217。
27. Rebecca S. Finley, "Reflection, Resilience, Relationships, and Gratitude," *American Journal of Health-System Pharmacy* 75, no. 16 (2018): 1185-90, https://doi.org/10.2146/ajhp180249。
28. 懷斯曼集團的研究顯示，「促進其他人的安全和福祉」：94.04%的高影響力貢獻者總是或經常這麼做，66.67%的高影響力貢獻者總是這麼做；58.82%的一般貢獻者總是或經常這麼做，28.88%的一般貢獻者總是這麼做；40.66%的低貢獻者總是或經常這麼做，13.19%的低貢獻者總是這麼做。
29. Sue Warnke, "I looked at the sea of color yesterday evening, and I imagined the many hands who folded them," Facebook, March 7, 2020, https://www.facebook.com/swarnke01。
30. Mooallem, *This Is Chance!*。
31. Bourree Lam, "The Two Women Who Kicked Off Salesforce's Company-Wide Salary Review," *Atlantic*,

April 12, 2016, https://www.theatlantic.com/business/archive/2016/04/salesforce-seka-robbins/477912/。

32. "The High Price of a Low Performer," Robert Half International, May 15, 2018, http://rh-us.mediaroom.com/2018-05-15-The-High-Price-Of-A-Low-Performer。

33. Steve Young in conversation with Ronnie Lott at the Bill Campbell Trophy Summit, Stanford University, August 16, 2019。我參加了這次高峰會，並取得他們談話的影音紀錄。

第7章　增進你的影響力

1. Gary Keller, *The One Thing: The Surprisingly Simple Truth Behind Extraordinary Results* (Austin, TX: Bard Press, 2013)。

2. J. Bonner Ritchie, "Who Is My Neighbor?," David M. Kennedy Center for International Studies, February 2005。

3. 出處同上。

4. "Girl Scouts Look at Social Issues," *Indianapolis Star*, January 7, 1990, https://www.newspapers.com/newspage/105886091/。

5. Richard S. Lazarus and Susan Folkman, *Stress, Appraisal, and Coping* (New York: Springer, 1984)。

6. "Cognitive Reframing," Wikipedia, December 9, 2020, https://en.wikipedia.org/wiki/Cognitive_reframing。

7. Robert Kegan and Lisa Lahey, "The Real Reason People Won't Change," *Harvard Business Review*, November 2001, https://hbr.org/2001/11/the-real-reason-people-wont-change。

8. 出處同上。

9. "Intel Launches a Huge Advertising Campaign: * Technology: The $250-Million Blitz Is Aimed at Cutting Down the Competition and Selling Its Next-Generation 486 Microprocessors," *Los Angeles Times*, November 2, 1991, https://www.latimes.com/archives/la-xpm-1991-11-02-fi-797-story.html。
10. "Ingredient Branding," Intel, https://www.intel.com/content/www/us/en/history/virtual-vault/articles/end-user-marketing-intel-inside.html。
11. Kevin Kruse, "5 Simple Ways to Be a Better Ally at Work," *Forbes*, October 26, 2020, https://www.forbes.com/sites/kevinkruse/2020/10/26/5-simple-ways-to-be-a-better-ally-at-work/?sh=1fcb24f7642e。
12. "Getting Ready for the Future of Work," *McKinsey Quarterly*, September 12, 2017, https://www.mckinsey.com/business-functions/organization/our-insights/getting-ready-for-the-future-of-work。
13. Taffy Brodesser-Akner, "Bradley Cooper Is Not Really into This Profile," *New York Times*, September 27, 2018, https://www.nytimes.com/2018/09/27/movies/bradley-cooper-a-star-is-born.html。

第8章　打造一個高影響力團隊

1. Heather Baldwin, "Net Profit: How the Philadelphia 76ers Slam Dunked Their Way to Sales Success Despite on Court Losses," SellingPower, November 7, 2017, https://www.sellingpower.com/2017/11/07/13192/net-profit。
2. 出處同上。
3. Jake Fischer, "Despite Tough on-Court Season, 76ers' Sales Staff Finds Success," *Sports Illustrated*, May 19, 2016, https://www.si.com/nba/2016/05/19/philadelphia-76ers-sales-tickets-nba-draft-lottery-sam-hinkie-

brett-brown。

4. 出處同上。
5. 出處同上。
6. 出處同上。
7. 出處同上。
8. Amy Edmondson, *The Fearless Organization: Creating Psychological Safety in the Workplace for Learning, Innovation, and Growth* (Hoboken, NJ: Wiley, 2019), xvi。
9. 出處同上，21。
10. Dan Rose, Twitter, October 17, 2020, 7:35 p.m., https://twitter.com/DanRose999/status/1317610328046280704/。
11. Ronnie Lott in conversation with Steve Young at the Bill Campbell Trophy Summit, Stanford University, August 16, 2019. 我參加這次高峰會，並取得他們談話的影音紀錄。
12. Albert Bandura, *Social Learning Theory* (New York: General Learning Corporation, 1971)。
13. 出處同上。
14. Partnership for Public Service, "Government Leadership Advisory Council on Crisis Leadership," January 13, 2021, https://vimeo.com/500210129。
15. Stephen Dimmock and William C. Gerken, "Research: How One Bad Employee Can Corrupt a Whole Team," *Harvard Business Review*, March 5, 2018, https://hbr.org/2018/03/research-how-one-bad-employee-can-corrupt-a-whole-team。

16. Michael Kraus, “Advice for a Better 2021—According to the Research,” Yale Insights, December 21, 2020, https://insights.som.yale.edu/insights/advice-for-better-2021-according-to-the-research。
17. Erica Volini et al., “Belonging: From Comfort to Connection to Contribution,” Deloitte Insights, May 15, 2020, https://www2.deloitte.com/us/en/insights/focus/human-capital-trends/2020/creating-a-culture-of-belonging.html。
18. Joan C. Williams and Marina Multhaup, “For Women and Minorities to Get Ahead, Managers Must Assign Work Fairly,” *Harvard Business Review*, March 5, 2018, https://hbr.org/2018/03/for-women-and-minorities-to-get-ahead-managers-must-assign-work-fairly。
19. Alyssa Croft and Toni Schmader, “The Feedback Withholding Bias: Minority Students Do Not Receive Critical Feedback from Evaluators Concerned About Appearing Racist,” *Journal of Experimental Social Psychology* 48, no. 5 (2012): 1139-44。
20. Renee Morad, “Women Receive Significantly Less Feedback than Men at Work—3 Ways to Change That,” NBC News, February 11, 2020, https://www.nbcnews.com/know-your-value/feature/women-receive-significantly-less-feedback-men-work-3-ways-change-ncna1134136。
21. Shelley J. Correll and Caroline Simard, “Research: Vague Feedback Is Holding Women Back,” *Harvard Business Review,* April 29, 2016, https://hbr.org/2016/04/research-vague-feedback-is-holding-women-back。
22. Kate Blackwood, “Women Hear More White Lies in Evaluations than Men: Study,” Cornell Chronicle, May 18, 2020, https://news.cornell.edu/stories/2020/05/women-hear-more-white-lies-evaluations-men-study。
23. Peyton Reed, director, *Through the Eyes of Forrest Gump: The Making of an Extraordinary Film,* Paramount,

1995 。

24. Catherine Moore, "What Is Job Crafting? (Incl. 5 Examples and Exercises)," PositivePsychology.com, September 1, 2020, https://positivepsychology.com/job-crafting/ 。

25. Amy Wrzesniewski and Jane E. Dutton, "What Job Crafting Looks Like," *Harvard Business Review*, March 12, 2020, https://hbr.org/2020/03/what-job-crafting-looks-like 。

26. Tom Rath, "Job Crafting from the Outside In," *Harvard Business Review*, March 24, 2020, https://hbr.org/2020/03/job-crafting-from-the-outside-in 。

27. Chad Storlie, "Manage Uncertainty with Commander's Intent," *Harvard Business Review*, November 3, 2010, https://hbr.org/2010/11/dont-play-golf-in-a-football-g 。

28. Christopher S. Howard and Justin A. Irving, "The Impact of Obstacles Defined by Developmental Antecedents on Resilience in Leadership Formation," *Management Research Review* 20, no. 1 (February 2013): 679-87, https://doi.org/10.1108/mrr-03-2013-0072 。

29. Karen Doll, "23 Resilience Building Tools and Exercises (+ Mental Toughness Test)," PositivePsychology.com, October 13, 2020, https://positivepsychology.com/resilience-activities-exercises/ 。

30. Kim Scott, "The 3 Best Leadership Traits for Managing Through a Crisis," Radical Candor, https://www.radicalcandor.com/candor-criticism-during-a-crisis/ 。

31. Evan W. Carr, Andrew Reece, Gabriella Rosen Kellerman, and Alexi Robichaux, "The Value of Belonging at Work," *Harvard Business Review*, December 16, 2019, https://hbr.org/2019/12/the-value-of-belonging-at-work 。

32. Steve Gruenert and Todd Whitaker, *School Culture Rewired* (Alexandria, VA: ASCD, 2015) 36。

第9章　全力以赴

1. Richard Sandomir, “Kevin Greene, Master of Sacking the Quarterback, Dies at 58,” *New York Times*, December 22, 2020, https://www.nytimes.com/2020/12/22/sports/football/kevin-greene-dead.html。
2. Eve Curie, *Madame Curie: A Biography*, trans. Vincent Sheean (New York: ISHI Press International, 2017)。
3. 出處同上。
4. Eugene O’Kelly, *Chasing Daylight: How My Forthcoming Death Transformed My Life* (New York: Mc Graw-Hill, 2008), 78。
5. Reed, *Through the Eyes of Forrest Gump*。

附錄B

1. Dave Ulrich, “HR’s Ever-Evolving Contribution,” The RBL Group, January 18, 2021, https://www.rbl.net/insights/articles/hrs-ever-evolving-contribution。

BIG 0395

影響力習慣：5種心態×15個習慣，從邊緣人變成最有價值的關鍵人物

作　者─莉茲．懷斯曼（Liz Wiseman）
譯　者─吳國卿
資深主編─陳家仁
企　劃─藍秋惠
協力編輯─曹凱婷
封面設計─廖韡
內頁設計─李宜芝

總 編 輯─胡金倫
董 事 長─趙政岷
出 版 者─時報文化出版企業股份有限公司
108019台北市和平西路三段二四〇號四樓
發行專線─（02）2306-6842
讀者服務專線─0800-231-705（02）2304-7103
讀者服務傳真─（02）2302-7844
郵撥─19344724時報文化出版公司
信箱─10899臺北華江橋郵局第99信箱
時報悅讀網─http://www.readingtimes.com.tw
法律顧問─理律法律事務所　陳長文律師、李念祖律師
印　刷─勁達印刷有限公司
初版一刷─二〇二二年十月二十一日
初版十一刷─二〇二四年六月二十四日
定　價─新台幣四五〇元
（缺頁或破損的書，請寄回更換）

時報文化出版公司成立於一九七五年，
並於一九九九年股票上櫃公開發行，於二〇〇八年脫離中時集團非屬旺中，
以「尊重智慧與創意的文化事業」為信念。

影響力習慣：5種心態×15個習慣，從邊緣人變成最有價值的關鍵人物 / 莉茲．懷斯曼 (Liz Wiseman) 著；吳國卿譯. -- 初版. -- 臺北市：時報文化出版企業股份有限公司, 2022.10
392面；14.8×21公分. -- (big；395)

譯自：Impact players : how to take the lead, play bigger, and multiply your impact.

ISBN 978-626-335-801-0(平裝)

1.CST: 職場成功法 2.CST: 動機 3.CST: 激勵

494.35　　111012601

ISBN 978-626-335-801-0
Printed in Taiwan